Media
TECHNOLOGY
传媒典藏
音频技术与录音艺术译丛

U0160270

Dolby Atmos
杜比全景声混音指南

Mixing in Dolby Atmos-#1 How it Works

[德] 埃德加·罗瑟米奇（Edgar Rothermich）著　王萌萌　张岩 译

人民邮电出版社
北　京

图书在版编目（CIP）数据

Dolby Atmos杜比全景声混音指南 / （德）埃德加·
罗瑟米奇（Edgar Rothermich）著；王萌萌，张岩译
. -- 北京：人民邮电出版社，2024.4（2024.5重印）
（音频技术与录音艺术译丛）
ISBN 978-7-115-63545-7

Ⅰ. ①D… Ⅱ. ①埃… ②王… ③张… Ⅲ. ①语音数
据处理－数字技术 Ⅳ. ①TN912.34

中国国家版本馆CIP数据核字(2024)第013013号

内 容 提 要

  本书是一本关于杜比全景声混音的指南。书中详细介绍了杜比全景声渲染器，并配有大量独特的图表帮助读者更好地理解这些复杂机制。此外，它还介绍了杜比全景声生态系统的背景，杜比全景声产品从生产到交付再到最终消费者使用整个过程的所有相关技术。

  本书的主要内容分为9章。第1章对本书作了简介，第2章介绍了杜比全景声的8个关键要素，第3章介绍了杜比全景声所需的各种软件和硬件配置，第4章介绍了如何设置杜比全景声混音的细节，第5章介绍了杜比全景声中新的声像定位概念与实现细节，第6章解释了杜比全景声母版文件的概念、录制和工作流程细节，第7章讲述了消费端杜比全景声混音的文件交付格式、所涉及的不同文件类型和编解码器信息，第8章提供了首选项窗口和主菜单中所有参数的快速参考；第9章是关于杜比全景声混音和母带处理工作流程的，包括从混音中的新方法和思考到与杜比全景声母版制作相关的所有挑战。

  本书适合设计、使用杜比全景声相关技术及产品的音频工程师、音乐制作人及音响发烧友阅读，也适合高校相关专业师生阅读。

◆ 著　　　　［德］埃德加·罗瑟米奇（Edgar Rothermich）
译　　　　王萌萌　张岩
责任编辑　黄汉兵
责任印制　马振武
◆ 人民邮电出版社出版发行　　北京市丰台区成寿寺路 11 号
邮编 100164　电子邮件 315@ptpress.com.cn
网址 https://www.ptpress.com.cn
固安县铭成印刷有限公司印刷
◆ 开本：787×1092　1/16
印张：17.5　　　　　　　　　2024 年 4 月第 1 版
字数：530 千字　　　　　　　2024 年 5 月河北第 2 次印刷
著作权合同登记号　图字：01-2022-5036 号

定价：149.80 元

读者服务热线：**(010)53913866**　印装质量热线：**(010)81055316**
反盗版热线：**(010)81055315**
广告经营许可证：京东市监广登字 20170147 号

关于作者

埃德加·罗瑟米奇（Edgar Rothermich）出生于德国，在柏林理工学院（TU）和柏林艺术大学（UdK）著名的 Tonmeister 项目学习音乐和音响工程，于 1989 年毕业并获得硕士学位。他曾在柏林担任作曲家和音乐制作人，并于 1991 年移居洛杉矶，继续从事音乐和电影行业的众多项目（"The Celestine Prophecy""Outer Limits""Babylon 5""What the Bleep Do We Know""Fuel""Big Money Rustlas"）。

20 多年来，埃德加·罗瑟米奇与电子音乐先驱和 Tangerine Dream 的创始成员 Christopher Franke 建立了成功的音乐合作伙伴关系。除了与克里斯托弗的合作之外，埃德加还与其他艺术家合作。

2010 年，他开始发行不同风格和流派的"Why Not..."系列个人唱片。最新发行的作品是"Why Not Solo Piano""Why Not Electronica""Why Not Electronica Again"和"Why Not 90s Electronica"。这张以前未发行的专辑由 Christopher Frank 于 1991/1992 年制作。所有专辑均可在亚马逊和 Apple Music 上找到，包括 2012 年发行的"银翼杀手"原声带重混版。

除了作曲之外，埃德加·罗瑟米奇还以独特的风格撰写技术手册，专注于丰富的图形和图表来解释他广受欢迎的 GEM 系列（图形增强手册）下的软件应用程序的概念和功能。他的畅销书在亚马逊上以印刷书籍的形式提供，在 iBooksStore 上以 Multi-Touch 电子书形式提供，在他的网站上以 pdf 下载形式提供。

埃德加·罗瑟米奇还是 Loyola Marymount 大学录音艺术系和 Fullerton College 美术系的兼职教授（讲授电子音乐、合成、音频制作、Pro Tools 和 Logic Pro 等相关课程）。

◎ 关于编辑

非常感谢 Eddie Gray 对本手册的编辑和校对。

◎ 特别感谢

特别感谢我美丽的妻子李女士在长时间的工作中给予我的爱、支持和理解。

该手册基于 Dolby Atmos Renderer（杜比全景声渲染器）APP v3.7 手册。

⬤ 关于 GEM（图形增强手册）

理解，而不仅仅是学习

　　什么是图形增强手册？它们是一种新型手册，具有可视化方法，可帮助你理解，而不仅仅是学习。无须通读 500 页枯燥的文字解释。丰富的图形和图表可帮助你获得事半功倍的效果并轻松理解困难的概念。图形增强手册以非常直观且易于理解的方式帮助你更快地掌握程序，更深入地了解概念、功能和工作流程。

⬤ 关于格式

　　我在书中使用了特定的颜色代码：

- 我使用以下缩写的绿色按钮表示单击操作：`shift`（shift 键），`ctr`（control 键），`opt`（option 键），`cmd`（command 键）。绿色方框代表字母数字大键盘区的按键如 `A`、`B`、`C`、`1`、`2`，黑框代表数字键盘上的按键如 `1`、`2`、`3`、`=`、`/`、`*`。
- 我用这些蓝色按键如 `click`（单击）、`drag`（拖曳）、`right-click`（右击，点击鼠标右键）、`double-click`（双击），表示可以用于组合键的单击操作，例如，`shift` `ctr` `cmd` `click`。
- **棕色文本表** 表示菜单命令，并用符号（➤）表示子菜单。编辑（Edit）➤ 源媒体（Source Media）➤ 全部（All）意味着"单击编辑（Edit）菜单，向下滚动到源媒体（Source Media），然后选择子菜单全部（All）"。
- 暗蓝色文本表示一个重要术语。
- **加粗的文本**表示命令或标签。
- 蓝色箭头表示单击或右键单击项目或弹出菜单会发生什么。

目　录

第 1 章　简介

关于本书

是的，音频的未来看起来很复杂，而且随着新技术的出现，杜比全景声（Dolby Atmos）肯定是未来的一部分。

音频的未来看起来很复杂。

在你能够进行杜比全景声混音之前，无论你在音频制作的哪个环节工作，都有许多新东西需要学习。也许这就是你购买这本书以帮助你学习和理解新技术的原因，它虽然不是那么新，但随着最近推出的杜比全景声音乐的普及开始腾飞了。

➡ 这本书是给谁的？

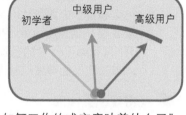

☑ **初学者**：无需事先了解杜比全景声。我解释了一切，背景，术语，软件，杜比全景声生态系统中的所有组件，如何使用它们以及它们如何协同工作。尽管具有技术性质，但所有独特的图表都使其非常容易理解。

☑ **中级用户**：即使是有一定知识的中级用户并且也有使用杜比全景声的经验，你依然会从这本书中得到很多信息，而且我敢肯定，不止一次，你会说"现在我明白它是如何工作的或它意味着什么了"。

☑ **高级用户**：我相信，即使是高级用户，在查看所有用于描述各种概念和程序的详细但易于理解的图表时，也会发现新的事实或对程序和基础技术的新理解。

⬤ 一本学习杜比全景声的结构化书籍

这是本书的概念：

☑ 这不仅是市场上第一本杜比全景声（Dolby Atmos）图书，而且是一本从头开始教授所有内容的综合性图书。

☑ 这不仅仅是一份软件手册，还解释了围绕技术、整个生态系统的"全景"，以更好地了解杜比全景声。

☑ 不仅介绍了 Atmos 混音部分，还介绍了 Dolby Atmos 母版制作的各个方面。

☑ 提供了大量有关如何交付杜比全景声的各种技术以及可供消费者收听杜比全景声的最终用户产品的信息。

☑ 这本图形增强手册（GEM）的一个关键元素是图形。这对于杜比全景声尤其重要，因为有很多新概念可以通过图表和插图来解释和更好地理解。

⬤ 现有的学习资源呢？

杜比本身不仅在其网站上发布用户指南和详细信息方面做得很好，而且他们还制作了大量视频来演示如何使用新技术。此外，互联网上有许多各种来源的视频和文章，现在 Avid 甚至提供专门的杜比全景声培训和认证。

那么为什么还需要这本书呢？

☑ 视频的数量可能是庞大的，但其中许多仅涵盖特定的孤立主题。

☑ 且视频总是有一个缺点，它们并非自定进度。你可以花大量时间实时观看，但参考性不强，而且对于结构化学习通常不实用。

☑ 收集分散在互联网上的所有在线资源可能非常耗时。

➡ 三卷

本书是三卷系列的第一部分。

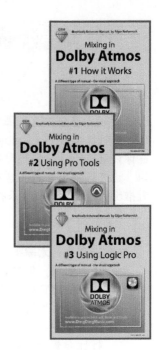

- ● **第1卷**：杜比全景声的原理及概述。第一卷（本书）涵盖以下内容：Dolby Atmos Renderer（杜比全景声渲染器）应用程序的详细说明，以及如何超越现有用户指南使用它。我所有独特的图表使理解该程序的功能和可用性变得更加容易。除此之外，我还介绍了很多关于杜比全景声生态系统的信息。最后但同样重要的是，我提供了有关交付链的宝贵信息，包括 Apple 的"神秘空间音频"（mysterious spatial Audio）组件以及在杜比全景声中进行混音和母带处理时的许多实用技巧和注意事项。
- ● **第2卷**：使用 Pro Tools 制作杜比全景声节目。本书将重点介绍 Pro Tools 中的杜比全景声相关功能，Pro Tools 是用于在电影和音乐中混合杜比全景声内容的平台。
- ● **第3卷**：使用 Logic Pro 制作杜比全景声节目。本书将重点介绍 Logic Pro 中的杜比全景声相关功能，使大众、音乐制作人或发烧友能够完成杜比全景声混音。

➡ 我将专注于什么

无论你想了解杜比全景声的哪个方面，请记住以下几点。

◉ 电影与音乐

尽管电影和音乐的杜比全景声混音工作流程略有不同，但基本工具和概念是相同的。由于杜比全景声音乐的混音是新领域和挑战，我在本书中集中介绍了很多关于这方面的内容。

对比

◉ 杜比全景声集成

正如我们将看到的，杜比全景声不需要额外的音频工作站来完成杜比全景声内容的录制和混音。你仍然在自己的数字音频工作站中工作，只需要增加必要的杜比全景声组件即可。有两个概念先要清楚。

▶ **集成的杜比全景声制作工具**：这是"传统"的通过两个应用程序制作的方法：你可以使用额外的 Dolby Atmos Renderer（杜比全景声渲染器）应用程序作为辅助，以便能完成杜比全景声混音。市场上不同的数字音频工作站和杜比全景声渲染器相互连接的集成程度不同。我在书中主要关注这些方面。

▶ **集成的杜比全景声渲染器**：这是数字音频工作站的新趋势，不需要额外的杜比全景声渲染器应用程序即可创建杜比全景声混音。它的所有（或大部分）功能都内置在数字音频工作站中，成为简单的一站式解决方案。Nuendo 和 DaVinci Resolve 已经提供了该功能，Apple 宣布 Logic Pro 也会更新。

在本书中，我将专注于杜比全景声渲染器的集成工作流程，它提供了在几乎任何数字音频工作站上进行杜比全景声混音所必需的基础。即使你使用集成了杜比全景声渲染器的数字音频工作站工作，了解基本概念和功能并了解它们如何融入现有的数字音频工作站也很重要。

➡️ 本书内容

本书适合任何使用杜比全景声混音的音频工程师。然而，随着2019 年杜比全景声音乐的推出，我重点转向音乐制作，因此我将重点关注相关工作流程和挑战。这意味着即使坐在自家卧室工作的音乐人，使用笔记本电脑和一副耳机，你也能学习在杜比全景声混音时所需的所有必要技能，而无需专业的杜比全景声工作室。

如果你有幸在杜比全景声工作室工作，或者试图获得能够在杜比全景声工作室工作的技能（音乐或电视/电影制作），我将在本书中提供所有必需的知识。

以下是我将在后续各个章节中介绍内容的简述。

⬤ 第 2 章　什么是杜比全景声？

在本章中，我通过介绍杜比全景声的 8 个关键要素来为你讲述杜比全景声的最基础理论。此外，我还会概述杜比全景声的竞争环境、生态系统和新术语。

⬤ 第 3 章　软件和硬件

本章旨在了解杜比全景声所需的各种软件和各种硬件配置，以及它们如何一起协同工作。我们将首先了解最核心的杜比全景声渲染器应用程序的用户界面。

⬤ 第 4 章　配置

这是我们将花费最多时间的地方，我将解释有关如何设置杜比全景声混音的所有细节。关于音床和声音对象以及各种音箱配置和监听的讨论将配有关于这些概念的详细图表，包括双耳音频。

⬤ 第 5 章　混音

本章介绍了杜比全景声中新的声像定位概念，包括对杜比全景声音乐声像定位器（Dolby Atmos Music Panner）的详细解释。混音章节的一部分是关于电平控制、限制器和响度测量的重要讨论。

⬤ 第 6 章　录音—母版文件

本章解释了有关如何录制杜比全景声母版文件、概念和工作流程的所有细节。还涵盖了时间码和同步的主题以及设置和配置文件的各种概念。

⬤ 第 7 章　媒体文件和编解码

在本章中，我将更进一步讲述很多关于杜比全景声混音的文件交付格式和所涉及的所有不同文件类型和编解码器信息。这正是图表和图形真正有助于理解这些复杂机制的地方。

⬤ 第 8 章　首选项和主菜单

本章提供了首选项窗口和主菜单中所有参数的快速参考。

⬤ 第 9 章　让我们开始吧

本章是关于工作流程的，从混音中的新方法和思考，到与杜比全景声母版制作相关的所有挑战，包括交付格式规范。我甚至用了几页篇幅介绍 Apple 的 Spatial Audio 功能以及这对杜比全景声的意义。

GEM 的优势

如果你从未阅读过我的任何其他图书并且你不熟悉我的图形增强手册（GEM），请让我解释一下我的方法。正如我在开头提到的，我的座右铭是：

"理解，而不仅仅是学习"

其他手册（厂家官方的用户指南或其他第三方图书）通常只提供一种快餐式的指南："按这里，然后单击那里，然后会……现在单击那里，又会如何如何"。这样的句式持续几百页，你要做的就是记住很多步骤，却无法了解这样做的初始原因。更成问题的是，当你尝试执行某个程序但预期的结果没有发生时，你会被卡住。你将无法理解为什么它没有发生，最重要的是，如何让它发生。

不要误会，我也会解释所有必要的步骤，但除此之外，还会说明为什么这样做的基本概念，这样你就会知道为什么你必须点击这里或那里。教你"为什么"会加深对应用程序的理解，从而使你能够根据自己的知识对"意外"情况做出反应。最后，你将掌握这个应用。

我如何说明为什么这样做的基本概念呢？我的独家秘方是可视化的图文展示法，使用易于理解的图表，比几页纯文本会更好地描述基本概念。

我用灰色字体标记了本手册中的重要术语。尝试记住这些术语或描述，因为这是你与其他 Logic 用户交流或在各种 Logic 论坛上提问或参与讨论时使用的语言。

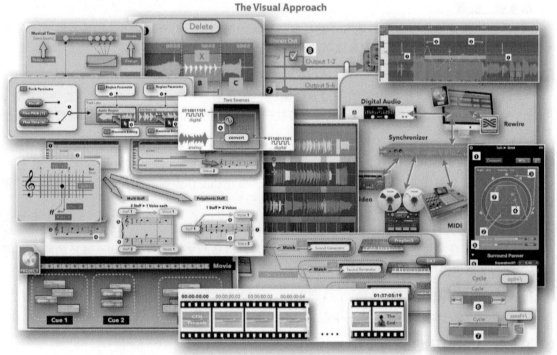

以下是我的图形增强手册区别于其他图书的优点总结。

更好地学习

☑ 图形，图形，图形

每个功能和概念都通过丰富的图形和插图进行解释，这些在任何其他图书或用户指南中都找不到，更不用说网络视频了。它们不仅是一些带有箭头的屏幕截图。我花时间创建独特的图表来阐述概念和工作流程。

☑ 知识和理解

本书的目的是为读者提供对一个应用程序的知识和理解，它比仅仅列出和解释一组功能和单击哪些按钮更有价值。

☑ 综合

对于每一项功能，我都会列出所有可用的命令，方便你来决定在工作流程中使用哪个。有些信息甚至在该应用的官方用户指南中都找不到。

☑ 对于初学者和高级用户

可视化的图文展示法使本书对于初学者来说很容易理解，但丰富的信息和细节又提供了大量的信息，即使对于最资深的用户也是如此。

音乐技术讲解 – 可视化的图文展示法

作为辅助材料，我在我的视频频道"音乐技术讲解 – 可视化的图文展示法"上提供了免费的教学视频。

这些都是 4K 分辨率的高质量视频，内容涉及 Logic Pro X、Pro Tools 和一般音频制作流程的技巧。

合成器图

我有一个"业余爱好"，如果你对合成器着迷，你可能会感兴趣。

不久前，我开始为合成器绘制信号流程图，并在网上免费提供。

这些是我目前可用的型号：

- ☑ **Arp**：Odyssey
- ☑ **Moog**：Little Phatty
- ☑ **Logic Pro**：ES E
- ☑ **Oberheim**：OB-X
- ☑ **Roland**：GAIA SH-01
- ☑ **Moog**：Sub Phatty
- ☑ **Arturia**：MiniBrute
- ☑ **Logic Pro**：ES M
- ☑ **Moog**：Mother-32
- ☑ **Behringer**：Model D

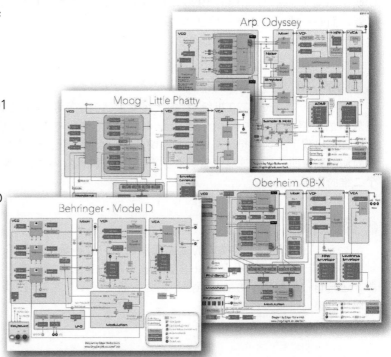

第 2 章　什么是杜比全景声？

在深入了解有关杜比全景声的所有技术细节之前，我想先介绍几点以便你对杜比全景声有个大概的认识。

杜比全景声并非突然从天而降，它的问世与其他音频相关技术的发展背景是紧密相连的。在决定选择杜比全景声或预测这一技术发展时，对音频市场的洞察力和知识将有助于你作出判断。但请记住，没有完美的技术，任何技术都在不断改进和发展中。音频专业人士学习它，而消费者必须发现它。

历史

在了解杜比全景声之前，让我们先来看看音频制作的短暂历史。

单声道 ➤ 立体声 ➤ 环绕声 ➤ 沉浸式

声音制作的演变经过了这 4 大步。

◉ 单声道 -1D 点

早在 Alexander Graham Bell 1876 年的早期尝试中，音频 / 音乐 / 声音仅由单只扬声器（回放）发声，即没有电放大作用的圆锥体。它播放单个声音源，单个声音通道。

单声道

◉ 立体声 -1D 线

立体声录音和通过两只（带放大电路的）扬声器回放声音技术的发明（归功于 Alan Blumlein 1930 年的发明）使得创建一维声场成为可能，而听众便可以通过一种已知的现象：虚声源（幻象声源），听到两只扬声器之间（或之外）的信号。

立体声

◉ 环绕声 -2D

尽管 Ray Dolby 在 20 世纪 70 年代经常被认为是环绕声的发明者，但最早的环绕声其实在更早的 20 世纪 40 年代迪士尼电影《幻想曲》中便已经出现了。这个想法是让声音不仅来自听众的正面，而且来自他们的侧面和背面。虽然这意味着听众被声音"包围"了，但它仍然是一个二维的声场。

环绕声

◉ 沉浸式 -3D

沉浸式三维声与之前格式的最大区别在于它为声场增加了第三个维度。这样一来，声音不仅可以来自听者人耳高度位置的环绕声扬声器，还来自他们头顶上方的扬声器。因为听者"沉浸"在三维声场中，所以"沉浸式音频"也被称为 3D 音频。

沉浸式

➡️ **灰色地带**

尽管定义了各种类型的声音重放的格式，但它们之间通常有部分重叠，这也可能会导致混淆或误解。

以下是你要牢记的几点。

⚪ **单声道与立体声**

虽然立体声通常意味着两只扬声器，单声道只是一只扬声器，而如果立体声扬声器播放的两个声道完全相关（播放相同的信号），则视为单声道。

⚪ **扬声器与声道**

在听者周围放置多只扬声器并不意味着你正在收听"环绕声"，它仅意味着你被扬声器"包围"。如果你周围的 20 只扬声器都播放相同的信号，那么从技术上讲，你只是正在收听来自多只扬声器的单声道信号（1 个声音通道），也称为"超级单声道"。只有当所有这些扬声器每只都播放各自的（不同的）声道，获得的才是真正的环绕声体验。

⚪ **环绕声与沉浸式**

当对这两个术语理解不同时（而且时常发生），也可能导致一些误解。从文字上看，当你收听沉浸式音频时，你会被声音"环绕"，但你听的不是"环绕声"，因为"环绕声"这个词指的是所有扬声器都在人耳高度位置再加上低音炮（如 5.1 声道或 7.1 声道）的配置。而这种配置只会带来二维声。

⚪ **沉浸式音频**

沉浸式音频这个术语本身就令人困惑，因为有许多具有不同含义的不同技术都在使用这个词来描述相同或相似的体验。最常用的术语是沉浸式音频和 3D 音频，还有 360° 音频或空间音频或某家公司营销部门随时想出来的任何术语。有些人甚至将"环绕声"一词用于沉浸式声音，这显然是对术语的草率使用。

⚪ **Ambisonics（环境立体学声，俗称多声道模拟立体声）**

请记住，在沉浸式音频上下文中有时会听到的术语 Ambisonics，它是一个特定的全方位沉浸式声音录制格式的名称。

➡️ **双耳音频**

使用耳机而不是扬声器播放声音，现在变得更有趣且更值得探讨了。从技术上讲，一副耳机只代表两只扬声器，所以我们应该谈论立体声或单声道播放。但是，有一种叫作双耳音频（双耳意味着"两只耳朵"）的东西，它基于一些心理声学现象，使人们使用标准耳机便可听到完整的沉浸式三维声。

这种双耳音频技术不仅是杜比全景声的关键组成部分，它还很可能成为推动沉浸式音频聆听取代当今立体声聆听并成为新标配的决定要素。

本书后面会详细介绍该技术及其影响。

一条标准的时间线

这是有关声音重放技术的时间线，其中包含杜比和该领域的其他参与者带来的标准和重要事件。

其他

1940——迪士尼电影《幻想曲》（*Fantasia*）以环绕声格式发行了

20 世纪 50 年代——电音先驱尝试沉浸式音频

1967——Ambisonics 话筒被开发为沉浸式话筒

1993——《侏罗纪公园》（*Jurassic Park*），以 DTS（5.1 环绕声）格式发行了

1993——《幻影英雄》（*Last Action Hero*）以索尼动态数字声音（SDDS）（7.1 环绕声）

2005——第一个商业沉浸式音频格式 Auro 3D

2015——MPEG 和 Fraunhofer 合作推出了沉浸式音频标准 MPEG-H

2016——dts X，dts 的沉浸式版本宣布用于影院和家庭影院

2019——索尼推出了自己的沉浸式音频格式 360 Reality Audio

Dolby

1940

1950

1960

1965——杜比在伦敦成立，最初的技术是音乐录制的降噪系统

1970

1977——《星球大战》（*Star Wars*），第一部使用杜比立体声（Dolby Stereo）（一种给 L、C、R、环绕声编码的声音格式）的电影发行

1980

1982——杜比环绕声，杜比立体声技术在消费类产品端的版本

1987——杜比定向逻辑（Dolby Pro Logic）推出

1990

1992《蝙蝠侠归来》（*Batman Returns*），第一部以杜比数字（AC-3）发行的电影是 5.1 声道的

2000

2000——杜比定向逻辑 II（Dolby Pro Logic II）推出

2005——杜比 TrueHD 使用了分离的 24bit/96kHz 7.1 声道

2010

2012——《勇敢传说》（*Brave*）是第一部以杜比全景声发行的电影

2014——家庭娱乐版杜比全景声推出

2017——杜比与 Netflix 合作，将杜比全景声内容引入视频流媒体服务

2018 冬季奥运会和 FIFA 世界杯采用杜比全景声广播

2018——Xbox One 支持杜比全景声游戏

2019——杜比全景声音乐在亚马逊和 Tidal 平台上合作推出

2020

2020——Avid Play 是第一个支持杜比全景声的 DIY 音乐分发服务平台

2021——Lucid Air 成为第一款配备杜比全景声系统的汽车

2021——Apple Music 支持杜比全景声音乐

杜比全景声的关键要素

以下是有关杜比全景声的 8 个关键要素，在深入了解所有细节之前了解这几个要素很重要，了解了这几个要素后，便会明白为什么杜比全景声如此不凡且重磅。

#1- 工作流程

首先，简化的杜比全景声工作流程步骤。

❶ 你的数字音频工作站

- **你的数字音频工作站**：好消息是你可以在自己喜欢的数字音频工作站中完成杜比全景声混音 ❶，完全不改变以前的编辑和信号处理流程。

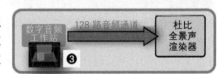

- **杜比全景声渲染器**：这多达 128 路音频不再路由到数字音频工作站中的两声道或多声道输出母线，而是路由到名为 Dolby Atmos Renderer（杜比全景声渲染器）的软件应用程序 ❷。

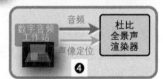

- **3D 声像定位器**：你在数字音频工作站的每个音轨上都可以插入内置 3D 声像定位器 ❸（如果有）或杜比全景声音乐声像定位器插件，从而将音轨定位在 3D 空间中。

- **单独的声像定位器数据传输**：声像定位器信息作为单独的元数据 ❹（就好像 GPS 坐标）与路由到杜比全景声渲染器的音频信号一起发送。

- **对象音频渲染器（OAR）**：你工作室内的扬声器（环绕声顶部）都连接到杜比全景声渲染器的输出端。而最大不同是这里是由杜比全景声渲染器软件处理 ❺ 这 128 路音频信号及其独立的实时声像定位信息，通过扬声器或经双耳渲染后的两声道耳机回放，获得 3D 声场。

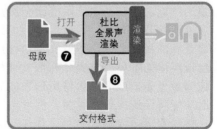

- **杜比全景声母版文件**：你并不是将杜比全景声混音"离线并轨生成"为 WAV 文件，而是将杜比全景声混音后"录制"到特殊的杜比全景声母版文件 ❻，该文件仍将分别保存这 128 路音频信号及其声像定位信息。你可以在原基础上进行录音"覆盖"（覆盖文件的某一部分，或增加时长）。

- **打开母版文件**：你还可以在杜比全景声渲染器中打开 ❼ 某个杜比全景声母版文件来回听、编辑一些元数据配置或将其导出为各种媒体文件。

- **交付文件**：你加载到杜比全景声渲染器的杜比全景声母版文件（也就是你的杜比全景声混音文件）可以导出 ❽ 为各种媒体文件格式，用作各种分发渠道的交付物料。

- **编码后的码流文件**：必须对交付文件进行编码 ❾，转换成特殊的码流格式，通过流媒体服务将你的杜比全景声混音文件送达最终用户。

● **消费者回放**：最后，消费者收到的杜比全景声混音文件为编码后的文件，该文件仍将音频和声像定位信息分开保存，杜比全景声播放设备 ❿ 对可用的扬声器组合或耳机完成实时渲染。

➡ **杜比全景声渲染器的 3 项任务**

正如你在上图中所见，完成杜比全景声混音要在许多步骤上用到杜比全景声渲染器。你可以将这些步骤分为 3 项主要任务。

○ **任务 1：混音**

你正在创作杜比全景声混音，渲染器（对象音频渲染器 OAR）❶ 作为实时监听设备 ❷ 用于播放你的杜比全景声混音文件。它集成了杜比全景声渲染器中可用的所有配置并进行了优化。

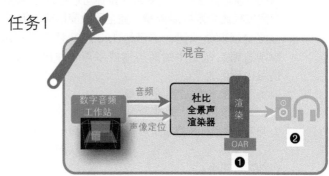

○ **任务 2：录制声底**

完成杜比全景声混音后，要将其录制为杜比全景声母版文件 Dolby Atmos Master File（DAMF）❸，一种完成混音后生成导出（bounced mix）的原生文件格式。正如我们稍后将看到的，录制声底不是一次性完成不可改的，你可以在母版文件上进行覆盖，延长，或打入 / 出点。

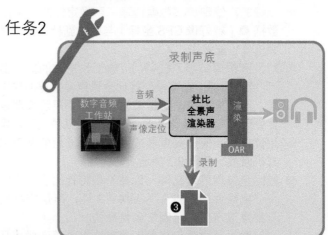

○ **任务 3：导出**

第 3 项任务不再涉及你的数字音频工作站。现在，你使用杜比全景声渲染器打开现有的母版文件 ❹，即之前录制的杜比全景声混音文件。杜比全景声渲染器 ❺ 现在用作母版文件的纯播放设备，接下来你将用到它的导出功能将录制的母版存为其他母版文件格式 ❻ 用于交付。此外，你还可以编辑一些元数据，并创建基于标准声道的下混版本 ❼。

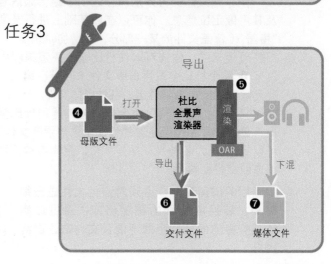

#2- 沉浸式三维声

　　杜比全景声是一种沉浸式声音格式。

　　这是最重要的一点。杜比全景声不仅像传统的 5.1 环绕声或 7.1 环绕声那样在二维空间中使用扬声器包围,还可以从上方发出声音。这意味着听众不仅被声音包围 ❶,而且沉浸 ❷ 在声音中。

> 杜比全景声是一种沉浸式声音格式。

➡ 顶部扬声器

　　要听到来自上方的声音,需要在头顶上方安装扬声器 ❸,即所谓的顶部扬声器或 Overhead (OH,天花板扬声器)。另外还有一些精巧的扬声器技术可以实现这一功能,我将在后文中介绍。

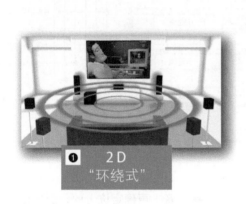

❶ 2D "环绕式"

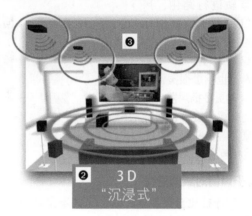

❷ 3D "沉浸式"

➡ 总共有多少扬声器?

　　当然,要"沉浸在声音中",就不得不先"沉浸在扬声器中",才能获得身临其境的声音体验。传统环绕声格式最多使用 6 只或 10 只扬声器,而杜比全景声支持多达 64 个独立的扬声器通道,这些扬声器安装在前面、侧面、后面和天花板上。但是对于那些买不起 64 只扬声器的人来说,还有其他更易于实现的配置和"技术捷径"。

#3- 基于声音对象的格式

杜比全景声的下一个特点便是"基于声音对象的混音"。

我将在本书中重点讨论这一点。这里只是引入这一基本概念。

> 杜比全景声混音是基于声音对象的。

⬤ 基于声道的混音

对于立体声或任何环绕声格式，每只扬声器 ❶ 对应一个通道，对应你的一条输出总线 ❷。这意味着你可以对音轨进行路由、声像定位和混音，并送到指定的扬声器。

这是不可扩展、不可改变的，也不是很灵活。

添加更多扬声器会增加环绕声解析度，但也会增加复杂性，并且仍然无法扩展和兼容其他格式。

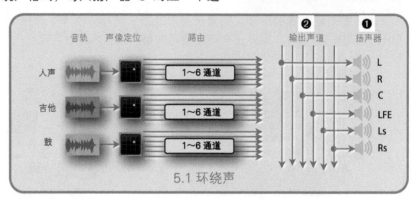

5.1 环绕声

⬤ 基于声音对象的混音

在制作杜比全景声格式时，你并不是针对特定扬声器 ❸ 混音（声像定位）的，而是在对声音完成它在三维空间中的定位 ❹。

- ▶ 你不再是将音轨路由到代表指定扬声器（L、C、R、Ls、Rs 等）的输出通道，而是将数字音频工作站中的音轨指定为独立的声音对象 ❺。
- ▶ 与现有的环绕声声像定位器 ❻ 类似，你可以将每个音轨上的信号定位在三维空间中 ❹。
- ▶ 这一房间位置信息（如同三维 GPS 坐标）以元数据的形式（称为对象音频元数据，OAMD）和该声音对象的实际音频波形 ❼ 一起送出。
- ▶ 与任何标准声像定位控制一样，你可以记录这些 XYZ 运动自动化信息。
- ▶ 每个声音对象各自的 XYZ 坐标信息与完成混音后生成导出的文件一并保存。
- ▶ 杜比全景声播放设备使用这些 XYZ 信息并根据连接到杜比全景声播放设备的扬声器数量来决定哪些声音对象 ❺ 应该由哪些扬声器 ❸ 进行回放。这个过程被称为"渲染"，这是由对象音频渲染器（OAR）❽ 完成的。

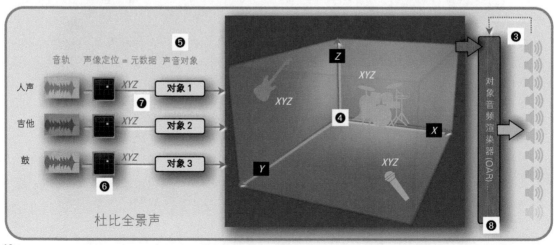

杜比全景声

#4－基于扬声器的渲染

传统的环绕声格式（如 5.1 环绕声和 7.1 环绕声）混音仅在当你使用与混音时完全相同的扬声器配置（数量和配置）环境进行回放时才有效。这就是这些格式仅存在于安装了该格式的电影院或有大房子和闲钱在家中安装匹配的复杂系统的发烧友的家庭影院中的原因。

> 杜比全景声使用基于扬声器的渲染

如果杜比发明的沉浸式三维声只是一个增加了更多数量扬声器的格式，那么它仍然仅限于电影院，且将更不适用于家庭影院。但这就是杜比全景声的神奇之处，它使用了基于扬声器的渲染。

➡ 基于扬声器的渲染 = 自适配可大可小的任何扬声器配置

"渲染"是一个已经在许多计算机技术中使用的词汇。在最基本的定义中，渲染只意味着计算或处理。

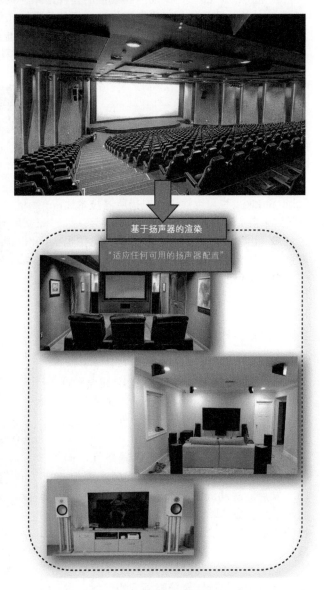

- ☑ 让我们假设一部电影在大型混录棚内完成了混音，并在混音时使用了最高的 64 只扬声器通道配置进行监听。

- ☑ 在具有 64 只扬声器的相同配置的大影院中播放将完美地回放该混音。

- ☑ 如果该混音在一间只有 20 只扬声器的小型多厅影院中回放，那么杜比全景声系统会将 64 只扬声器"渲染"为 20 只扬声器以获得相同的沉浸式体验。假设一个信号之前通过靠前的顶部扬声器发声，之后运动到靠后的顶部扬声器发声，如果只有一只顶部扬声器，现在将只通过单只顶部扬声器播放。

- ☑ 如果在更小规模的扬声器配置上播放该混音，则杜比全景声将会"渲染"该混音，使其在可用的扬声器上最大程度地重现沉浸式三维声体验。

- ☑ 所有家用杜比全景声播放设备中都内置了"基于扬声器的渲染"的功能。无论是昂贵的家庭影院系统、客厅中的 AVR（AV 功放），还是计算机、平板电脑，甚至智能手机。

⬤ 不是简单的下混！

这种基于扬声器的渲染过程是一种"自适应"下混过程，但比简单的下混更智能且功能更强大，因为杜比全景声是基于声音对象的，而不像传统环绕声格式那样是基于声道的。

#5- 虚拟扬声器技术

虚拟扬声器技术与基于扬声器的渲染技术不同，请不要混淆两者概念。

☑ **基于扬声器的渲染**是指通过获取嵌入杜比全景声混音的每个音频信号在房间中的 *XYZ* 位置数据，将这些音频信号按照这些数据分配到可用的扬声器布局中发声的过程，从而尽可能完美地重现三维混音的过程。这就是我在上一页中描述的概念。不需要固定的扬声器布局，系统可以自适应（渲染到）任何可用的布局组合，这要归功于对象音频渲染器（OAR）。

> 杜比全景声使用
> 虚拟扬声器技术

☑ **虚拟扬声器——多扬声器配置的替代方案**：扬声器技术的进步使你可以创造沉浸式三维声体验，即使你的家庭影院没有专用的扬声器布局来播放 7 只、10 只或 64 只扬声器组成的沉浸式三维声。该技术被称为"杜比全景声虚拟扬声器技术"，它可以通过单只扬声器或扬声器组合，借助房间反射和心理声学，还原杜比全景声混音。

➡ 系统

❶ **回音壁音箱**：回音壁音箱技术使用预先计算出的房间反射，使你可以听到来自虚拟天花板和侧环绕扬声器的声音，但其实这些扬声器并不真实存在。

❷ **智能音箱**：智能音箱（例如 Amazon Echo Studio）也可以通过虚拟扬声器技术让你听到来自实际没有安装的扬声器的声音。

❸ **计算机**：一些新款的计算机现在也内置了杜比全景声虚拟扬声器技术。

❹ **平板电脑和智能手机**：即使是平板电脑和智能手机等手持设备也可以使用虚拟扬声器技术在它们的微型扬声器上回放杜比全景声混音，使你感到身临其境。

◯ 非常聪明的音箱

2019 年，亚马逊（与杜比密切合作）推出了"Amazon Echo Studio"，这是第一款支持杜比全景声的智能音箱。他与杜比全景声音乐内容同一天问世。

它的外壳周围有一圈扬声器单元，向四周发声；同时扬声器单元也安装在顶部，向上发声。房间周围的反射产生三维声场。音箱甚至还会"聆听"自己的回放、录制自己的回放并自行校准、完成房间均衡并自适应房间。

这只音箱内部其实应用了很多虚拟技术来完成对原始杜比全景声混音的回放。当然，你的感受可能会有所不同。

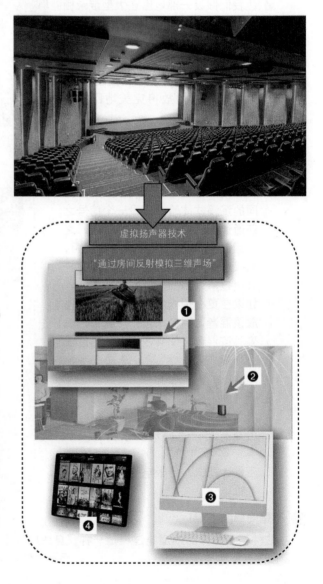

#6- 双耳渲染

杜比全景声已经是电影和电视多年来的沉浸式三维声标准。虽然有数百万人在看电影和电视，但消费市场真正的大众消费是听音乐。然而，音乐的聆听体验还停滞在立体声，没有环绕声，更没有沉浸式三维声。

2000 年业界曾尝试引入一种环绕声格式来承载音乐作品，这就是 DVD-Audio，但很不幸这是一场彻底的失败。业界用血的教训学到，终端消费者对更多的音频声道和更好的音频质量并不感兴趣。他们将兴趣转到相反的方向：用耳塞式耳机收听被高度数据压缩的 mp3 文件😷。

最近的研究显示，人们听音乐 80% 是用耳机的。这个数字很惊人，但这是有道理的。现在几乎人手一部智能手机，对于大多数用户来说，他们都是用这部手机来听音乐的。

> 杜比全景声使用
> 双耳渲染

➡️ 立体声与双耳

通过耳机聆听时，我们以为因为立体声信号会被对应发送到耳机的左右扬声器单元，因此你获得的（或多或少）是与使用两只音箱相同的体验。然而，这带来的空间左右定位会有些不同，会将声音定位在头部内，而不是像音箱那样在前方。

由于只有两个声源的限制，通过耳机再现任何环绕声或沉浸式三维声似乎是不可能的……除非……我们来到令人惊喜的双耳音频世界。

下面是一个简单的列表。我将在本书后面部分更详细地解释音频渲染技术。

双耳渲染

- ☑ **人耳对声音在空间中的定位机理（3D 聆听）**：人类通过左右耳朵接收声音，我们的大脑通过分析到达左右耳朵的声音的差异，来对我们周围的声源进行定位识别。

- ☑ **Binaural Audio（双耳音频）**：这种基于心理声学和大量数学运算，试图模拟人类听到 3D 声音的能力的特殊技术被称为双耳音频技术。

- ☑ **双耳渲染**让耳机播放的双声道音频信号发生了改变，在原信号基础上进行了处理，使它能欺骗大脑认为该信号来自头部之外的位置。

- ☑ **HRTF（Head-related Transfer Function，人头相关传输函数）**：这是双耳音频中的热门常见词。它通过复杂的数学运算，模拟到达左右耳朵的声音的差异（3D 位置信息），然后在耳机播放时根据算法来改变左右信号。

- ☑ **杜比全景声双耳渲染**：双耳渲染技术已经内置于杜比全景声中。

与该领域的许多其他参与者一样，杜比正在对双耳音频做大量研究，因为这是为客户提供使用每个人已经拥有的设备（耳机）聆听三维声场的绝佳体验的关键。

#7- 单一格式满足所有需求

在为影院发行、蓝光影碟或流媒体混音和交付电影内容方面，杜比全景声对行业来说意义重大。

过去，如果片厂决定以立体声、5.1 环绕声和 7.1 环绕声格式发行一部电影，它必须从混录棚索要每种格式单独的混音。这是一个很费钱且耗时的过程，特别是如果你知道对于电影混音，通常会有一长串不同的交付物料清单，至少要交付 3 组分层的混音：对白、效果和音乐，有时还会更多。所有这些单独的混音物料还都必须按上面提到的所有这些声音格式制作一遍。

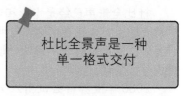

杜比全景声是一种
单一格式交付

杜比全景声可助你一臂之力！只用交付单一格式。

这是一个新的工作流程：

- ☑ 混音 ❶ 仅以一种格式完成：杜比全景声 ❷。
- ☑ 原生格式是一种沉浸式格式。
- ☑ 任何其他格式、环绕声（5.1 声道、7.1 声道、9.1 声道等）或立体声都将在播放期间 ❸ 通过杜比全景声播放设备实时生成。无论是在电影院中的杜比全景声影院设备还是家庭影院的 AVR❹。
- ☑ 任何虚拟扬声器 ❺ 都是在播放期间从同一个杜比全景声混音中实时生成的。
- ☑ 杜比全景声也可以被渲染为用于耳机播放的双耳音频 ❻。
- ☑ 杜比全景声软件允许混音师根据需要创建各种基于声道的环绕声和立体声格式 ❼，这一过程称为再渲染（下混）。
- ☑ 该软件甚至允许将混音（和单独的分层的混音）路由回 Pro Tools 工程 ❽ 以适应现有的电影混录流程。

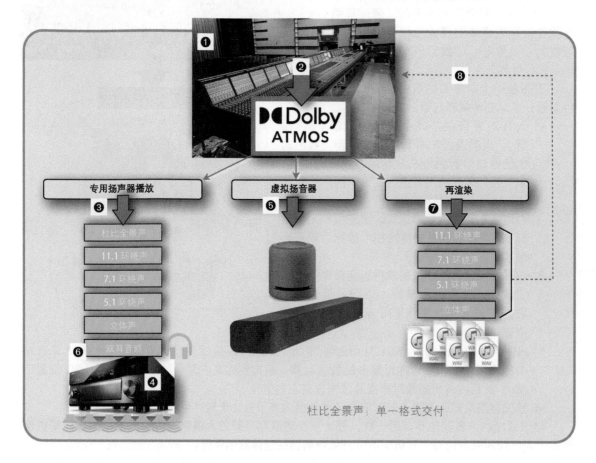

杜比全景声：单一格式交付

#8– 杜比全景声无处不在

如果杜比之前未能将杜比全景声格式在市场上正确定位，那么所有这些伟大的技术成就没有今天这样的伟大意义。

以下是一些需要了解的重要因素。

➡ 杜比全景声在所有音频制作中

杜比全景声成功的最终关键是通过可用性和可负担性被消费者们广泛接受和使用。杜比全景声使用 / 应用的领域有很多，虽然底层技术是相同的，但在不同领域也存在着应用上的差异。

☑ **影院**：这是旗舰领域，用杜比全景声格式混录的院线电影，在电影院中使用多达 64 只扬声器回放。

☑ **家庭影院**：这可能是听众们体验杜比全景声最大的细分市场了。从只有一小部分家庭影院发烧友用蓝光光盘播放杜比全景声内容开始到现在大多数流媒体服务平台以及几乎所有 AVR 和 DMA 都已经支持杜比全景声内容的播放了。

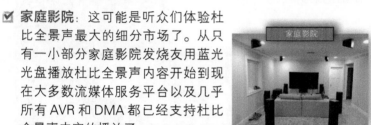

☑ **现场活动**：一些现场活动已经在尝试将沉浸式音频体验带入现场表演。

☑ **广播**：杜比全景声被用于许多广播系统中，尤其是在各种体育赛事，为观众带来身临其境的听觉盛宴。不过，市面上还有其他沉浸式三维声格式，如 MPEG–H。

☑ **游戏**：通过耳机 / 耳麦玩游戏非常适合在虚拟现实环境中通过双耳渲染获得沉浸式音频的体验。另一项相关技术，头部跟踪将发挥重要作用。

☑ **汽车**：杜比全景声也许不是你下一辆汽车的标配设备，但杜比全景声已经通过搭载于第一款略高于中档价位的汽车 Lucid Air（车内安装了共 21 只扬声器单元）中，进入了这一市场。Klipsch 和 Panasonic 等 OEM 厂商也已经进入了市场。

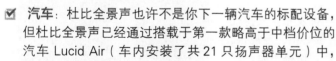

☑ **音乐**："杜比全景声音乐"是杜比全景声成为"新立体声"的下一个重要阶段。即便是卧室音乐人，也可以在他们的笔记本计算机上以低廉的成本用杜比全景声格式制作他们的音乐，并且只需使用耳机而不用购买昂贵的多扬声器配置。

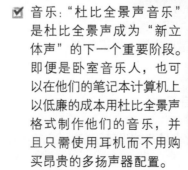

➡ 内容创作者

截至 2021 年，已有的杜比全景声内容数量如下：

- 超过 2000 部院线电影
- 超过 2550 集电视剧
- 超过 1040 部家庭影视作品
- 200 场现场活动
- 超过 25 款游戏
- 1000 多首歌曲
- 第一部杜比全景声格式的播客
- 设施 / 博物馆

➡ 发行

所有大型后期机构和发行公司都已采纳杜比全景声。

➡ 消费类电子产品的支持

所有大大小小的消费类电子产品公司都发布了支持杜比全景声的产品。AVR、智能音箱、回音壁音箱、电视机、机顶盒、蓝光播放器等。当然，随着量产，价格下降，这也使得它对消费者更具吸引力。

- 370 多款智能手机和平板电脑
- 250 多个 AVR 和家庭影院一体机系统
- 超过 50 款电视机
- 超过 50 款音箱
- 超过 40 款回音壁音箱
- 超过 15 款 PC 机
  - ▶ 10 亿台支持杜比全景声的设备正在被全球用户

使用着

➡ 杜比全景声音乐

尽管杜比全景声在广播、现场活动、游戏甚至汽车等其他音频制作领域不断增加着影响力，最有影响力还是音乐消费，尤其是杜比全景声音乐的出现。

以下是有关这一项内容的更多信息。

◯ 各大唱片公司的支持

环球音乐集团与杜比接洽，希望将杜比全景声用于其客户的音乐混音，并最终于 2019 年 5 月正式宣布与杜比建立合作伙伴关系。随后华纳音乐集团也加入了与杜比的合作。现在几乎所有大大小小的唱片公司都加入了进来了。

◯ 音乐艺术家们的支持

除了可能看到了这种新格式的潜在经济利益的唱片公司有兴趣外，体验过将自己的作品用杜比全景声格式混音的艺术家们对这种新格式也感到非常兴奋，并经常同时发布音乐的杜比全景声和立体声混音版本。

◯ 音乐流媒体平台的支持

音乐流媒体服务对杜比全景声内容的需求极大，他们希望向客户提供支持该技术的服务。

◯ 支持的录音棚

杜比全景声音乐可以在任何现有的用于为家庭影院内容（如 Netflix 等）混音的小型杜比全景声工作室中进行混音，因为杜比全景声音乐使用了与之相同的核心杜比全景声技术。主要区别仅在于如何使用它实现不同的创作思路。许多现有的音乐混音棚升级为能制作杜比全景声混音也相对容易。

◯ 创作优势

与立体声相比，使用杜比全景声格式混音乐具有许多创作优势。比起高密度的立体声空间，在听者周围的三维声场中摆放音轨时只要用更少的压缩和 EQ，便可以平衡各种声音元素。它还带来了比基于立体声混音无拘无束得多的创造力，摆脱了两声道的限制。

◯ 数字音频工作站的支持

虽然影视后期工作主要是在 Pro Tools 或 Nuendo 上完成的，音乐创作者也经常使用其他数字音频工作站。好消息是支持杜比全景声的数字音频工作站在不断增加。

借助杜比全景声音乐声像定位器插件（AAX、AU、VST），即便你使用的数字音频工作站还没有集成任何杜比全景声功能，你依然可以使用杜比全景声渲染器进行杜比全景声创作和混音。然而，杜比全景声在数字音频工作站中的直接集成正在不断增长。

▸ **Pro Tools**：Pro Tools 是电影后期制作的默认标准，与杜比全景声渲染器应用程序集成最紧密。

▸ **Nuendo**：Nuendo 是第一款内置了杜比全景声渲染器的数字音频工作站。

▸ **Logic Pro**：虽然你已经可以在 Logic Pro 中使用 Dolby Atmos Music Panner，但 Apple 在 2021 年 6 月宣布，Logic Pro 的年终更新将集成 Dolby Atmos 支持。

▸ **DaVinci**：DaVinci（达芬奇）可以与内嵌的杜比全景声渲染器一起使用，也可以使用外挂的杜比全景声渲染器程序。

▸ **Pyramix**：Pyramix 也在最近支持了杜比全景声渲染器。它使用 Ravenna AoIP 路由与杜比全景声渲染器进行通信。

▸ **Ableton Live**：Ableton Live 与任何其他没有集成杜比全景声的数字音频工作站一样，可以使用 Dolby Atmos Music Panner 和 Dolby Atmos Production Suite 协同使用完成杜比全景声混音。

市场环境

　　了解杜比全景声不仅仅是指了解新技术和学习软件工具，你还必须了解市场。因为这是面向大众消费市场的技术，只有所有参与者都齐心协力用沉浸式音频吸引消费者，它才会成功。

你的角色是什么？

　　所以最大的问题是，杜比全景声，尤其是正在大力推动的"杜比全景声音乐"以及整个"用沉浸式音频制作音乐混音"及其消费是否腾飞了？以下是四类主要参与者。

⬤ 艺术家 / 唱片公司

　　作为音乐家和艺术家（和唱片公司），你是否一定要接受新技术并在立体声之外以杜比全景声发行你的音乐作品？当然，你不必如此。但是，除了沉浸式音频带给你用于音乐混音的新创作工具之外，它还可能是你区别于其他人的东西。至少，我立刻想到了营销和自我宣传的权利。

⬤ 后期公司老板 / 工程师

　　作为试图在这些杜比全景声后期公司找到工作的工程师和后期公司老板来说，你必须问自己，客户是否会有要求将他们的音乐混成杜比全景声格式？这可以证明投资升级后期公司设施是合理的。作为一名音频工程师，你是否具备在这些棚内使用新工具和新工作流程工作的技能，还是你会因为简历中没有这些技能和经验而在应聘中处于劣势？

⬤ 流媒体服务（影院）

　　在 Apple、Spotify、Tidal 等音乐流媒体服务业务公司中，竞争非常激烈。他们利用杜比全景声音乐内容作为增加订阅他们的服务订阅量的巨大推力。这同时也意味着他们需要向艺术家及唱片公司索要相应的内容。这是一件好事，可以让沉浸式音频引起消费者的注意并创造需求。或许粉丝们很快就会期待，艺术家的任何新作品都将包含沉浸式音频版本。经过"噱头"阶段后，也被艺术家视为听众欣赏和期待的创意了。

⬤ 消费者

　　最终的也是最重要的因素便是消费者，问题是除了任何最初的营销推动之外，是否会有对沉浸式音频的兴趣和足够高的需求。入门门槛是否足够低（不需要额外昂贵的设备），新的声音体验是否足够好（令人惊叹的声音体验）？

如何购买音乐？

➡ 一个简短的历史

　　这便是人类获取音乐方式的历史概述。人们从 20 世纪 50 年代购买黑胶唱片，到 21 世纪初，80 年代转向它的数字替代品 CD 唱片。在 21 世纪初，有过一个短暂时期，歌迷们相信所有音乐都可以从一个称为互联网的新事物上免费下载。不过 Apple 很快通过 iTunes 建立了自己的基础架构，人们可以通过合法渠道购买音乐。然而，对此并不太在行的唱片公司（可能他们被金钱和贪婪蒙蔽了双眼）花了不少时间才意识到流媒体音乐将成为新的常态。不过他们现在知道了如何使用流媒体商业模式赚钱，于是他们欣然接受了。

➡ 流媒体无处不在

　　流媒体音乐平台是当今消费者获取 / 收听音乐的常态，虽然他们不再需要购买音乐，但要持续支付月费，就可以获得收听所有音乐的权力了。

　　因此，新的战场是：哪个音乐流媒体服务能吸引最多的订阅者。

➡ 竞争对音质有利

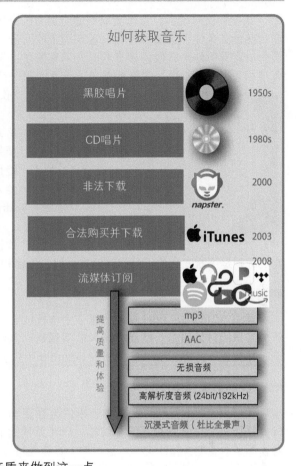

　　因为每家的服务都努力使自己能从竞争中脱颖而出，他们便通过所提供的流媒体音乐的音质来做到这一点。

　　以下是关于这种演变的过程。

- ☑ **mp3**：这一切都始于 128kbit/s 码率的 mp3。这是音频质量和可用带宽需求之间平衡足够好的折中方案。

- ☑ **AAC**：通过他们的 iTunes 音乐商店和后来的 Apple Music（苹果音乐），Apple 使用了下一代数据压缩格式 AAC（Advanced Audio Coding，高级音频编码），它在技术上是 mp3 格式的继承者，有时也被称为 mp4，并具有更好的音质。

- ☑ **无损音频**：不管是 mp3 还是 AAC，都是有损数据压缩，无论你是否能听到，都是有信息丢失的。而无损音频格式（如 FLAC 或 ALAC）则保证音频质量与原始母版相同，例如原版 CD 唱片。

- ☑ **高解析度音频**：为了提高标准，流媒体服务开始提供高解析度音频流媒体。这些是音乐作品制作中生成的更高标准的原始音频文件，其录制质量优于 CD 唱片中使用的 16bit/44.1kHz 标准。虽然可能这有些夸大的成分，并且最终用户在他们的 Beats 耳机上是否真的能听到差异，这还值得商榷。

- ☑ **Immersive Audio**：沉浸式音频是始于 2019 年的最新战场，当时流媒体服务商 Tidal 和亚马逊音乐在其流媒体服务上提供了杜比全景声混音的音乐。2021 年 6 月，Apple Music 苹果音乐凭借"由杜比全景声支持的空间音频"正式进入了沉浸式音频的战场，也提高了门槛。与其他对杜比全景声额外收费的其他服务平台不同，Apple 向全球 7200 万的订阅用户免费提供这一服务。

消费者对流媒体音乐的选择

让我们面对现实，音乐受众对他们拥有的立体声格式和音质其实非常满意，你一定猜不到他们会在什么条件下或使用什么设备来消费收听音乐。这里的重点是"消费"这个词。人们其实并没有一定要听到来自他们最喜欢的艺术家的歌曲是沉浸三维声的。当然，人们在单声道时代也没有抱怨过或有过立体声录音的要求。这其实是一个行业教育听者的过程，是行业引导消费者不要

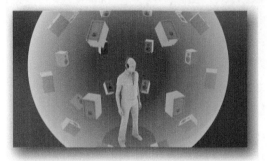

"仅仅"听 2D 音乐，要听 3D 沉浸式音乐。

其他提供杜比全景声或任何其他沉浸式音频格式的流媒体服务（如 Tidal 和亚马逊音乐）都需要用户为此额外支付补充订阅费用，但这对于最终用户的广泛采用是没有帮助的。而站在另一边的 Apple 作了正确的决定，将杜比全景声（Dolby Atmos）纳入了他们的标配服务中，没有额外费用。

以下信息收集于 2021 年 9 月。要知道，流媒体音乐市场的定价结构和阶梯式价格中每一级所包含的细则是不断变化的，当你阅读本书时，价格和细节可能已经发生了变化。

➡ Tidal

早在 2019 年，Tidal 就成为第一个与杜比合作推出提供杜比全景声音乐的音乐流媒体服务。然而，最大的问题是你需要支付额外费用订阅此功能，并且它不支持 iPhone，只支持 Android 手机。

➡ 亚马逊音乐 HD

同在 2019 年，杜比全景声音乐内容在亚马逊音乐上提供，但同样你需要支付额外费用订阅此功能。一个不同是此次发布的不只是服务，而是对智能音箱的支持，通过单个音箱便可以获得杜比全景声（Dolby Atmos）沉浸式音频体验，不用在你的房间里装 20 只扬声器了。不过我们稍后再详细了解智能音箱。

➡ Apple Music 苹果音乐

正如我上面提到的，Apple 做了正确的决定，在 2021 年 6 月免费向 Apple Music 订阅用户提供了所有杜比全景声音乐曲目。当然，他们没有额外收费，其实并不是因为有远见或是沉浸式音频的忠实粉丝。他们将其当一个重要的棋子，以提高对手们的竞争门槛，尤其是 Spotify。

➡ Spotify

Spotify 是一家让 Apple 夜不能寐的流媒体服务平台。既然 Apple 已采取行动免费提供杜比全景声，那么现在人们的目光集中在 Spotify 上，想看他们会如何应对。尽管 Spotify 拥有大约 1.6 亿用户（大约是苹果的两倍），并且有比苹果更忠实的粉丝群，但它似乎并没有那么强的购买力来免费提供沉浸式曲目。截至 2021 年 9 月，尚无杜比全景声容可听，让我们拭目以待。

➡ Deezer

Deezer 是另一种提供沉浸式音频音乐的音乐流媒体服务，不过他们没有选择杜比全景声，而是选择了"Sony 360 Reality Audio"，另一种沉浸式音频格式。

竞争格式

使得沉浸式音频被大规模采用的原因，特别是杜比全景声音乐的大规模普及，有一个是很重要的——竞争格式。通常，当一项新技术出现时，会有多种格式争夺消费者。当然，沉浸式音乐混音似乎也没有逃出这一宿命。

➡ Sony−360 Reality Audio

索尼不喜欢使用其他公司开发的标准，喜欢特立独行的格式，即便市场上已经存在了标准。他们当年在电影环绕声中发明了 SDDS 与 Dolby Digital 5.1 和 DTS 标准竞争，虽然它们错过了影院中的沉浸式音频，但它们似乎现在努力为自己的格式掀起一场沉浸式音乐的反叛运动。

索尼的格式称为"360 Reality Audio"，虽然这是基于 MPEG−H，德国公司 Fraunhofer（mp3 背后的公司）的技术许可研发的。

索尼的沉浸式三维声直接针对音乐流媒体服务及通过耳机收听音乐的客户。他们不关心虚拟扬声器技术，如果你再深入了解一些，会发现他们其实在宣传自己的耳机在搭配这一服务时可以提供最佳沉浸式三维声体验。

尽管竞争很好，但是这可能会"削弱"用户的体验。同时，在制作端，这还意味着为了混多种沉浸式声音格式（如果有的话）而产生的更多费用。

让我们看下去……

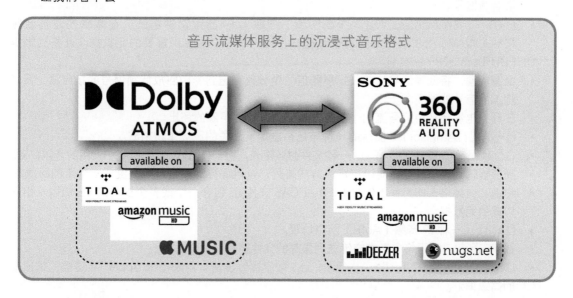

➡ "虚拟技术"

这不是另一种格式竞争，而是争夺最终用户注意力的竞争。也许通过一些"聪明"的号称可以用在任何立体声音轨的上混算法，并以"沉浸式、空间感或任何听起来最能迷惑客户的营销流行词"的形式售卖。别忘了，上次消费者觉得"足够好"时，我们最终在 128kbit/s mp3 的声音标准上停滞了很久。

新术语

通常，术语的词汇表列会被放在图书或手册的末尾。但是，我决定把它放在开头这里，在深入了解杜比全景声（Dolby Atmos）的细节之前。这可以让你了解我们正在进入多少个新领域。

我将列表分为两部分，首先是音频制作和数字音频中已经存在的在杜比全景声环境中很重要的术语，然后是与杜比全景声相关的新术语。

已有的杜比全景声相关术语

这些是音频制作和数字音频中存在已久的术语，但他们在杜比全景声环境中很重要。

- **3D 音频**：一通用术语（与沉浸式音频类似），描述通过三维声场带来声音体验的声音格式。
- **ALAC- 苹果无损音频编解码**：此编解码被用于在 Apple Music 流媒体服务中提供无损音频。
- **Ambisonics**：一种全向（Full-sphere）环绕声格式。
- **AVR**：用于在回放端处理音频和视频信号的播放设备。
- **Binaural Audio**：双耳音频，通过耳机播放时能够生成 3D 音频体验的双通道音频信号。
- **BWF-（Broadcast Wave Format）广播 wav 音频文件格式**：在微软的波形音频格式（WAV）上扩展出的一种音频格式，加入了对广播应用重要的元数据。此格式根据 EBU Tech 3285 标准制定。
- **低音管理**：将低频信号从单只扬声器信号中分频后送到专门回放低频信号的扬声器（低音炮）的信号处理概念。
- **B 环**：电影还音中信号流的一部分，用于处理不同声源的还出。
- **B- 格式**：Ambisonics 使用的一种与扬声器配置无关的声场重塑格式。
- **Core Audio 格式（CAF）**：一种文件封装格式，用于存储 macOS 系统中使用的音频数据。
- **扬声器阵列**：一组扬声器以特定的方式排列，以再现特定环绕声或沉浸式三维声的回放。
- **封装**：一类格式的文件（例如 MP4 或 CAF 文件），包含一个或多个复用的 ES 流以及相应格式的元数据。
- **Dante**：一种 IP 音频（AoIP）网络协议。
- **数字电影包**：用于将电影内容传送到影院的文件格式。
- **DMA-（Digital Media Appliance）数字媒体设备**：用来指像 Apple TV 这类的机顶盒的高级词汇。
- **Dolby Digital Plus（杜比数字 +）**：基于 Dolby Digital（杜比数字）编码技术扩展和改进得到的一种先进的感知音频编解码格式。
- **Dolby TrueHD**：用于蓝光光盘的无损音频编解码格式。
- **头部追踪**：一种可以侦测到听者头部任何运动并实时调整耳机上再现的沉浸式三维声场以保持"锁定"视频画面位置的技术。
- **HDMI（高清多媒体接口）**：通过单根信号线缆传输音频和视频信号的接口标准。
- **HLS-HTTP 实时流传输**：由 Apple 开发的用于其所有音频和视频流媒体服务的自适应码率流媒体通信协议。
- **HRTF- 人头相关传递函数**：描述人耳和大脑如何"听到"声音的响应特征的数学函数。
- **沉浸式音频**：通用术语（与 3D 音频类似），通过三维声场带来沉浸式声音体验的声音格式。
- **LKFS- 响度，K 加权，相对于满度**：测量响度的单位，与 LUFS 相同。

- **Lo/Ro- 仅左 / 仅右**：一种不通过将 5.1 的环绕信号进行矩阵式下混而是等量变换为立体声信号的过程。
- **Lt/Rt- 左总 / 右总**：一种通过将 5.1 环绕声信号进行矩阵式下混为立体声信号，使每个声道都包含经过矩阵编码的信息作为全部内容的一部分的过程。
- **LUFS- 响度单位，相对于满度**：测量响度的单位，与 LKFS 相同。
- **LU- 响度单位**：响度测量中使用的单位，1LU 等于 1dB。
- **LTC- 线性（或纵向）时间码**：由电影和电视工程师协会（SMPTE）开发的时间码，为剪辑、同步和识别提供时间参考。
- **MADI- 多声道音频数字接口**：一种用于承载多路数字音频信号的接口通信协议，由 AES（Audio Engineering Society：音频工程师协会）定义。也称为 AES10。
- **中间件**：对作为传递或存储的中间文件的文件格式的描述。
- **MPEG-4**：指一组音频和视频编码格式，由 MPEG 标准组指定的标准（ISO/IEC 14496）。
- **MTC-MIDI 时间码**：描述如何编码和传输嵌入在 MIDI 消息中的 SMPTE 时间码的 MIDI 规范的一部分。
- **MXF- 材料交换格式**：一种专业领域中使用的承载音频、视频和元数据的文件格式。
- **OTT- 在线点播**：对 Netflix 或 Amazon 等视频服务的描述，这些服务通过机顶盒而不是标准的有线电视或地面广播的方式分发视频内容。也称为"Over the Top Television（在线点播电视节目）"。
- **PDC- 插件延迟补偿**：指的是数字音频工作站在信号链路上引入一个共同的延时的步骤，目的是补偿因使用了耗费处理器资源的插件而带来的不同延时。
- **杜比定向逻辑（Dolby Pro Logic）**：通过立体声信号降频 / 提供环绕声内容的各种算法，如 Pro Logic，Logic Pro II，IIx 和 IIz。
- **分层的混音（Stems）**：由单条或多条特定音轨组成的子混音组的音频文件，例如对白层、音乐层、效果层、混响层、鼓层等。
- **包装（Wrapper）**：对于用于封装其他文件的文件格式的一种描述。

杜比全景声相关术语

这是与杜比全景声（Dolby Atmos）相关的大部分新术语的列表。
- **AC3**：Audio Codec 版本 3，也称为杜比数字（Dolby Digital）。
- **AC4**：Audio Coded 版本 4，AC3 的改进版本。
- **ADM-（Audio Definition Model）音频定义模型**：指用于描述基于声道、基于声音对象或基于场景的音频的元数据规范。
- **其他母版文件**：指除了特定的"杜比全景声母版文件（DAMF）"格式外的其他杜比全景声的母版文件格式。例如 ADM BWF 或 IMF IMB。
- **Bed- 音床**：与扬声器配置相关的音轨 / 输入 / 输出的逻辑编组。音床的宽度范围可以从立体声到 7.1.2。
- **双耳音频渲染模式**：由不同类型的 HRTF 模型创建的声源离听者更近或更远的空间感。
- **DAMF- 杜比全景声母版文件包**：由 .atmos、.atmos metadata 和 .atmos audio 三个文件组成的母版文件包。
- **DD+JOC- 带对象编码的杜比数字 +**：杜比数字 +（DD+）编码的升级版，其中包含了用于承载杜比全景声混音的元数据，并仍向后兼容 DD+ 设备。
- **智能对白响度归一**：一种检测并提取语言 / 对话内容后使用响度测量标准 ITU-R BS.1770 测量其响度的技术。

- **杜比全景声双耳音频渲染设置插件**：一个安装在数字音频工作站上的免费插件，使你能从数字音频工作站直接控制双耳音频渲染模式。
- **Dolby Audio Bridge（杜比虚拟音频接口桥）**：在 macOS 上运行可提供 130 路输入 / 输出通道的虚拟音频接口设备。
- **Dolby Atmos Conversion Tool（杜比全景声格式转换工具）**：一款来自杜比的免费应用程序，可让你编辑杜比全景声母版文件。
- **杜比全景声高度虚拟技术**：一个在没有顶部环通道信号的环绕声格式基础上生成出顶环通道信息的过程。
- **杜比全景声音乐声像定位器**：杜比的一个免费插件，为没有内置原生杜比全景声环绕声像定位器的数字音频工作站提供声像定位和声音对象映射的功能。
- **杜比环绕声（上混）**：从非杜比全景声音频格式生成杜比全景声信号的算法。
- **元素**：用于描述空间编码算法为降低空间解析度而创建的集群的术语。
- **FFOA- 有效画面第一帧**：分本电影或音视频文件上正式节目内容开始的时间点。
- **IAB- 沉浸式音频码流**：作为术语 "IMF IAB" 的一部分，表示这是一种作为码流传输的沉浸式音频格式。
- **IMF- 互用母版文件格式**：一种由 SMPTE 标准委员会创建的互用母版文件格式。
- **沉浸式立体声**：一种通过杜比 AC-4 码流将立体声内容和能让立体声信号带来沉浸式体验的元数据向耳机或立体声扬声器提供虚拟沉浸式体验的技术。
- **JOC- 联合对象编码**：DD+JOC 编解码中创建存储在 DD+ 码流中的元数据的一个特殊步骤。创建出的元数据使解码器能从下混的 5.1 版本中复原出原始的杜比全景声混音。
- **OAMD- 对象音频元数据**：*XYZ* 和其他与相应音频信号分开传输的声像定位数据。
- **OAR- 对象音频渲染器**：这只是 "渲染器" 的技术术语形式。不过其实表述有些不准确，因为这个过程不仅渲染对象，其实还渲染音床。
- **Object**：音频信号与其对象音频元数据。
- **Rendering**：渲染处理声音内容以使其适应特定的扬声器布局，例如 5.1 和 7.1 扬声器信号源、虚拟扬声器、回音壁音箱或耳机。
- **再渲染（下混）**：使用杜比全景声混音生成基于声道的 .wav 文件或可以被直接录制在数字音频工作站上的在线信号，
- **RMU- 渲染与母版制作工具**：运行杜比全景声渲染器应用程序的专用计算机。
- **RMW- 渲染与母版制作工作站**：RMU 的另一种说法。
- **回音壁音箱**：由一组扬声器阵列排列成带状组成的一个虚拟扬声器。
- **空间音频**：虽然这其实是沉浸式音频中经常提到的通用术语，但它被 Apple 用来特指自己的沉浸式音频引擎，通过该引擎实现双耳音频和扬声器虚拟化，从而渲染杜比全景声内容。
- **空间编码**：使用响度和位置算法将相互靠近的来自音床和声音对象的声音信号动态分组为包含各自 OAMD（Object Audio Metadata，对象音频元数据）的声音元素的过程。
- **虚拟扬声器技术**：使用一个或几个不包含任何真实存在的环绕扬声器在内的扬声器布局，带来沉浸式声音体验的过程。
- **超级单声道**：将声源定位到房间中央时，所有扬声器都在回放这个声源的信号。
- **向上反射的扬声器**：扬声器安装在人耳高度位置，但指向天花板以实现反射，从而产生声音来自顶部扬声器的错觉。
- **虚拟扬声器**：一只扬声器外壳内包含多个向不同方向发声的扬声器单元，通过房间反射创造沉浸式三维声体验。

第 3 章 软件和硬件

软件

现在让我们开始深入了解杜比全景声的技术部分，弄清楚它是什么以及如何使用它。

这一技术的核心是一个名为"杜比全景声渲染器"（Dolby Atmos Renderer）的软件，这是创作杜比全景声混音的心脏、大脑和灵魂。

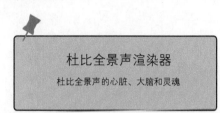

杜比全景声渲染器

杜比全景声的心脏、大脑和灵魂

你对杜比全景声渲染器的了解的多少会决定你在创作杜比全景声混音时思路是否清晰。我建议不要走马观花式地快速浏览该软件，要确实完全透彻理解概念和功能。请记住，这可不仅仅是一个新的插件；它引入了新的概念和新的工作流程，以便用最佳的方式使用杜比全景声技术。

好消息是，无论你在哪一个声音制作领域（电影院、家庭影院、音乐、游戏等）使用杜比全景声，杜比全景声渲染器的功能及其大部分工作流程都是相同的。功能实现上只有很小的区别。

在接下来的几页中，我将通过介绍 4 张图来逐步概述杜比全景声渲染器的各项功能，以便在深入了解如何使用该应用程序的详细内容之前有个概念，并知道应该在哪里和如何做各种配置。

概念

➡ 图1- 基本概念

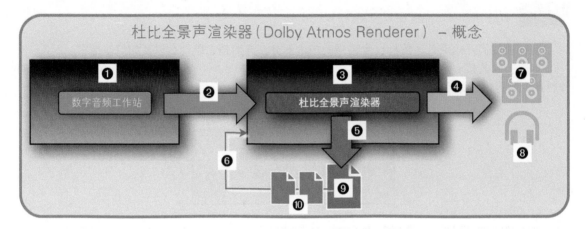

杜比全景声渲染器（Dolby Atmos Renderer） – 概念

数字音频工作站 ❶ ❷ ❸ 杜比全景声渲染器 ❹ ❼ ❽ ❺ ❻ ❾ ❿

⬤ 两个应用

杜比全景声创作使用的基本概念其实非常简单。

☑ 你实际上并不是在杜比全景声渲染器中创作杜比全景声混音，而是从你的数字音频工作站 ❶ 将音频信号 ❷ 发送到杜比全景声渲染器 ❸ 中的。

☑ 杜比全景声渲染器的主要功能是用于配置和提供两种输出：扬声器/耳机输出 ❹ 和文件输出 ❺。

☑ 除了来自数字音频工作站的输入之外，杜比全景声渲染器的输入源也可以是现有的母版文件，因此它可以用于杜比全景声文件的播放。

⬤ 监听监看

杜比全景声渲染器的监听输出可不仅是一般的"发送到扬声器"，它还包含了很多必须注意的与杜比全景声相关的重要的新"东西"。

☑ 通过全尺寸 ❼ 扬声器播放（渲染）你的混音。

☑ 通过耳机 ❽ 使用双耳渲染播放（渲染）你的混音。

☑ 使用空间编码来监听监看。

☑ 启用限制器。

☑ 使用（多通道）响度最大化标准测量/分析。

⬤ 配置

杜比全景声渲染器内部有很多功能可以配置，用于优化你的杜比全景声体验。

☑ 配置扬声器布局以进行播放。

☑ 为监听创建各种组合的扬声器布局的子集。

☑ 房间校准设置（电平、延时、均衡）。

☑ 设置低音管理。

☑ 使用双耳渲染模式为每个音频通道调整双耳渲染信号。

⬤ 导入/导出

我们从这里开始要进入各种字母缩写组成的新音频文件格式丛林了。

☑ 将你的杜比全景声混音"Bounce"（导出，离线超实时生成）为杜比全景声母版文件 ❾。

☑ 导出为其他母版文件 ❿ "ADM BWF"、"IMF IAB"和MP4。影院版母版文件（Print Master.rpl）、Encoded.mxf 和 pmstich.xml 文件在影院版杜比全景声渲染器中提供。

☑ 导入 ❻ 杜比全景声母版文件包和其他母版文件格式"ADM BWF"、"IMF IAB"、Print Master .rpl、Encoded.mxf、pmstich.xml

☑ 再渲染（下混）为基于声道的文件格式。

➡️ **图 2- 信号流**

这是一幅更详细的图表，用来展示杜比全景声渲染器的用途。

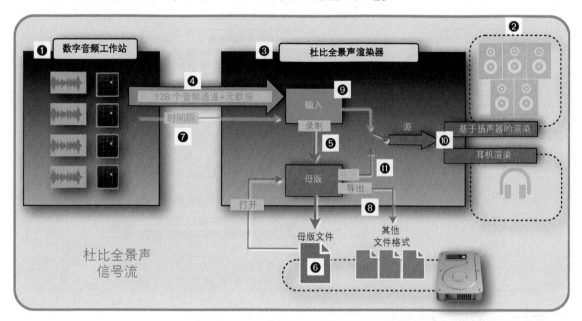

◯ 信号流

这是基本的信号流。

- ☑ 与传统立体声或环绕声相同，数字音频工作站 ❶ 是你混音乐用的软件。
- ☑ 但是，不是将信号从数字音频工作站直接送给扬声器输出 ❷，而是通过 128 个音频通道，将每一路音频信号与他们各自的 *XYZ* 声像定位信息（也称为对象音频元数据或 OAMD）❹ 一起发送到杜比全景声渲染器 ❸。
- ☑ 从渲染器再输出到监听系统，通过扬声器或耳机播放（"渲染"）你的杜比全景声混音。

◯ 录制和导出

创建杜比全景声相关的文件有两种方式。

- ☑ 录制：杜比全景声渲染器上录音按钮 ⊙ ❺ 的工作方式类似于磁带机（或 Bounce 导出）。它接收来自数字音频工作站 ❶ 的（最多 128 个音频通道加上它们各自的 *XYZ* 声像定位信息）输入 ❹，并将它们以杜比全景声母版文件 ❻ 的格式（和多声道格式混音类似）录制在硬盘上。可选的时间码信号 ❼ 用于杜比全景声渲染器与数字音频工作站间的同步。
- ☑ 导出：打开（刚录制或导入的）母版文件后，你还可以将其导出为各种其他文件格式 ❽ 用于交付。

◯ 源

渲染器上两个最重要的按钮：INPUT 和 MASTER 是用来确定"源"的，也就是渲染器监听系统所播放的信号。

- ☑ 输入 ❾：这就像"直通"功能。渲染器将其输入信号，即来自数字音频工作站的音频通道 ❹，经预先配置好的处理工艺 ❿ 将其发送给监听系统：扬声器或耳机 ❷。
- ☑ 母版：当你将杜比全景声母版文件 ❻ 录制到硬盘或从硬盘中打开后，你就可以使用渲染器上的播放按钮 ▶ ⓫ 来播放该母版文件。这样，渲染器就可以像磁带机一样工作，播放你之前录制的母版。

➡️ 图 3- 渲染

在这幅图中，我想着重谈一下"渲染"这一步骤，也就是"杜比全景声渲染器"中的"渲染"。

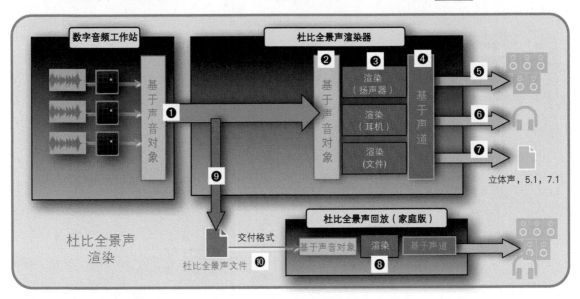

⚪ 渲染与 Bouncing（并轨导出）

渲染其实是一个通用技术术语，它指的是计算或处理。例如，在使用应用程序创作动画时，你完成所有动画设计并且可以在该应用程序中播放动画。但是，为了在标准视频播放器上播放，你必须将动画渲染为标准文件格式。

如果这听起来对音乐制作来说就如"家常便饭"，那就对了。例如，你无法在 iTunes 中播放 Pro Tools 工程文件或 Logic Pro 工程文件，你必须先将它们渲染为标准音频文件，如WAV 或 AIFF，只是我们通常称这一过程为"Bounce"（导出）而没有用"渲染"这个词。

⚪ 基于扬声器的渲染

通过你的数字音频工作站，你可以在扬声器上播放你的工程，而无需先将其 bounce 导出。原因是你将工程混音送给输出通道，这些通道可以通过音频接口直接送给连接的扬声器。

但是，请记住杜比全景声是基于声音对象的，不是基于声道的。这意味着你不再混音到输出通道（立体声、5.1 或 7.1），来自数字音频工作站 ❶ 的所有（最多）128 个音频通道（声音对象）仍作为音频通道，没有任何输出母线配置，甚至声像定位信息也都是单独保留的。

因此，这些基于声音对象的 ❷ 信号必须被实时渲染 ❸ 为基于声道 ❹ 的格式 ❸ 后方可在

扬声器上播放 ❺。

⚪ 耳机渲染

首先，渲染的要求也同样适用于在耳机上播放杜比全景声混音 ❻。但是，这也增加了一层渲染，也就是令人兴奋的双耳渲染。

⚪ 再渲染（下混）

再渲染（下混）是杜比全景声渲染器可以执行的第 3 种渲染运算。它采用原始的基于声音对象的信号 ❷ 并将它们渲染（转换）为任何特定的基于声道的输出格式，即立体声、5.1 或 7.1。

⚪ 家庭版的回放和渲染

所有能够播放杜比全景声内容的消费端设备都内置了相同的实时扬声器渲染 ❽ 功能，因为音频文件从杜比全景声渲染器导出 ❾ 并交付 ❿ 给消费者（通过蓝光光盘或流媒体）时保持了基于声音对象的格式。

⚪ 其他

当然，还有很多其他的小细节和技术，例如虚拟扬声器技术或空间编码技术，或 Apple 的空间音频等。这些"奥秘"在你创作杜比全景声混音时必须至少有所了解。正如你看到上面的这些内容，本书中还将详细介绍更多新内容。

➡ 图 4- 交付格式

我已经在上一页中展示了杜比全景声内容交付的特点。这个话题比较复杂，也超出了杜比全景声渲染器功能的主题。之所以复杂，是为了能让消费者尽可能容易和直接地欣赏到杜比全景声内容。

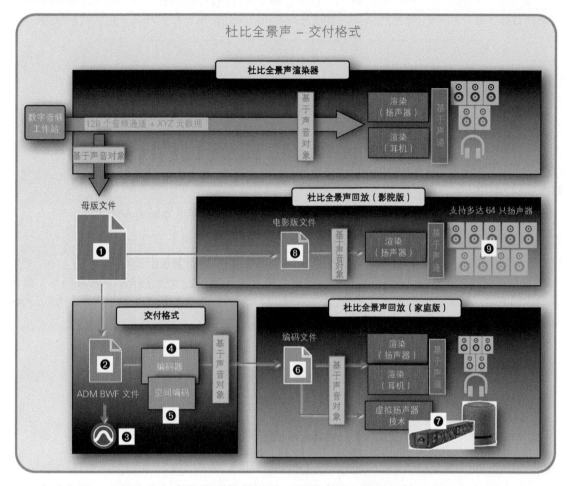

在我们深入了解这些每个主题的细节之前，还要介绍一些关于杜比全景声（Dolby Atmos）的重要信息。

◯ 杜比全景声母版文件

这是包含所有音频和元数据信息的原生（基于声音对象的）文件 ❶。

◯ ADM BWF 文件

你可以使用母版文件创建 ADM BWF 文件 ❷。它仍然是基于声音对象的，可以充当中间件或交付用的文件格式。

例如，你可以在 Pro Tools❸ 中打开它或将其送给编码器 ❹，编码器会通过一个特殊步骤（被称为"空间编码"❺）进行有损压缩编码，将其变成码流文件，从而减小文件体积，以使其用于流媒体。

◯ 编码后的文件

在消费端设备上播放的编码后的文件 ❻ 仍然是基于声音对象的（可以这么说），并实时渲染为指定的扬声器配置，或借助虚拟扬声器 ❼ 技术，让消费者享受杜比全景声的成本更低。

◯ 电影版文件

在大型电影院播放的杜比全景声混音 ❽ 与在 iPad 上播放的杜比全景声混音遵从了相同的概念。只是它的数据压缩要少很多，并且能够渲染至多达 64 只扬声器 ❾。

制作套件与母版套件

这是使用三个主要组成部分来展示杜比全景声工作流程的最简化示意图。

音乐在数字音频工作站中混音 ❶ 后，数字音频工作站将音频和空间内声像定位信息作为对象发送到杜比全景声渲染器 ❷ 执行渲染，最后渲染器将渲染输出的音频信号发送到监听系统 ❸。

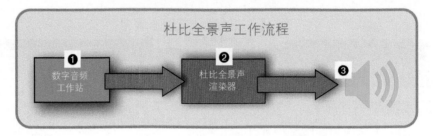

➡ 两种设置

现在的问题是，你在哪台计算机上运行杜比全景声渲染器软件？有两种配置方案。

⬤ 单机配置

数字音频工作站和杜比全景声渲染器这两个软件都在同一台计算机上运行。

这种配置（仅限 Mac 计算机）是使用杜比全景声渲染器进行杜比全景声混音最简单、最便宜的入门方法。它适合任何音乐家或制作人进行杜比全景声音乐混音创作，也可用于在 MacBook Pro 上搭配一副耳机完成电影电视作品的预制或质量监控。

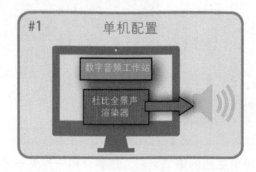

⬤ 多机配置

在这种设置下，杜比全景声渲染器软件运行在独立于数字音频工作站的专用计算机上，这台计算机被称为"RMU（渲染和母带处理工具）"或"RMW（渲染和母带处理工作站）"

此配置有多种硬件 / 软件组合可供选择，适用于要求更高的音乐节目，也是杜比全景声电影 / 电视类节目制作所必需的配置。

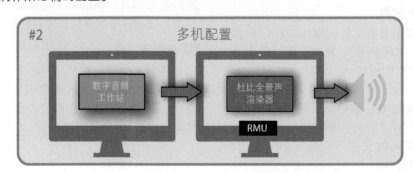

➡️ 软件命名的混淆

现在让我们回来看看这两个软件包［Dolby Atmos Production Suite（杜比全景声制作套件）和 Dolby Atmos Mastering Suite（杜比全景声母版套件）］，讨论一下某些规则、要求和命名约定可能产生的混淆。

⚪ 杜比全景声制作套件 > 单机配置时使用

如果你想在运行数字音频工作站这一台计算机上运行杜比全景声渲染器应用程序，要使用 Dolby Atmos Production Suite（杜比全景声制作套件）。但要记住，这一解决方案目前仅适用于 Mac 计算机。你无法在单台 Windows 计算机上运行基于 Windows 的数字音频工作站和杜比全景声渲染器。

⚪ 杜比全景声母版套件 > 多机配置时使用

如果你想在与数字音频工作站不同的计算机上运行杜比全景声渲染器应用程序，则不能使用杜比全景声制作套件了（除非借助一些巧妙的路由技巧）。为此，你需要 Dolby Atmos Mastering Suite（杜比全景声母版套件），即使你为此实际运行的软件 Dolby Atmos Renderer（杜比全景声渲染器）程序与 Dolby Atmos Production Suite 随附的软件看上去是相同的。

使用两台计算机除了能获得更平衡的 CPU 性能分配优势，通过多机配置，实现了在 Windows 电脑上运行 Dolby Atmos Renderer（杜比全景声渲染器）程序。

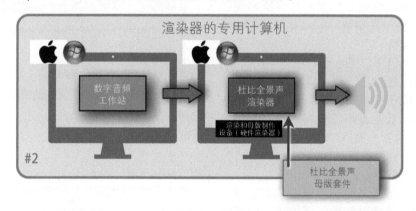

名称相当令人困惑：Mastering Suite（母版套件）通常是音乐制作的更优的解决方案，而 Production Suite（制作套件）也完全能够完成 Dolby Mastering（母版制作）。

⚪ 数字音频工作站集成渲染器

还有第 3 种选择，即将杜比全景声渲染器的功能直接集成到数字音频工作站中，这样你甚至不需要额外安装杜比全景声渲染器应用程序了。

Steinberg Nuendo 是第一个提供这种解决方案的数字音频工作站。之后 DaVinci Resolve 和 Pyramix 也集成了渲染器，Apple 也于 2021 年 6 月宣布，他们的 Logic Pro 将在当年晚些时候支持杜比全景声。

这意味着我们可能会看到更多集成了渲染器的数字音频工作站，也可以更轻松地制作杜比全景声音乐了。

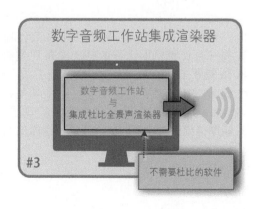

➡ 杜比全景声制作套件（Dolby Atmos Production Suite）

下面我们来实操一下杜比全景声制作套件。

- ▸ 杜比的网站提供该软件包的 90 天免费试用版（需要 iLok）。
- ▸ Avid 的网站也提供该软件包的 90 天免费试用版，此外，这里还提供了 Pro Tools | Ultimate 软件的 30 天免费试用版。
- ▸ 在这里必须提示一下：如果想购买 Dolby Atmos Production Suite，你必须访问 Avid 网站，而不是 Dolby 网站。它的售价为 $299 或 $99（教育折扣）。

杜比全景声制作套件安装程序包括以下项目。

- ☑ **Dolby Atmos Renderer（杜比全景声渲染器）**：这是独立运行的杜比全景声软件。
- ☑ **Dolby Atmos Renderer Remote（杜比全景声渲染器远程控制器）**：这是一个有着与杜比全景声渲染器相同用户界面的应用程序，通过它你可以远程遥控运行在独立计算机上的杜比全景声渲染器程序。
- ☑ **Dolby Audio Bridge（杜比虚拟音频接口桥）**：这是具有 128 个音频通道的虚拟音频接口驱动，用于在内部将音频信号从数字音频工作站路由到杜比全景声渲染器。
- ☑ **Dolby Atmos Binaural Setting Plug-in v1.1（杜比全景声双耳渲染设置插件 1.1 版）**：一款可以直接在数字音频工作站上配置双耳渲染器模式的插件，提供 AAX、AU、VST3 插件格式支持。
- ☑ **Dolby LTC Generator Plug-in v2.0（杜比 LTC 发生器插件 2.0 版）**：一款用于生成 LTC 时间码并可以被路由到杜比全景声渲染器进行时间码同步的插件，有 AAX、AU、VST3 几种插件格式供选择。
- ☑ **文档**：各种 pdf 阅读材料。
- ☑ **数字音频工作站工程模板**：安装程序还提供了多种数字音频工作站的不同工程模板和预设。
- ☑ **文档**：各种 pdf 阅读材料和在线操作指南。

仅限 Mac 平台：与数字音频工作站在同一台计算机上运行的杜比全景声渲染器依赖于 Dolby Audio Bridge，而这是一个 Core Audio 虚拟音频设备。这个功能在 Windows 上没有，因此也就无法实现了。只能期待杜比工程师为此再开发一个原生的 Windows 解决方案。

Dolby Atmos Production Suite

$299.00 Dolby Atmos Production Suite - Full License

| 1 | **Item total: $299.00 USD ▾** |

Dolby Atmos Production Suite, Education

$99.00 Full License

| 1 | **Item total: $99.00 USD ▾** |

Dolby Atmos Production Suite Installer

Package Name	Action	Size
☑ Dolby Atmos Renderer	Upgrade	148 MB
☑ Dolby Atmos Renderer Remote	Install	75.8 MB
☑ Dolby Audio Bridge v2.0	Install	9.9 MB
☑ Dolby Atmos Binaural Settings Plug-ins v1.1		82.3 MB
☑ Dolby LTC Generator Plug-in v2.0		40.6 MB
☑ DAW Templates		29.6 MB
☑ Documentation	Upgrade	57.6 MB

➡️ **杜比全景声母版套件（Dolby Atmos Mastering Suite）**

如果你想在一台单独的计算机上运行杜比全景声渲染器，那么这是你需要的版本。

▶ 它包括所有相同的杜比全景声渲染器的功能，此外还增加了一些高级参数控制和功能。

▶ 该套件包括一些附赠的软件。

▶ 该套件包括 3 个杜比全景声制作套件的授权和一些其他软件。

▶ 该套件仅可从授权的杜比经销商处以 995 美元的价格购买。

▶ 且即便你已经购买了杜比全景声制作套件，也无法升级杜比全景声母版套件。

以下这些是杜比全景声母版套件中包含的软件。

☑ **Dolby Atmos Renderer：杜比全景声渲染器。**

☑ **Dolby Atmos Renderer Remote：杜比全景声渲染器远程控制器。**

☑ **Dolby Atmos Conversion Tool（杜比全景声格式转换工具）**：你可以用它对模板文件进行头尾长度修剪、拼接、合成及帧率 / 采样率转换。

☑ **Dolby Audio Bridge（杜比虚拟音频接口桥）**（仅限 Mac）。

☑ **Dolby Atmos Monitor application（杜比全景声监听监看应用程序）**：在渲染杜比全景声音频信号和元数据时能够提供对渲染器的可视化监控，同时还可以操控录制或播放杜比全景声母版文件。

☑ **Dolby Atmos Panner plug-in（杜比全景声声像定位器插件）**（仅限 Mac）：这个工具让你可以在混录家庭版杜比全景声时在三维声场中定位声音对象。

☑ **Dolby Atmos Music Panner plug-in（杜比全景声音乐声像定位器插件）**（仅限 Mac）：在使用某些数字音频工作站时需要用到的额外的插件。

☑ **Dolby Atmos VR Spherical Panner plug-in（杜比全景声 VR 球形声像定位器插件）**（仅限 Mac）（译者注：不再更新）：是你在混录 VR 版杜比全景声时能够定位声音对象的两个插件之一——这个插件可让你将声音对象定位在极坐标系中。

☑ **Dolby Atmos VR XYZ Panner plug-in（杜比全景声 VR XYZ 声像定位器插件）**（仅限 Mac）（译者注：不再更新）：是你在混录 VR 版杜比全景声时能够定位声音对象的两个插件之一——这个插件可让你将声音对象定位在直角坐标系的三维声场中。

☑ **Dolby Atmos VR Transcoder（杜比全景声 VR 转码工具）**（译者注：不再更新）：使你能够将杜比全景声内容编码为 Dolby Digital Plus（封装在 .mp4 中的 .ec3）和 B 格式（FuMa、AmbiX）等输出格式的应用程序。

☑ **Dolby Renderer Send Plug-in（杜比渲染器发送插件）**（仅限 Mac）（译者注：不再更新）：Pro Tools 插件，将声音对象或音床的音频信号源从 Pro Tools 通过 Aux 输入轨送给渲染器。

☑ **Dolby Renderer Return Plug-in（杜比渲染器返回插件）**（仅限 Mac）（译者注：不再更新）：Pro Tools 插件，（加载在 Aux 输入轨上）从 Renderer 接收杜比全景声音频信号和元数据，然后将渲染的监听输出路由到 Pro Tools 输出。

☑ **DAW Session Templates**：数字音频工作站工程模板（仅限 Mac）。

◉ **杜比专业产品经销商**

杜比网站可以查询最新的，杜比专业产品授权经销商列表（Dolby-Professional-Solutions-Resellers）。

Dolby Atmos Production Suite 与 Dolby Atmos Mastering Suite 的比较

	杜比全景声制作套件 Dolby Atmos Production Suite	杜比全景声母版套件 Dolby Atmos Mastering Suite
计算机	单机配置	多机配置
用途	用于音乐制作、在线流媒体节目制作、编辑、质检和预混等	要求苛刻且复杂的制作，如蓝光光盘、流媒体（OTT）
购买信息	Avid 在线商店：299 美元（或教育折扣后 99 美元）	杜比授权经销商：995 美元加硬件
包含	不同设置和模板	3 个杜比全景声制作套件授权
外部设备要求	无，一站式解决方案（全内置）	MADI 或 Dante，Sync HD 或 Sync X
操作系统要求	仅限 macOS	macOS 或 Windows
音箱支持数量	最多 22 个	最多 64 个
数字音频工作站和渲染器之间的音频路由	通过虚拟音频设备"杜比虚拟音频接口桥"做软件路由	通过 MADI 或 Dante 做物理路由
音箱校准—电平和延迟	支持	支持
音箱校准—EQ	不支持	支持
远程遥控	不支持	支持
是否支持音箱阵列	不支持	支持
低音管理	整体	支持环绕声

➡ 杜比全景声制作套件（Dolby Atmos Production Suite）特点总结

以下是使用杜比全景声制作套件的主要特点。我在这本书中重点介绍杜比全景声制作套件（Dolby Atmos Production Suite）。

☑ 价格实惠。

☑ 只需一台计算机即可运行数字音频工作站和 Dolby Atmos Renderer（杜比全景声渲染器）。

☑ 不能像在要求苛刻的电影混录配置中那样使用多台数字音频工作站。

☑ 不支持房间均衡。但如果你只是用耳机工作，那就挺合适的。

☑ 不支持扬声器阵列配置。但如果你只是用耳机工作，那就挺合适的。

☑ 不需要外部字时钟（WC）。

☑ 虽然不能通过远程控制软件对杜比全景声渲染器实现遥控，但因为单机操作都在本地，也就不需要远程遥控。

☑ 非常适合杜比全景声音乐母版制作。

☑ 混录期间录制 / 修改声底的操作可能会因为不同的路由方式带来挑战。

➡ **注意这里可能出现混淆！**

在深入了解杜比全景声渲染器的功能之前，我想指出一些可能会引起混淆的点。

☑ 你不要只单独下载杜比全景声渲染器软件程序。

☑ 杜比全景声渲染器是 Dolby Atmos Production Suite 和 Dolby Atmos Mastering Suite 中的一个软件。

☑ 业内经常用 "Production Suite（制作套件）" 或 "Mastering Suite（母带套件）" 这两个简称来指代这两种套件里的 Dolby Atmos Renderer（杜比全景声渲染器）软件程序。

☑ 在其他软件包中（如电影版杜比全景声）也包含杜比全景声渲染器软件。

☑ 这两个软件套件都不能从杜比直接购买。Dolby Atmos Production Suite（杜比全景声制作套件）通过 Avid 销售，Dolby Atmos Mastering Suite（杜比全景声母版套件）通过杜比授权经销商销售。

☑ 尽管无论在哪个软件包中杜比全景声渲染器的功能都是相同的，他们还是有一些小的差异，但这些差异并没有被使用不同的名称或任何东西来区分。

☑ Local Renderer 软件是杜比全景声渲染器的前身。

在本书中，我使用 Dolby Atmos Production Suite 中带的杜比全景声渲染器，并指出了一些与 Dolby Atmos Mastering Suite 中所带的版本的不同特性和功能。

杜比的影院版杜比全景声渲染器的工作原理与 Dolby Atmos Mastering Suite（杜比全景声母版套件）相同，但多了一些功能并可渲染给多达 64 个独立音箱通道输出。声像定位数据在不同系统中都是相同和通用的。但是，影院版杜比全景声渲染器现在还无法直接导出家庭版所需的 ADM BWF 文件。

如果你打开杜比全景声渲染器软件的 "关于" 页面，窗口将显示软件名称为 "Dolby Atmos Production Suite"，这里名称与你的授权对应。

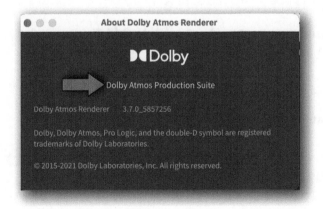

安装程序

这是实际操作中因为不一致而最令人困惑的一点。当你购买 Dolby Atmos Production Suite

并下载安装程序文件时，它并没有被命名为 Dolby Atmos Production Suite。相反，它的名字是 Dolby_Atmos_Renderer❶。当你双击打开 .pkg 文件 ❷ 运行 Renderer 安装程序时，除了杜比全景声渲染器之外还会看到一堆其他你可以选择安装的项目 ❸。

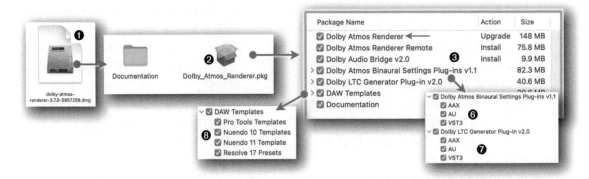

🠖 安装程序

安装程序会把文件安装到你的硬盘上。下面列出了其中一些文件。当然，这些也包括杜比全景声相关文件，如 Preferences 文件等。

⊙ 应用

安装程序会在 Applications 文件夹中创建一个 Dolby❹ 文件夹，其中包含一个名为 Dolby Atmos Renderer 的子文件夹，里面有 Dolby Atmos Renderer 和 Dolby Atmos Renderer Remote 两个应用程序，以及一个包含各种 pdf 文件的子文件夹 Documentation。

应用程序文件夹

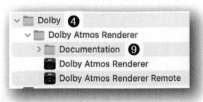

⊙ Dolby Atmos Audio Bridge（杜比虚拟音频接口桥）v2.0

这是在数字音频工作站和杜比全景声渲染器之间建立通信的 Virtual Audio Device（虚拟音频设备）。渲染器 3.7 版更新里包含了这个版本的驱动程序，这一新版驱动在 Audio MIDI Setup 实用程序中增加了自己的杜比图标 ❺

⊙ Dolby Atmos Binaural Setting Plug-in v1.1（杜比全景声双耳渲染设置插件 1.1 版）

杜比全景声双耳渲染设置插件支持所有 3 种插件格式：AAX、AU 和 VST3，并且可以在安装中单独选择 ❻。

⊙ Dolby LTC Generator Plug-in v2.0（杜比 LTC 发生器插件 2.0 版）

Dolby LTC Generator 插件支持所有 3 种插件格式：AAX、AU 和 VST3，并且可以在安装中单独选择 ❼。这是一个很大的改进，因为在渲染器 3.7 版更新之前，该插件仅提供可用于 Pro Tools 的 AAX 版本。

Audio MIDI Setup 实用程序

⊙ 数字音频工作站工程模板和文档

你可以对应不同的数字音频工作站选择安装不同的工程模板和预设 ❽。包含各种 PDF 文档的 Documentation 文件夹 ❾ 被安装在 /Applications/Dolby/Dolby Atmos Renderer/。

➡ 安全设定

通常在安装过程中下面这些内容会被自动完成，但 Apple 会不断更改其操作系统中的安全和隐私设定，因此一定要仔细检查下面这些设置。

到 System Preferences（系统设置）➤ Security & Privacy（**安全和隐私**）➤ Privacy（**隐私**）❶

☑ 在侧边栏中选择 Microphone（麦克风）❷，此时确定右侧列表框中的 Dolby Atmos Renderer ❸ 前的复选框应该处于被选中激活的状态。

☑ 在侧边栏中选择 Files and Folders（文件和文件夹）❹，并确定右侧列表框中的 Dolby Atmos Renderer❺ 的两个选项 Documents Folder 和 Desktop Folder 前的复选框应该为选中激活的状态。

系统偏好设置

➡ 兼容性

（截至 2021 年 9 月）

☑ 杜比全景声渲染器尚未与基于 M1 芯片的 Mac 兼容。（译者注：现已经支持）

☑ 杜比全景声制作套件仅适用于 Mac，我对 Windows 版本并不抱有希望，因为杜比全景声渲染器可以在 Windows 平台上（更昂贵的）杜比全景声母带套件下运行。此外，基于 Windows 的数字音频工作站（Nuendo、DaVinci Resolve、Pyramix）现在在其应用程序中集成了杜比全景声渲染器。

➡ 附加软件

制作杜比全景声可能还需要用到其他软件，这是另一个使人困惑的地方。

☑ 除了杜比全景声渲染器之外，Production Suite 和 Mastering Suite 各附送了不同的软件。

☑ 不过最重要的是，你可能需要下载一些不包含在附送软件包中的其他软件。

☑ 这些附送软件可从杜比官网获得，但下载链接却藏在另外的页面中。不幸的是，现在还没有一个完整的杜比全景声软件下载中心页面。

我将在本书后面介绍这些软件。

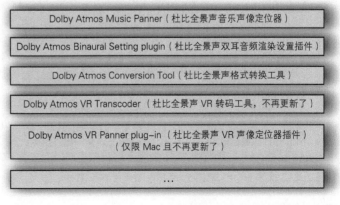

用户界面

以下是对 Dolby Atmos Renderer 主窗口的用户界面各要素的简介。

➡️ 渲染器窗口

渲染器窗口是 杜比全景声渲染器软件的主窗口，当你双击 **/Applications/Dolby/Dolby Atmos Renderer/Dolby Atmos Renderer.app** ❶ 启动软件时会自动打开。

如果这个窗口被关闭了，你可以使用以下命令重新打开它：

🖐 菜单命令：**窗口 ▸ 渲染器** ❷

🖐 键盘命令：cmd 0

当你大部分时间在用数字音频工作站进行杜比全景声混音时，你将在混音时开着杜比全景声渲染器窗口，或如果是在独立的计算机上运行杜比全景声渲染器，则在运行数字音频工作站的计算机上打开杜比全景声渲染器远程控制器来遥控操作。

该窗口包含 3 个主要部分。

⭕ 顶部 ❸

窗口的顶部或控制条部分提供了所有的控件和指示器，主要是监听监看控件、走带控制和母版文件控件。

⭕ 表头 ❹

中间的大部分提供了混音过程中需要关注的所有表头和指示。

⭕ 状态栏 ❺

窗口底部的状态栏提供有关 CPU、硬盘或其他临时出现或永久显示的消息指示。

杜比全景声渲染器
应用程序

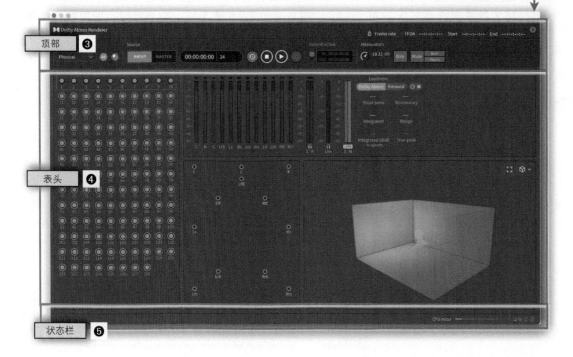

➡️ 顶部

以下是接口各个控件的概述。我将在讨论各个功能时详细介绍。

⭕ 渲染器顶条❶

渲染器顶条显示打开的应用程序是渲染器（Renderer）还是渲染器远程控制（Renderer Remote）的名称。在 v 3.7 之前，它还显示了家庭影院（Home Theater）标签。

⭕ 监听监看区域❷

监听监看部分中的控件和显示决定你听到的内容和如何听到。

▶ **监听监看区域**：选择扬声器布局。

▶ **采样率指示**：显示当前项目的采样率，48kHz 或 96kHz。

▶ **空间编码仿真开关指示**：显示空间编码仿真是处于启用 🔘 或禁用 🔘 状态。

▶ **源选择按钮**：显示（并让你选择）是在听渲染器的输入（数字音频工作站的输出），还是当前加载的母版文件。

⭕ 走带控制区域❸

在录制或回放母版文件时，走带控制区域的控制是相关联的。

▶ **时间码显示和输入**：这一读数显示实时监听、录制或回放母版制作时的时间码。如果同步开 / 关按钮打开 🕐 ，则读数变灰，渲染器显示来自数字音频工作站的时间码。

▶ **帧率指示**：显示当前选定的帧率。

▶ **走带控制按钮**：同步，停止，播放 / 暂停和录音按钮。

▶ **插入 / 插出控制**：配置插入 / 插出设置。

⭕ 母版制作区域❹

只有在杜比全景声渲染器加载了母版文件时，母版制作区域才处于可用状态。

▶ **母版文件信息**：显示 5 部分信息：Lock Status（锁定状态），Frame Rate（帧率），FFOA（第一帧有效画面），Start（开始）和 End（结束）。

▶ **母版文件选项选择器**：选择器 ⟩ 将打开一个窗口，用于显示各母版文件设置。

⭕ 衰减 / 静音部分❺

这部分有两个功能。

▶ **音量衰减**：这是一个标准的 DIM 按钮，可为你衰减监听输出信号。

▶ **静音**：这 3 个按钮可让你将输入信号中的所有音床、所有声音对象或两者一起设为静音。

➡️ **表头**

表头部分是渲染器窗口的主要部分。它由 5 个不同的部分组成，包含有关信号电平和声音定位的信息。

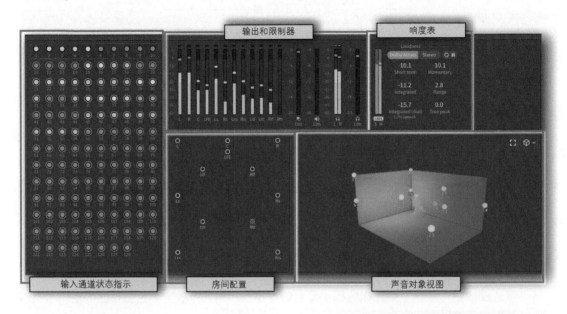

🔘 输入通道状态指示

128 个圆圈代表杜比全景声渲染器的 128 个音频输入通道。不同颜色和形状代表这些输入的输入电平以及各种映射和分配状态。

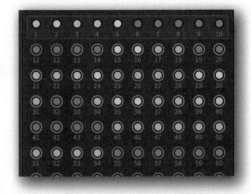

🔘 房间配置

圆圈代表各扬声器及其在房间中的物理布局。它是扬声器渲染输出的可视化渲染。

布局遵循你在"监听监看"区域中选择的"扬声器布局"。

圆圈内填充的颜色表示各扬声器信号的电平，当你 click 点击或 drag 框选圆圈时，还可以静音各扬声器。

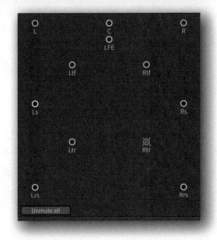

◯ 输出和限幅表

柱状图显示单只扬声器输出、耳机输出的信号电平，以及应用在这些输出的主动限制器的增益衰减量。

仅当在"Preferences"窗口中启用了相应的渲染/处理时，才会显示这一表头。

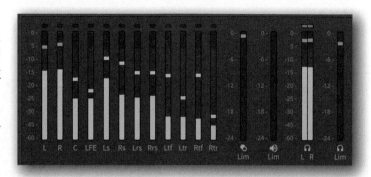

◯ 响度表

上述电平表旁边是一整套实时响度表，可单独启用，以测量杜比全景声、立体声和双耳音频输出的响度。

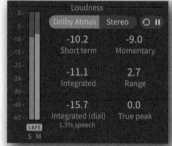

◯ 声音对象视图

声音对象视图借助模拟混音棚中的 3D 视角来渲染每一个对象（而非音床）的位置，并通过颜色和形状来显示他们的电平和大小。

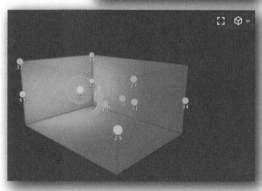

➡ 状态栏

底部的状态栏显示有关错误或状态的各种消息，要密切关注。

◯ 输入 / 母版信息

如果当前加载的母版文件的设置与以下窗口中输入所用的设置不一致，那么这里会显示带橙色 LED 的状态消息：输入配置，双耳音频渲染模式，以及微调和下混。

◯ 错误提示信息

如果出现任何一般性问题，你将看到有关该问题的错误提示信息。

◯ CPU 占用情况和硬盘吞吐量表

"CPU Meter（CPU 占用情况表）"显示其占用的 CPU 功率百分比。旁边的小指示灯也会显示硬盘吞吐量的任何问题。

➡️ 主菜单

杜比全景声渲染器只有 5 个主菜单。所有菜单命令都组织有序，并有易于记忆的关键命令可供访问。

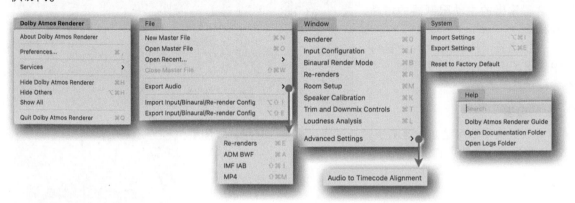

⬤ 应用程序菜单（App）

与其他所有 macOS 标准应用程序相同，应用程序菜单列出了带有重要配置的 Preferences（首选项）... 命令。与其他应用程序相比，你可能会更频繁地访问这个菜单，因为你可以打开或关闭许多选项，并且在混音期间可能会经常执行这些操作。

⬤ 文件菜单（File）

文件菜单包含 3 种类型的命令。

▶ **杜比全景声母版文件**：这 4 个命令与创建、打开和关闭杜比全景声混音母版文件有关。

▶ **导出为其他媒体文件**：这 4 个选项允许你将当前加载的母版文件导出为其他音频文件格式。

▶ **导入 / 导出配置文件**：这两个命令允许你导入和导出配置设置。实际使用时流程可能有些特别，我将在本书稍后部分详细介绍。

⬤ 窗口菜单（Window）

窗口菜单包含了用于打开配置杜比全景声混音的各个窗口的命令。

你很可能需要浏览每个窗口来完成各种设置的配置。易于记忆的键盘快捷方式可帮助你快速打开它们。

▶ **窗口与对话框**：以下是值得注意的一些细节。某些窗口有些像对话框，这意味着你必须关闭它们才能继续使用应用程序；某些窗口则可以保持在打开的状态，使你可以随时更改里面的内容。

⬤ 系统菜单（System）

系统窗口仅包含 3 个与系统设置相关的命令。这里，你必须注意了解它们与配置设置的不同之处。

⬤ 帮助菜单（Help）

这个标准的帮助菜单里包含了打开各种指南和日志文件夹的链接。

注意

如果你要按 `return` 键，而不是单击窗口上的 Accept（接受）按钮来关闭它，通常必须按两次。此外，当你退出应用程序并重新打开它时，它依然会记得你之前所做的所有设置，甚至记得你退出前加载的母版文件。

硬件

概述

正如我们所看到的，这里有两个与计算机硬件相关的配置。你可以在一台计算机上同时运行数字音频工作站（DAW）和杜比全景声渲染器，也可以使用两台专用计算机来分别运行这两个应用程序。

但是，由于杜比对计算机的配置做了一些限制和要求，因此在选择时需要注意一下配置细节。

➡ 3 种设置

根据特定的软硬件要求，计算机操作系统和音频接口类型不同，主要有 3 种配置。

◯ 本机原生

- ▸ 你只需要一台计算机，比如一台 Mac。
- ▸ 杜比全景声渲染器与数字音频工作站在同一台计算机上原生运行。
- ▸ 对于这种配置，你应该安装 Dolby Atmos Production Suite（杜比全景声制作套件）。

- 前期
- 质量控制
- 音乐混音

◯ 专用计算机（家庭影院用硬件渲染器）

- ▸ 你需要一台名为 RMU（Renderer and Mastering Unit，渲染和母版制作工具）的专用计算机来运行杜比全景声渲染器软件。它也称为"家庭影院版 RMU"或"适用于小房间的 RMU"
- ▸ 你需要购买（更贵的）Dolby Atmos Mastering Suite（杜比全景声母版套件）并安装杜比全景声渲染器程序和相关软件。
- ▸ 软件和硬件都需要从 Dolby 的授权经销商处购买。

- 电视剧混音
- 流媒体电影混音
- 音乐混音

- ▸ 有不同的配置可以选，Mac 或 PC 都可以，MADI 或 Dante 都可以，将 128 个音频通道从你的数字音频工作站计算机路由到运行着杜比全景声渲染器的计算机。
- ▸ 虽然此解决方案称为"家庭影院版硬件渲染器"，但它其实也可用于制作杜比全景声音乐内容。

◯ 专用计算机（影院版硬件渲染器）

- ▸ 这是在院线电影混录棚中用到的高端解决方案。
- ▸ 这台专用计算机不出售，仅在制作期间由杜比借给混录棚使用。
- ▸ 服务器级计算机是预先配置好的，并由杜比顾问来亲自操作，确保一切运行顺利。
- ▸ 这台设备可生成数字电影母版（DCP）中所用格式的杜比全景声母版文件，这一格式的文件用于电影院中所用的数字影院服务器播放，最多可支持 64 只扬声器的渲染输出。

配置选项

➡ #1 Mac 单机配置

这是入门级解决方案。你只需要一台 MacBook Pro 来运行数字音频工作站和**杜比全景声渲染器**（Dolby Atmos Production Suite 版）。你甚至不需要连接音频接口和配置昂贵的扬声器。只需使用你的耳机在**双耳音频渲染模式**下监听，（理论上）你就可以混音，制作母版和交付你的杜比全景声节目了。

➡ #2 使用带有 MADI 接口的基于 Mac 操作系统的渲染和母版制作设备

⬤ 计算机 1- 数字音频工作站

- Mac 或 PC；
- 支持杜比全景声的数字音频工作站；
- Dolby Atmos Renderer Remote（杜比全景声渲染器远程控制器）软件（可选）。

⬤ 计算机 2-RMW

- 符合要求的 Mac Mini 或 Mac Pro；
- 杜比全景声渲染器（Dolby Atmos Renderer）软件。有杜比全景声母版套件授权。

⬤ 音频接口

- RME MADIface XT USB 3.0 接口。

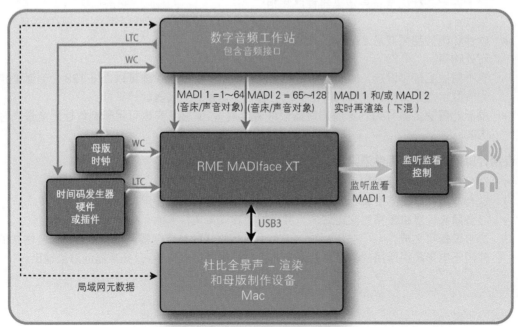

➡ #3 使用带有 MADI 接口的基于 Windows 操作系统的渲染和母版制作设备

◯ **计算机 1- 数字音频工作站**

- Mac 或 PC；
- 支持杜比全景声的数字音频工作站；
- Dolby Atmos Renderer Remote（杜比全景声渲染器远程控制器）软件（可选）。

◯ **计算机 2-RMW**

- 带有以下组件的定制版 Dell Precision 7910 或 7920 服务器；
- 能提供共计 128 个音频通道的 2 块 RME HDSPe MADI 卡；
- 提供 LTC 和时钟同步接入的 1 块 RME TCO 卡；
- 杜比全景声渲染器软件，有杜比全景声母版套件授权。

◯ **音频接口**

- 128 路输入输出的音频接口（例如 HDX 卡和 MADI 接口）。

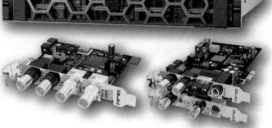

◯ **同步外设**

- 能通过数字音频工作站生成并送给渲染器 LTC 信号和为数字音频工作站和 RMW 提供字时钟的 Avid Sync HD 或 Pro Tools | Sync X。

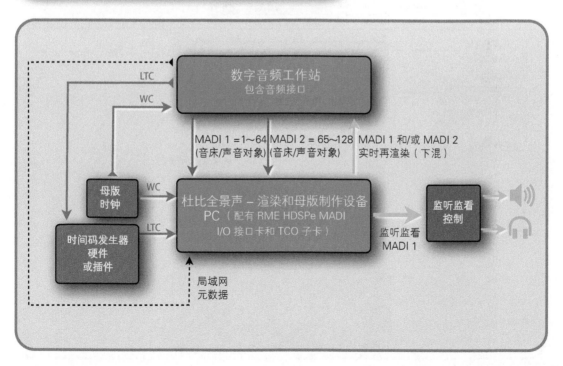

➡ #4 使用带有 Dante 接口的基于 Mac 或 Windows 操作系统的渲染和母版制作设备

○ 计算机 1- 数字音频工作站

- Mac 或 PC；
- 支持杜比全景声的数字音频工作站；
- Dolby Atmos Renderer Remote（杜比全景声渲染器远程控制器）软件（可选）。

○ 计算机 2-RMW

- 符合条件的 Mac 或 PC；
- Dolby Atmos Renderer（杜比全景声渲染器）软件。有杜比全景声母版套件授权。

○ Dante 组件

- Focusrite RedNet PCIe Dante 卡；
- Audinate 模拟转 Dante 适配器，用于将模拟的 LTC 信号转为 Dante 信号；
- 局域网交换机；
- Audinate Dante Controller 软件；
- Focusrite RedNet 控制程序。

○ 同步外设（可选）

- 能通过数字音频工作站生成并送给渲染器 LTC 信号和为数字音频工作站和 RMW 提供字时钟的 Avid Sync HD。

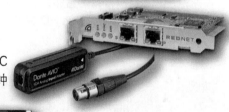

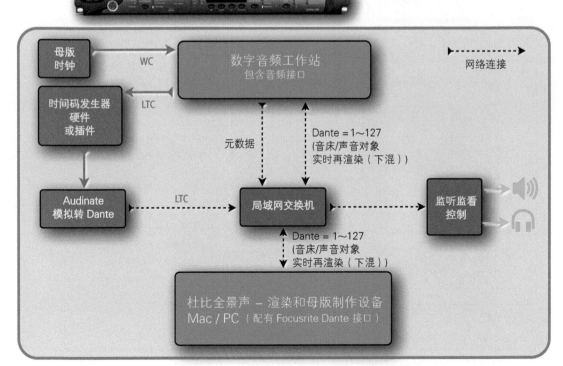

➡️ 额外要考虑的事

以上配置只是 4 种案例，实际设置时可能会有出入。因为你实际上是从杜比的经销商那里购买这台定制的渲染和母版制作设备的，你并不用过分担心它的硬件配置。只要告诉他们你想要什么以及预算是多少即可。

下面是一些可以考虑的关于计算机配置的点。

◎ 高通道数的输入输出接口

对于单机配置来说，128 路音频信号（从数字音频工作站到渲染器）的连接是在计算机内部通过 Dolby Audio Bridge（杜比虚拟音频接口桥）实现的。当使用渲染和母版制作设备（RMU，硬件渲染器）时，你要将 128 路音频信号从一台计算机送到另一台计算机。这意味着你要用到高通道数的输入输出音频接口，毋庸置疑，这意味着更高的造价。

◎ 双数字音频工作站计算机

将杜比全景声渲染器运行在一台单独的渲染和母版制作设备（RMU，硬件渲染器）上，优点之一是你可以使用不止一台数字音频工作站来实现更复杂的混音流程。在这种情形下，你将多台数字音频工作站的音频信号分配给一台渲染和母版制作设备上的杜比全景声渲染器。

这其实是一种后期制作中常见的配置，在这种配置中会使用不同的音频工作站负责同一部影片的不同声音元素（例如：对白、效果、音乐）。

◎ 实时再渲染（下混）

另一种专业制作流程中常见的做法是在 Pro Tools 系统上实时录制渲染和母版制作设备（硬件渲染器）输出的实时再渲染（下混）信号（基于声道的交付物料和 / 或分层混音）。杜比全景声渲染器可以使这一操作通过一次录音完成，节约大量制作时间。

◎ 扬声器配置

理论上，你可以在一个小棚内使用单机配置完成工作，只要那台 Mac 足够快，且工程不是很复杂。不过，还记得之前提到的杜比全景声制作套件中的杜比全景声渲染器程序有一些扬声器配置的限制吗？例如，不支持扬声器校准（EQ）和扬声器阵列配置。

◎ 不支持的配置

虽然你可以购买更昂贵的杜比全景声母版套件来将杜比全景声渲染器运行在一台单独的计算机上来解决这一问题，使用杜比全景声制作套件也有些办法可以巧妙地部分规避这些限制。

我们来想一下，杜比虚拟音频接口桥其实只是 macOS 下 Core Audio 的一台虚拟音频设备。理论上，这与其他基于 Soundflower、BlackHole 或 GroundControl 的解决方案概念类似，只是音频通道数量更多了。其实你也可以用那些虚拟音频设备将数字音频工作站和杜比全景声渲染器连通。那么，要是在两台计算机上用 Dante Virtual Soundcard 连通音频通路（和时间码）呢？所以思路是使用 AoIP 网络协议（Audio over IP），如 Dante、AVB 或 Ravenna 来完成数字音频工作站和杜比全景声渲染器之间的路由。

不过要记住一点，这种配置方法杜比官方是（还）不支持的！

Dante Virtual
Soundcard

第4章 配置

你安装好硬件，开机并安装好杜比全景声渲染器软件后，是无法立即开始杜比全景声混音工作的。假设你已经在数字音频工作站中完成了所有曲目的录制，你必须先完成一些配置步骤。这就是我在本章中提到的内容。

我将配置分为 3 个类别：音床和声音对象，扬声器和双耳音频。

➡ 音床和声音对象

在本节中，你将学习配置杜比全景声混音的核心：128 个音频输入通道。这个设置要和你的数字音频工作站 ❶ 配合，才能将音轨送给多达 128 个音频通道 ❷。这意味着你也要配置数字音频工作站，尤其是输出路由，这样你数字音频工作站中的每个音轨才能被路由到正确的音频通道，以音床 ❸ 或声音对象 ❹ 的"身份""抵达"杜比全景声渲染器 ❺ 正确的输入通道。

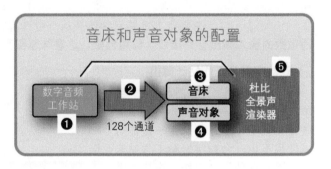

➡ 扬声器

这部分配置主要涉及监听，这决定了你将如何收听杜比全景声混音。

但是，这不是"将一对立体声输出连接到两只扬声器"这样简单的设置。基于杜比全景声不同（新）的基于扬声器的渲染概念，这不仅需要更复杂的配置，还需要正确理解和适应杜比全景声中不同的监控工作流程。因此，在将杜比全景声渲染器 ❻ 的输出连接到扬声器和耳机 ❼ 时，"为什么"与"如何操作"同样重要。

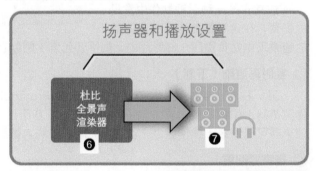

➡ 双耳音频

对于标准立体声混音，通过耳机监听通常与通过扬声器监听的信号并无区别。在这种情况下，你只需将耳机插入音频接口的耳机插孔，就可以开始使用耳机了。

在杜比全景声中，当通过耳机监听时，你进入了一个更复杂的"场景"，它可能是杜比全景声音乐成功的关键。这里的点睛之笔是"双耳音频"。这并不是一项新技术，从 20 世纪 30 年代开始就有了。但如今，借助先进的技术，只需使用一副头戴式或入耳式耳机，你就可以体验杜比全景声的沉浸式 3D 音效了。

音床和声音对象

"杜比全景声是基于声音对象的，而不是像传统的 5.1 和 7.1 环绕声格式是基于声道的。"这是杜比全景声的主要特征之一，但并不完全准确，因为杜比全景声也用到"一点点"基于声道的音频路由。

输入 / 输出设置

为了理解杜比全景声中音床和声音对象的概念，我们必须在这之前做一件事。我们需要建立从数字音频工作站应用程序 ❶ 到杜比全景声渲染器应用程序 ❷ 的多达 128 个音频通道 ❸ 的音频信号通路。具体如何操作取决于你杜比全景声系统的软 / 硬件设置。

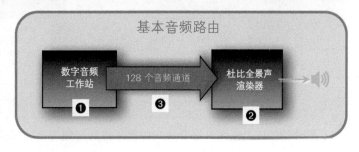

- 杜比全景声制作套件（Dolby Atmos Production Suite）：如果你在运行数字音频工作站的同一台计算机上运行 Dolby Atmos Production Suite 版本的杜比全景声渲染器，则你需要 Dolby Audio Bridge，即虚拟音频设备。如果你使用 Soundflower、BlackHole 或 GroundControl，则你已经熟悉虚拟音频设备的概念了。
- 杜比全景声母版套件（Dolby Atmos Mastering Suite）：如果你使用运行在单独一台计算机上的 Dolby Atmos Mastering Suite 版本的杜比全景声渲染器，则你需要具有高输入 / 输出通道数或通过 Dante 或 Ravenna 等借助 AoIP 使用网络协议传送音频的网卡类硬件音频接口。

➡ Dolby Audio Bridge（杜比虚拟音频接口桥）

我在这本书中重点介绍 Dolby Atmos Production Suite，因为这是在音乐制作中使用最多的一种解决方案（如果预算有限的话）。如果你使用 Dolby Atmos Mastering Suite，那么可以从 Dolby 授权经销商处购买，并获得有关如何安装和设置的相关支持。不过，其实两种软件的使用方法几乎是相同的。

Dolby Audio Bridge 的安装是 Dolby Atmos Production Suite 安装程序 ❹ 的一部分。此虚拟音频设备（使用 Core Audio 驱动）共有 130 个音频通道 ❺，用于在音频应用程序之间内部路由音频信号。将 128 个音频通道从你的数字音频工作站路由到 Dolby Audio Bridge。

Audio Bridge.

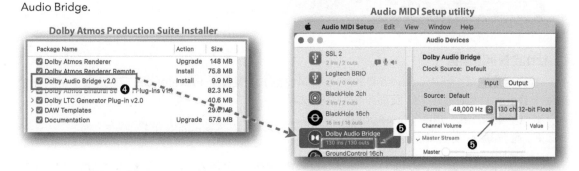

Dolby Audio Bridge 支持插件延迟补偿（Plugin Delay Compensation，PDC），之前的解决方案（发送 / 返回插件）没有这一功能。此外，2.0 版本之后，Dolby Audio Bridge 会自动将字时钟同步源锁定在连接扬声器的硬件输出上。这可以免去在系统里创建复杂的聚合设备（Aggregate Device）设置。

➡️ I/O 设置

这是在同一台计算机上运行数字音频工作站和杜比全景声渲染器时 Dolby Audio Bridge 的基本 I/O 设置。

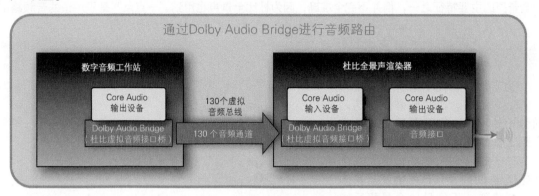

配置软件与为任何其他音频应用程序选择音频接口的过程是相同的。

⬤ 数字音频工作站

下图是一些你选择输出设备的数字音频工作站。

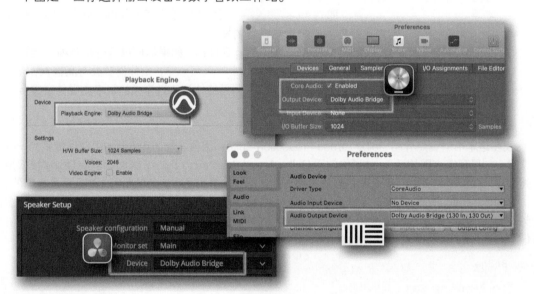

⬤ 杜比全景声渲染器

杜比全景声渲染器中，Audio Device（音频设备）设置位于 Preferences（首选项）中第一个选项卡 Driver（驱动程序）❶ 页面中的前 3 个选项。

▶ **音频驱动 ❷**：选择 Core Audio；

▶ **音频输入设备 ❸**：选择 Dolby Audio Bridge；

▶ **音频输出设备 ❹**：选择用于连接扬声器或耳机的音频接口，以播放杜比全景声混音。

杜比全景声渲染器 Preferences（首选项）

130 个音频通道

现在我们已建立了从 ❶ 数字音频工作站到杜比全景声渲染器的 130 个音频通道连接（在这种情况下，使用 Dolby Audio Bridge），我们必须仔细研究这 130 个通道，因为它们并不相同。这是我们要了解"音床通道"和"对象通道"之间有重要区别的地方了。

以下是这 130 个音频通道的用途详述。

☑ **128 个音频通道 ❷**：128 个声道用作音床通道，将音频信号从数字音频工作站传送给杜比全景声渲染器。想象一下 128 声道宽的环绕声格式，杜比全景声渲染器的功能类似于可以同时录制 128 路的磁带机。

☑ **2 时间码通道 ❸**：两个音频通道 #129 和 #130 用于将时间码（LTC）信号从数字音频工作站发送给杜比全景声渲染器。其实你只需要一路通道，但杜比可能是为了能够让总通道数以偶数 130 结束，所以多给了一路。

☑ **最少 10 个音床通道**：128 个的前 10 个通道 ❹（#1 ~ #10）被保留给音床通道专用。

☑ **最多 118 个声音对象通道**：总共 128 个音频通道减去 10 个保留的音床通道后，剩余 118 个通道 ❺，可用于声音对象。

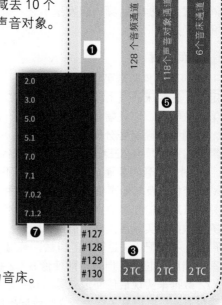

音床和声音对象的规则

以下是有关音床和声音对象的一些规则。

○ 音床

▶ **默认音床**：前 10 个通道（#1 ~ #10）只能作为音床通道使用。

▶ **额外的音床**：你可以使用其他 118 个声音对象通道中的任何一个来创建额外的音床通道 ❻，不过这样做会减少可用于声音对象的通道数量。

▶ **通道宽度**：一个音床可以是 8 种通道宽度配置中的任何一种，从两声道到十声道不等 ❼。

▶ **相邻的音轨**：你可以将任意编号相邻的通道定义为音床。例如 1–10，15–20。

▶ **固定的**：音床通道适用于"静止"，不需要作为声音对象在 3D 空间内移动，也不需要作为声音对象实现高度上的精准空间定位的音轨。

▶ **用途**：音床通常使用分层混音（对白、效果、音乐），环绕混响，或混为 5.1 或 7.1 环绕声格式的音乐。要记住：在编码过程中，不同分层的音床都将合并成单个音床。

○ 声音对象

▶ **118 或以下**：当你使用某些通道作为额外的音床通道时，118 个声音对象通道这一最大数量就会减少。

▶ **单声道**：声音对象通道是将单声道音轨路由到杜比全景声渲染器的单声道通道。

▶ **立体声**：使用数字音频工作站上的立体声音轨时，会占用两个声音对象通道，并在数字音频工作站中映射为两个对象（具体操作过程因数字音频工作站不同而异）。

▶ **环绕声**：你不能将环绕声音轨发送给对象。

▶ **没有 LFE**：声音对象不支持被发送到 LFE 通道。

➡ 应该使用哪一种?

现在的问题是，如果杜比全景声提供了两种选择，既可以使用基于声道的音床通道，也可以使用基于声音对象的通道，哪一个更好? 你应该使用哪一种?

> 音床通道　🤔　声音对象通道

答案与许多问题一样，是……这取决于……

首先，要了解两者的基本概念，然后你便可以得出一些结论。优点和缺点取决于你的工作流程及你尝试达到的混音结果。

⭕ 概念

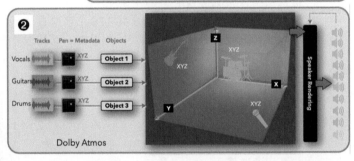

我在前面展示了两幅图，以演示基于声道的路由 ❶（通过声像定位器将音轨上的信号路由到多组输出总线）和基于声音对象的路由 ❷（将声像定位信息作为单独的空间位置元数据与音频一起发送）之间的区别。

⭕ 空间精度

声音对象通道可实现更准确的定位。在音床通道上使用环绕声声像定位器时，你只需依据声像定位法则调整音频信号分配到固定环绕声道的量，即可在三维空间中创建虚声源。因此，该位置是通过环绕声道之间的声压关系获得的。

对于声音对象通道，声像定位器不会在任何方面影响音频信号。由声像定位器创建的位置信息 XYZ 坐标（及其他声像定位数据）作为元数据各自保存。即便你将混音保存为杜比全景声母版文件并在日后传输到最终用户端时，它仍然会以点声源和位置"描述"信息的形式记录，并保留为独立的元数据。实际渲染是在最终端使用扬声器或耳机播放时完成的，渲染器会根据不同场所下可用扬声器的不同配置来运算的。当然，可用的扬声器越多（7.1.2，9.1.4，11.1.6），回放期间的空间分辨率和精度就越高。但是，即使像 5.1.2 甚至 2.0 这样少的扬声器组合配置，渲染器也会尽可能利用 XYZ 数据来实现最佳回放效果。切记，在通过 AV 功放或机顶盒（如 Apple TV）在家中播放时，音频信号和位置信息将作为独立的数据各自分开 "送达"，并实时渲染到可用的扬声器配置上。

👍 音床通道 👍

- 任何已经是环绕声格式的素材源，例如预先制作好的分层或 5.1 混音。
- 任何"静止"的单声道或立体声音轨，且在混音中不需要声音元素的移动。
- 任何不需要被精准定位的声音（特别是在头顶声道中）。
- 需要使用 LFE 声道（无法通过声音对象通道访问！）的任何信号除送给声音对象通道外，还可发送至音床通道，并通过 Aux Send（辅助发送）发送至 LFE 声道。

👍 声音对象通道 👍

- 需要在 3D 空间中精准定位并可随意在空间中移动（通过自动化）的任何单声道或立体声音轨。
- 声音对象通道还具有参数来调节大小，让你能感知到声音对象的体积变化。
- 你可以将多个音轨分配给同一个声音对象，但它们都将共享一个空间声像定位信息 / 自动化。

输入配置（渲染器）

为了更好地了解如何配置你的数字音频工作站和杜比全景声渲染器间的路由（以及这样做的原因），让我们来了解一下更详细的信号流程。

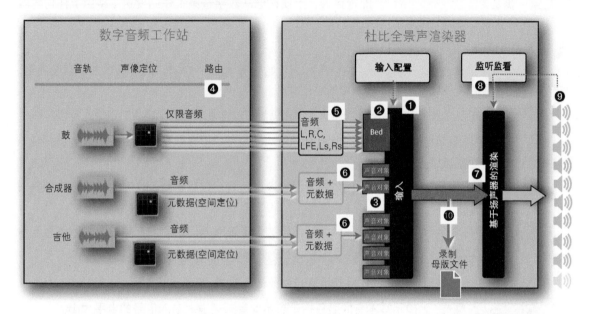

▶ **输入配置**：在杜比全景声渲染器中选定 Input Device（输入设备，这种情况我们应该选 Dolby Audio Bridge）后，下一步是配置 ❶ 在杜比全景声渲染器中 "接收到" 的 128 路输入。在这一步确定这 128 个输入通道中哪些是音床通道 ❷，哪些是声音对象通道 ❸。
在你配置数字音频工作站的输出 ❹ 之前，你需要先配置好输入，即如何将信号发送给杜比全景声渲染器。

▶ **音床频道**：当你将音轨从数字音频工作站分配到音床声道 ❷ 时，杜比全景声渲染器将只会接收到这些声道（L，C，R，LFE 等）的音频信号 ❺。空间位置信息已经被送入这些声道的各路音频信号的电平控制固定了。例如，如果左声道电平高于中央声道，则声音将偏向左侧。

▶ **声音对象通道**：当你将音轨从数字音频工作站分配到声音对象声道 ❸ 时，会同时送给杜比全景声渲染器关于这一路音频信号的两部分信息 ❻。
　　• 音频信号：这是在你数字音频工作站的相应音轨上实际播放的音频信号；
　　• 元数据：由于音频信号是作为单声道信号（或两个单声道信号）被发送的，因此它本身不包含任何声像定位信息。无论你在声像定位器上记录了什么位置信息，它都将作为同一音频通道信号发送，不过会作为包含空间定位信息的元数据发送。这是它与音床通道的主要区别。Pro Tools 甚至可以逆向通过该音频信号路由从杜比全景声渲染器接收元数据。

▶ **基于扬声器的渲染**：所有作为声音对象（包括元数据）或音床送达杜比全景声渲染器的音频信号都会被送给扬声器渲染 ❼。你告诉杜比全景声渲染器所用的监听配置 ❽ 是什么样的（比如有多少只扬声器 ❾），它便会像变魔术一样，根据每个声音元素的空间位置信息 ❻ 和可用的扬声器，通过计算（渲染），将音频信号放在三维空间中合适的位置。不过要记住，音床 ❺ 是没有空间元数据的，因为它是 "基于声道分配的"，如果监听设置与音床的配置不符，则只需要在渲染器中做 "调整"。

▶ **母版文件**：送给扬声器渲染器 ❽ 的信号同样也被打包合成在 Dolby Atmos Master File（杜比全景声母版文件）❿ 里，它包含了所有单独的音频和空间元数据。后面再详细介绍。

➡ 接收配置（"通道指配"）

现在，在正确了解了路由和两种类型的通道（音床和声音对象）之后，我们来看看配置这些音频通道的步骤。

第一步是为杜比全景声渲染器配置输入，以便在你从数字音频工作站发送（路由）任何内容之前确保接收端已经做好准备了。

◉ 输入通道显示

杜比全景声渲染器的 Renderer（渲染器）窗口始终有 128 个指示灯来显示 128 个音频通道。这些指示灯不同的外观代表这些输入通道的不同状态。

灰色指示灯表示未被指配输入通道（但它仍然可以接收来自数字音频工作站的音频信号）。

灰色环表示该通道虽然已被指配为声音对象通道，但在数字音频工作站上还没有音轨被映射到该声音对象通道。

蓝色环表示该通道已被指配为声音对象通道，且在数字音频工作站上已存音轨被映射到该声音对象通道。

黄色环表示当前已加载母版文件，但无法记录该输入，因为它已被指配输入信号但从数字音频工作站未被映射，或从数字音频工作站已被映射但未被指配输入信号。

围绕指示灯的紫色框表示这些通道被分配为音床通道。

指示灯本身的颜色指示表示此音频通道上输入信号的电平大小。

◉ 输入配置窗口

通道配置是在杜比全景声渲染器的输入配置窗口 ❶ 中完成的，你可以从菜单命令 Windows ➤ Input Configuration ❷ 或容易记住的快捷键命令 cmd I 打开杜比全景声渲染器的输入配置窗口。只要按下 Accept 按钮 ❹ 关闭窗口，你在这个窗口内所做的所有更改都将显示在 输入通道状态指示 ❸ 上。

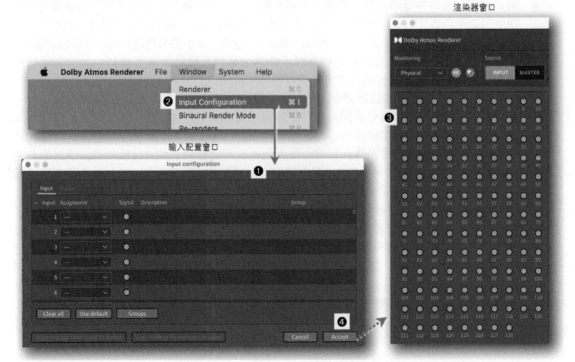

渲染器窗口

输入配置窗口

◯ 输入配置窗口

现在让我们来仔细了解以下 Input configuration（输入配置）窗口吧。它包含 4 个部分。

▶ **Input vs. Master（输入或母版）❶**：顶部有两个标签，用于切换和显示当前配置是输入还是正被加载的母版（如果没有加载的母版，则显示为灰色）。

▶ **配置表 ❷**：所有 128 个音频通道成行显示，并包含 6 列信息。

- 展开三角：如果一组相邻的输入通道被指定为音床通道，则这一组第一个输入左侧将显示一个展开三角，将音床折叠显示为一行。点击展开三角将展开这一组所有音床通道。
- Input（输入）：此列显示输入通道编号 1 ~ 128。
- Assignment（指定）：每行都有个下拉选项，用于指配该输入是用作音床还是声音对象。
- Signal（指示灯）：指示灯使用相同的颜色代码来指示该输入信号的电平大小。
- Description（描述）：你可以在描述字段中输入文本来为输入命名，如 "Lead Synth（主合成器）"。这一说明将以元数据形式存储在母版文件内。同一音床的每个子通路上都会使用相同的说明。要为一组输入描述添加序列号，请选择所有要命名的行，输入名称，如 "Guitar（吉他）"，然后按 opt cmd return（或 Guitar 01，或 Guitar 7 特定的数字开始）。
- Group（编组）：你可以通过下拉选择将每个输入分配给特定的编组。后面会介绍有关这组标签的更多详细信息。

▶ **操作按钮 ❸**：左下角的三个按钮将触发以下操作。

- Clear All（全部清除）：这将清除所有输入指配、说明和 编组分配。
- Use Default（使用默认设置）：这将清除所有现有的输入指派、说明和编组分配，并将它们替换为默认设置：输入 #1–#10 将指配为一套 7.1.2 的音床，其余输入 #11–#128 将指配为声音对象。
- Group（编组）：此按钮会打开一个对话框，让你为创建的自定义编组 ❹ 定制名称。除了自定义编组外软件已经预制了标准编组，分别是：对白，音乐，效果，旁白。

▶ **Cancel（取消）/Accept（接受）❺**：右下角是用于关闭窗口的两个标准按钮。Accept（接受）（快捷键组合 return 或 enter）应用所作的更改，Cancel（取消）（快捷键组合 esc）将放弃所有更改，与你按下 click 左上角的红色关闭按钮 🔴 效果相同。

◯ 指配对话框

指配选择器 ❶ 的下拉菜单可为 128 个输入通道中每个通道设定功能。请记住以下几点。

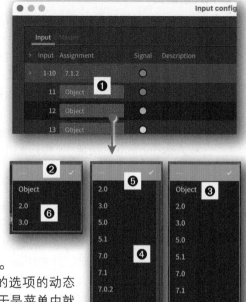

▸ **菜单选项**：现在你有以下选择。

- ❷ 这将删除指配，也就是说，这个输入不被使用（"未指配"）。

- **声音对象 ❸**：这将输入指配为可以接收音频和元数据的声音对象通道。

- **2.0–7.1.2❹**：菜单中的这些（共 8 个）数字选项将输入指配为仅接收音频信号不接收声像定位元数据的音床通道。相应的数字表示通道宽度，并意味着被这一音床所使用的后续输入的数量（从 2 到最多 10 个）。相应的声道名称也会显示在标签里。例如：7.1.2–L，7.1.2–R 等。

▸ **动态菜单**：这是一个仅显示所对应输入可用的选项的动态菜单。例如，1–10 号输入预留给音床通道，于是菜单中就不会显示声音对象 ❺。另外，如果已经没有足够的声道供某个音床使用（例如在 125 号输入上），则只有通道宽度足够可用的选项会显示在这个菜单下 ❻。

▸ **指配覆盖**：指配音床时要当心，因为这一操作可能会指配最多 10 个后续的输入，并覆盖它们之前已被指配的内容。不过好在这种情况下系统会弹出警告对话框 ❼。

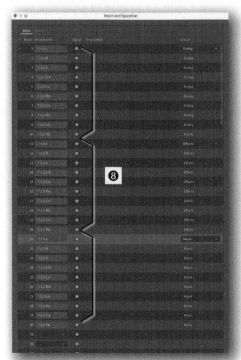

▸ **一次指配多个**：你可以一次选中多行（ `cmd` `click` 跳选不连续的行，或者 `shift` `click` 选择两行之间的所有行），然后对所选中的行一起进行指派或在文本框里输入文本来应用于所有选定的行。

这是一个后期制作中常见的配置示例，你为对白、效果、音乐这"三层"创建 3 个单独的 7.1.2 音床 ❽。这样，你还剩余 98 个通道可用于声音对象了。

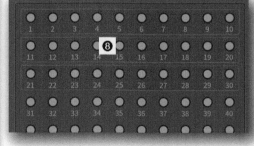

分组管理

输入配置窗口左下角的分组按钮  ❶ 可打开分组对话框，你可以使用该对话框管理组命名。当你要在 Input（输入）行上 click 分组选择为某个音频输入分配一个特定的 Group Name（组名称）时，此列表中的所有组名称都将显示在打开的菜单中。

▶ **标配组** ❷：这 4 个组名称始终在表里，不可删除：对白，音乐，效果，旁白。

▶ **无自定义组**：你可以通过在顶部的字段中输入名称 ❹ 和 click Add group（添加组）❺ 按钮，将自定义组名称 ❸ 添加到列表中。

▶ **删除自定义组**：要从列表中删除自定义组，只需 click 右侧的 X❻。标准组不可删除。

请记住以下几点：

• 组分配将被一起保存在母版文件中。

• 打开母版文件时，除仍可编辑的"组"字段外，所有字段均为只读。

• 再渲染（下混）功能也会用到这些分组。这些分组在再渲染（下混）窗口中可以找到，以用于仅对选定的"组"进行再渲染（下混）。后面再详细介绍。

• 音床会自动将其所选组应用到其所有子通道。

• 特定通道的组分配将显示在 Pro Tools 中的 I/O Setup（I/O 设置）对话框 ❼ 中相应的 Object Bus Path（声音对象总线路径）上。

• 组名称（和描述名称）会被包含在 BWF ADM❽ 文件（用于交付和交换的另一种杜比全景声母版文件）中，可以使用 Import Session Data（导入工程数据）对话框 ❾ 导入 Pro Tools。

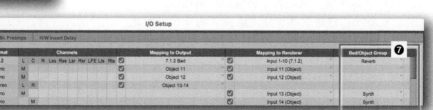

➡️ 管理输入配置

有几种管理输入配置的机制。

⚪ 最新配置

当你在 Input configuration（输入配置）窗口中进行更改并按 Accept（接受）按钮时，这些设置将保存在杜比全景声渲染器内。当你退出又重新打开应用程序时，这些设置将被记住。

⚪ 导入 / 导出输入配置

你还可以选择将当前输入配置导出为存储在硬盘上的文件，日后可以导入该文件从而将这些设置加载回杜比全景声渲染器中。有关该配置文件的一些注意事项如下。

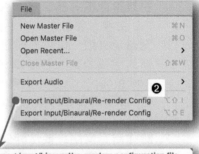

▶ 导出：这一配置文件中存储了 3 部分内容（我稍后将介绍），不仅仅是输入配置。
- 输入配置。
- 每个输入可选的双耳音频渲染模式。
- 再渲染（下混）配置。

▶ 导入：当你导入配置文件时，会打开一个对话框 ❶，让你选择要导入的组件。

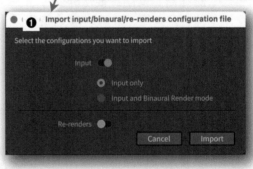

- 输入配置。
- 双耳音频渲染模式只能作为输入配置的一部分导入。
- 再渲染（下混）配置。

▶ 命令 ❷：用于导入或导出配置文件的命令位于 File（文件）菜单下，它也有对应的快捷键。
- 主菜单 **File（文件）>Import Input/Binaural/Re-rend Config（导入输入 / 双耳音频 / 再渲染配置）** shift opt I 。
- 主菜单 **File（文件）>Export Input/Binaural/Re-rend Config（导出输入 / 双耳音频 / 再渲染配置）** shift opt E 。

▶ 文件扩展名 / 存储位置：你可以将文件存储在硬盘驱动器上的任何位置。它的文件扩展名为 .atmosIR ❸。

Config.atmosIR

▶ 文件格式：你可以使用文本编辑器 ❹ 在 Finder 中打开配置文件，然后便可以阅读文件里所做的设置。
- name：这是一个描述字段中的条目。
- custom_group：这是组字段中的条目，为 Custom Group（自定义组）或 Standard Group（标准组）。
- active："true" 或 "false" 表示该通道是否已被指配。
- input_channel：这是输入通道编号，编号序列为 0 ~ 127。
- 格式：列出了音床声道的各种格式。
- 音床声道：这是音床通道的声道指示。
- brm：这是双耳音频渲染模式的 4 个设置之一，分别为 Off（关闭）、Near（近场）、Mid（中场）与 Far（远场）。

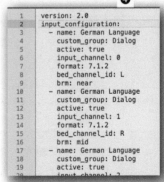

输入通道状态指示——母版文件

有关母版文件和输入通道状态指示的一些知识点如下。

> ▶ 源选择部分的 INPUT（输入）❶ 和 MASTER（母版）❷ 按钮，可让你在监听的两个信号源中进行切换，控制听到的是实时输入还是母版文件回放。

> ▶ 输入通道状态指示会跟随所选显示当前输入的指配或当前所加载母版的指配。

> ▶ 输入配置窗口的左上角也有两个按钮，用于在输入页或母版页间切换。

> > • Input（输入）：输入页面 ❸ 显示你可以配置的实时输入指配。

> > • Master（母版）：母版 ❷ 选项卡仅在加载了母版文件时可用。它显示如下警告 ❺ "The input configuration cannot be editated after a master file has been created（创建母版文件后不可再编辑输入配置）。Groups may still be edited（但仍可编辑组）"，这就是为什么除了 Group（组）❻ 字段控件都变灰，且没有 Clear all（清除全部）和 Use default（使用默认）按钮 ❼。

> ▶ 加载母版文件后，如果输入和母版文件的设置是不同的，则底部的两个按钮 ❽ 将变为可单击的状态。此外，主窗口上还会在 Input configuration（输入配置）❾ 状态消息处显示一个橙色的指示灯。

> ▶ 你可以将设置从"输入"复制到"母版"，或从"母版"复制到"输入"。但是，有几点注意事项。必须先解锁母版文件，且只有当这两者组名称 ❿ 不同时，你才能从输入复制到母版文件。

这里有可能出现混淆

如果你有音频信号被从数字音频工作站分配给了任何未在输入配置窗口中被指配的输入通道，你会在输入通道状态指示上看到有信号（彩色指示灯点亮了），但不会听到任何声音。

输出分配（数字音频工作站）

在杜比全景声渲染器上配置好输入后，它们便可以接收数字音频工作站送来的音频信号和元数据了。接下来，你可以进入下一步来配置数字音频工作站了。

在数字音频工作站中杜比全景声混音乐或影视内容时，其实平衡、均衡或其他处理几乎是一样的，它保留了你已经习惯的数字音频工作站工作流程。杜比全景声混音的主要区别是输出路由和声像定位。

▶ 不像从前由音频接口输出通道代表的输出母线（如立体声和环绕声音箱），你可以将音频信号分配给这 128 个通道中的 1 个或多个。

▶ 这 128 个音频通道将通过 Dolby Audio Bridge（杜比虚拟音频接口桥）从内部发送给杜比全景声渲染器，或通过物理连接的音频接口从外部发送至一台独立运行的计算机。

▶ 不同的数字音频工作站在通道分配和声像定位时的实际操作可能有所不同，这主要取决于数字音频工作站中杜比全景声集成度的高低。

➡ 部分集成杜比全景声功能的数字音频工作站

你可以使用没有集成杜比全景声的数字音频工作站来完成杜比全景声混音。下面以 Logic Pro 10.6 作为一个示例，但其理念与其他未集成杜比全景声功能的数字音频工作站类似。

◉ 音频设备

只要你将 Dolby Audio Bridge（杜比虚拟音频接口桥）
❶ 选为输出设备，你就可以将数字音频工作站的任何声道输出给杜比全景渲染器接的 128 个音频频道来接收。

Logic Pro的首选项

◉ 音床

Logic Pro 10.6 支持环绕声道，但最高仅支持到 5.1。
你可以将通道条设置为 Surround（环绕声）❷，在 Logic 的 **Preferences**（首选项）➤ **Audio**（音频）
➤ **I/O Assignments**（I/O 分配）➤ **Output**（输出）❸ 中将 6 个输出通道分配给音床的 6 个相应的输入通道，并使用 Logic 的环绕声声像定位器 ❹ 按照需要对声音进行空间定位。

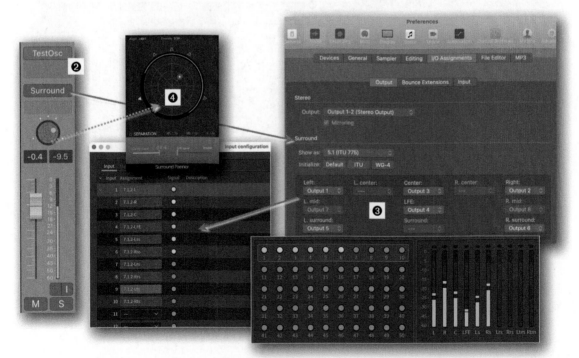

◯ 声音对象通道（单声道）

声音对象通道需要两个配置步骤。

▸ **音频信号路由**：在单声道通道条上，你将 Output Selector（输出选择）❶ 设置为与杜比全景声渲染器（例如：第 12 路输入）的输入通道 ❷ 相对应的输出通道（也设为第 12 路输出）。这会将音频信号直接发送给杜比全景声渲染器的相应音频输入，而不再经过 Logic 的声像定位旋钮。

▸ **元数据路由**：你在最后一个 Audio Effects Slot（音频效果插槽）的通道条上加载 Dolby Atmos Music Panner（杜比全景声音乐声像定位器）插件 ❸（本书稍后将详细介绍）。在插件的左上角，你可以从 Object Selector（对象选择器）中选择同一个杜比全景声渲染器输入通道 ❹（即第 12 路）。这会将你用声像定位器写入的空间位置坐标信息作为元数据发送到声音对象通道的第 12 路输入 ❷，该输入也接收来自同一通道条带的音频信号。

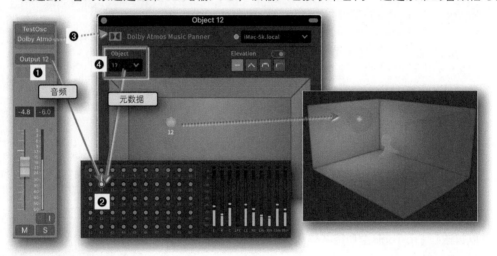

◯ 声音对象通道（立体声）

给成对的声音对象（立体声）配置会略有不同。

▸ **音频信号路由**：要使用立体声对象，你必须将通道条分配给两个输出通道 ❺（即第 21-22 路输出）才能将音频信号送入杜比全景声渲染器的相应输入 ❻。确保将声像定位旋钮保持在中间位置。

▸ **元数据路由**：当你在立体声音轨上加载 Dolby Atmos Music Panner（杜比全景声音乐声像定位器）❼ 时，你选择立体声对象后会有些额外的选项 ❽。在（21，22）中选择相应的输入。

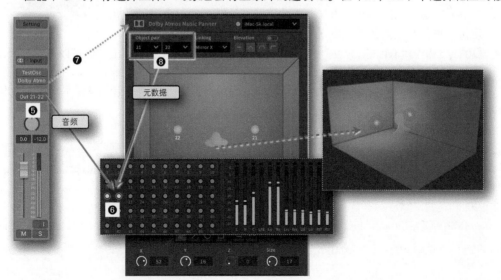

部分集成杜比全景声功能的数字音频工作站

在我另外一本名为 *Mixing in Dolby Atmos–Using Pro Tools*（杜比全景声混音 – 使用 Pro Tools）"的书中介绍了在 Pro Tools 中完成杜比全景声混音的所有详细信息。以下是对这本书主要部分的简单概述。

▶ **连接杜比全景声渲染器**：Peripherals（外设）对话框［主菜单中的 **Setup（设置）> Peripherals...（外设）**］中有一页专用的杜比全景声选项卡 ❶，你可以在这里开启 ❷Pro Tools 与杜比全景声渲染器应用程序之间的通信连接。

▶ **Playback Engine（播放引擎）**：选择 Dolby Audio Bridge（杜比虚拟音频接口桥）❸ 作为 Playback Engine 后，你将在 I/O Setup（I/O 设置）对话框的 Output（输出）页面上看到 130 Output Bus Paths（130 输出总线路径）。

▶ **音频信号路由**：Bus（总线）页面通过勾选 Mapping to Output（映射到输出）复选框 ❹，将 130 个输出路径显示为对应的 130 个输出总线路径。

▶ **元数据路由**：该总线页面有单独一行标有 Mapping to Renderer（映射到渲染器）❺ 字样的复选框。它使空间声像定位信息（在路由到该输出总线路径的音轨上创建的）作为元数据通过同一音频通道发送到杜比全景声渲染器的输入。虽然音频信号路径是单向的，但某些元数据可以被送回 Pro Tools（如组名称和指配）。

▶ **发送给音床**：你可以在 Output Selector（输出选择器）❻ 的菜单中选择一个输出总线路径，将音轨送给杜比全景声渲染器的相应音床。

▶ **发送给对象**：音轨上有专用的 Object View（声音对象视图）❼ 用于为这一音轨选定声音对象通道 ❽。

▶ **立体声对象**：如果要使用立体声音轨，则必须先在 I/O Setup（I/O 设置）对话框中定义立体声对象总线路径 ❾。

▶ **声像定位**：你可以用 Pro Tools 的 Surround Panner（环绕声声像定位器）❿ 在 3D 空间中为音轨中的信号做声像定位，并将该声像定位信息作为空间元数据发送到相应的对象。

▶ **Dolby Atmos Music Panner（杜比全景声音乐声像定位器）**：虽然你可以用 Pro Tools 内置的环绕声声像定位器来生成空间元数据，但它没有 Dolby Atmos Music Panner 的音序器功能。不过，你可以将 Dolby Atmos Music Panner 作为插件挂在音轨的最后一个插入位置。

Pro Tools > I/O Setup 对话框

		Name	Format	Channels											Mapping to Output		Mapping to Renderer
				L	C	R	Lss	Rss	Lsr	Rsr	LFE	Lts	Rts		❹		❺	
✓	▶	7.1.2 Bed	7.1.2	L	C	R	Lss	Rss	Lsr	Rsr	LFE	Lts	Rts		✓	7.1.2 Bed	✓	Input 1-10 (7.1.2)
✓		Object 11	Mono	M											✓	Object 11	✓	Input 11 (Object)
✓		Object 12	Mono	M											✓	Object 12	✓	Input 12 (Object)
✓	▼	Object 13-14	Stereo	L	R										✓	Object 13-14		
		Object 13	Mono	M											✓		✓	Input 13 (Object)
		Object 14	Mono		M										✓		✓	Input 14 (Object)
✓		Object 15	Mono	M											✓	Object 15	✓	Input 15 (Object)
✓		Object 16	Mono	M											✓	Object 16		Input 16 (Object)

扬声器

现在，我们已经完成了基本配置，并将数字音频工作站的输出送给了杜比全景声渲染器。接下来让我们看看渲染器的输出，了解一下我们要如何收听 / 监听杜比全景声混音。

概念

下面是杜比全景声渲染器的另一个图表，请大家看一下输出部分。

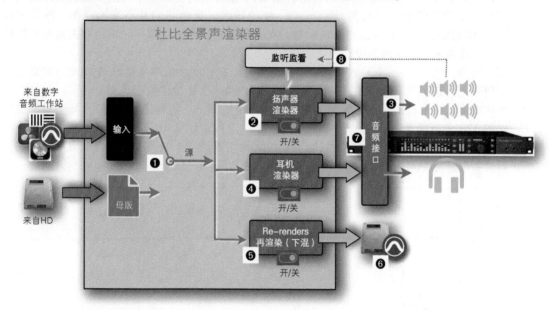

▶ **源 ❶**：通过选择 INPUT（输入）或 MASTER（母版），你可以确定要送给监听输出的内容。

▶ **音频 + 元数据**：要记住，这组信号包含多达 128 个音频通道和多达 118 路包含每个声音对象通道的单独的空间声像定位信息数据。

▶ **渲染器的 3 部分**：该信号被发送到处理音频和元数据的 3 个独立组件中。如果不需要使用这些组件，你可以在 Preferences（首选项）中临时禁用它们，以便节省 CPU 资源。

　● 扬声器渲染器 ❷：这是我们在本节中深入探讨的一个组件。它是将单个音频和元数据转换（"渲染"）为特定音频信号的关键元素，这些音频信号将被发送到与之相连的扬声器 ❸，形成杜比全景声的 3D 沉浸式声场。

　● 耳机渲染器 ❹：这是处理双耳音频渲染的组件。

　● 再渲染（下混）❺：这是一个可以将杜比全景声转换为某种指定的基于声道的格式（即，下混为 7.1 或 5.1）保存为文件或重新导入 Pro Tools❻。

▶ **音频接口**：在杜比全景声渲染器中，你可以选择用作音频接口 ❼ 的音频输出设备，并将所有扬声器和耳机都连接到该设备。

▶ **监听 ❽**：这是扬声器渲染器所需的重要信息。你必须告诉它用于渲染的扬声器布局。这些是我们在本节中讨论的配置步骤。

注意：请记住，所有有关监听的设置仅影响扬声器渲染器的输出，不影响你在数字音频工作站中的杜比全景声混音。但是，如果监听设置不正确，可能会影响你的混音判断，就如同不正确的立体声扬声器设置会影响你的立体声混音一样。

➡️ 放眼望去

在杜比全景声渲染器 ❶ 中设置监听时，你必须时刻想着杜比全景声混音是如何在家庭终端消费者那里还原后被收听 ❷，以及影响你的混音的所有组件。下面是一份概览图，稍后我将详细讨论这些组件。

▶ **扬声器渲染**：杜比全景声渲染器中的扬声器渲染器 ❸ 与所有消费类 AVR（AV 功放）❹ 中内置的组件相同。因此，当收听杜比全景声混音时，实际上等同于听到连接在 AVR 上的扬声器布局。

▶ **虚拟扬声器技术**：智能音箱和回音壁音箱 ❺ 不在房间内使用多个特定位置的扬声器的布局方式。他们使用一种称为虚拟扬声器 ❻ 的技术，虽然它们并不真的存在（而是虚拟的），但它能让你觉得被扬声器包围着。支持杜比全景声的计算机，电视和内置扬声器的手持设备也采用了相同的设计理念。

▶ **耳机渲染**：杜比全景声母版文件 ❽ 中包含你可以在杜比全景声渲染器 ❼ 中收听的双耳渲染信号，但在用户端的播放设备很难知道何时切换到了耳机渲染信号 ❾。

▶ **空间编码**：这是杜比全景声信号链路中的重要组成部分。所有这些在 3D 声场中被精准定位的 128 个音频通道都通过称为空间编码 ❿ 的过程减到更少的音频通道数量，以减小数据流的大小。杜比全景声渲染器的 Preferences（首选项）里有一个设置，可帮你在扬声器监听中开启空间编码模拟 ⓫。

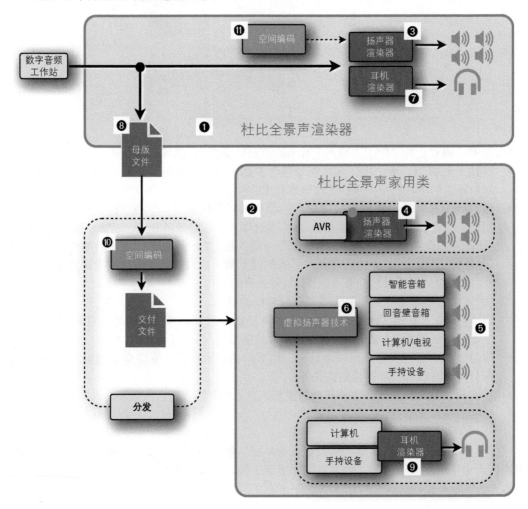

➡️ 扬声器布局

5.1 环绕声的扬声器放置非常简单。此外，扬声器通道的命名，特别是这 6 只扬声器的缩写都是标准的，因此，其放置位置其实也是不言自明的。

L（左）- R（右）- C（中）- LFE（低频效果）Ls（左环绕）- Rs（右环绕）

杜比全景声混音（家庭版），最多支持 22 个扬声器通道。扬声器命名、缩写和位置变得令人困惑。缩写 L 和 R 很容易理解，但后面的字母是什么意思呢？例如，Lw、Lrs、Lc、Lfh、Ltf 等。

这是在杜比全景声渲染器的三维扬声器布局中的视图。布局仅列出缩写，但我添加了全名。

⭕ 前置扬声器

前面最多支持 5 只扬声器。

- Left（左）。
- Left Center（左中）。
- Center（中）。
- Right Center（右中）。
- Right（右）。

⭕ LFE 低音效果通道

只有一个 LFE 扬声器通道。

⭕ 环绕扬声器

人耳高度上共有 3 对环绕扬声器。

- **环绕扬声器（s）**：这是 5.1 系统中使用的环绕扬声器。
- **后环绕扬声器（Rs）**：这是在 7.1 系统中使用时的附加扬声器。
- **宽环绕扬声器（w）**：这是 9.1 或 11.1 系统中用到的环绕扬声器。

⭕ 高度扬声器

最多有 5 对顶部扬声器。

通常由 3 对组成，即 n.1.2、n.1.4 或 n.1.6 这 3 类配置。

- 前顶 -Tf。
- 中顶 -Tm。
- 后顶 -Tr。

而这两对扬声器是附加的高度扬声器，它们安装在天花板的最前和最后方：

- 前高 -Fh。
- 后高 -Rh。

杜比全景声扬声器布局

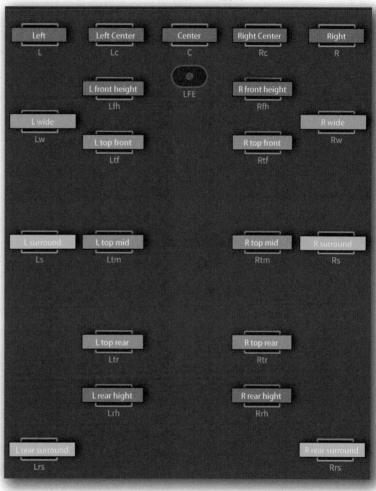

房间配置

杜比全景声渲染器中的扬声器配置需要遵从以下步骤。

▸ **你的扬声器配置是什么?** 决定你在混音棚中打算配置的扬声器数量, 如 7.1.2。

▸ **它们是如何连接的?** 输入每只扬声器所连接到的音频接口的输出通道编号, 例如 1–10。

▸ **校准监听**: 使用内置工具校准扬声器。

▸ **下混配置**: 创建备用的监听配置, 以便你可以用其他环绕声格式收听你的作品。

➡ 第 1 步: 你的扬声器配置是什么?

在这第一步中, 你必须告诉杜比全景声渲染器你的混音棚配备了多少只扬声器, 即你的"物理布局"。这样, 它就知道要如何渲染杜比全景声混音(音频信号 + 元数据), 从而通过你的物理扬声器布局在立体空间内还原三维作品。

切记

此扬声器配置是纯粹作为回放用的, 完全不影响实际杜比全景声作品本身。它只会告诉杜比全景声渲染器如何将作品渲染到你混音棚中可用的扬声器配置。即使你只有一套 7.1.2 监听系统, 而其他人在 11.1.10 监听系统上回放你的作品, 该作品将以比你在创作它时收听的空间分辨率更高的(精度)进行回放。

假设你仅使用 Yamaha NS10 混一首音乐, 然后有人用 ATS 扬声器和超低音音箱聆听该作品。(希望)听起来会更好。

⬤ 扬声器配置对话框

扬声器配置 ❶ 页面是房间设置 ❷ 对话框的 3 个页面中的第一个。你可以使用菜单 **Window▸ Room Setup**❸ 或用快捷键命令 cmd M 打开它。

它的顶部有 3 个选项卡, 用于切换 3 个页面: Speaker setup(扬声器配置), Routing(通道分配)和 Monitoring(监听)。当前显示的页面是以蓝色 ❶ 下划线标注的页面。当你选择第一个选项卡 Speaker setup(扬声器配置)时, 它便会打开。

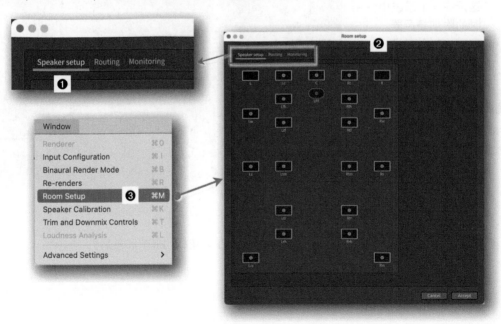

◯ **Speaker Setup（扬声器配置）页**

Speaker setup（扬声器配置）页面非常简单。

▸ 扬声器窗口显示杜比全景声家庭版系统上最多可用的扬声器数量（22），每个编号都被矩形框出，并以图形表示扬声器在房间中的位置。

▸ **通道标识**：每个矩形下面是对应扬声器的通道标识符。

▸ **颜色代码**：矩形具有不同的颜色，代表它们是银幕扬声器，环绕扬声器，顶部扬声器还是 LFE。

▸ **切换**：当你将鼠标移到扬声器图标上时，那一对扬声器会被高亮显示。通过 click 可以切换，可以在扬声器配置里添加（彩色）或移除（灰色）这对扬声器。当所有扬声器都被启用后，这是一套 11.1.10 系统。

▸ **L–R**：左右银幕扬声器在矩形内没有圆点，表示你不可以将其从配置中删除。这对立体声扬声器配置是系统允许的最低设置。

仅母版套件才有的功能

如果你有 Dolby Atmos Mastering Suite（杜比全景声母版套件）而不是 Dolby Atmos Production Suite（杜比全景声制作套件）的授权，在杜比全景声渲染器中会看到 Array Mode（阵列模式）开关。

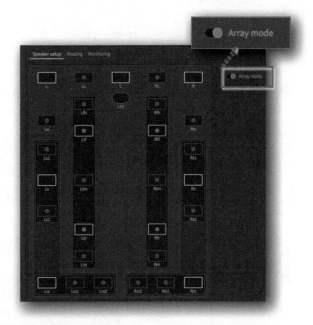

▸ **Array Mode（阵列模式）**：在 Array Mode 下你可以将多个物理扬声器组合为一个"阵列"，使它们作为一个整体来发声。

请记住以下几点：

• 你可以为 Ls、Lrs、Rs、Rrs 创建最多 3 只扬声器一组的阵列。

• 为 Lts 和 Rts 创建最多 5 个扬声一组的阵列器，其中包括前高、前顶、中顶、后顶和后高。

• 音床通道可发送给一个阵列整体发声，而声音对象则依然可精确定位到阵列中的单只扬声器。

• 启用 Array Mode 会自动禁用 Spatial Coding Emulation（空间编码仿真监听）（**Preferences＞ Processing＞ Spatial coding emulation**）。

◯ 监听显示

了解你在 Room Setup（房间设置）对话框中所设定的配置与在杜比全景声渲染器主窗口上所显示内容之间的关系是很重要的。

▸ **监听**：杜比全景声渲染器的左上角是一个选择器 ❶，用于选择影响扬声器渲染输出的监听格式。此选项也将影响电平表区域 ❷ 和扬声器区域 ❸ 中显示的内容。设置为 Physical（物理）（这是默认选项）时，电平表和扬声器部分反映了在 Room setup（房间设置）窗口的 Speaker setup（扬声器设置）❹ 页面中配置的布局。

▸ 基于扬声器的渲染监听选项其实是最重要的设置之一。它告诉杜比全景声渲染器有多少只扬声器可用（以及它们的布局），使它能够知道如何将各自的空间位置信息渲染输出到可用的扬声器。如果扬声器布局发生变化，则渲染器将通过重新运算来确定要将什么信号用多大电平送入哪只扬声器。

▸ **扬声器区域 ❸**：扬声器区域用小圆圈表示监听部分中所选布局的扬声器。在此截图中，它显示的是物理监听布局。圆环的颜色表示这只扬声器（送给扬声器的信号）的信号电平值。

▸ **电平表区域 ❷**：电平表部分显示当前选定扬声器布局中每只扬声器的柱状电平表。

▸ **输入通道区域 ❺**：输入通道部分显示来自数字音频工作站或当前加载的母版文件的 128 路音频输入，不受监听选择的影响。

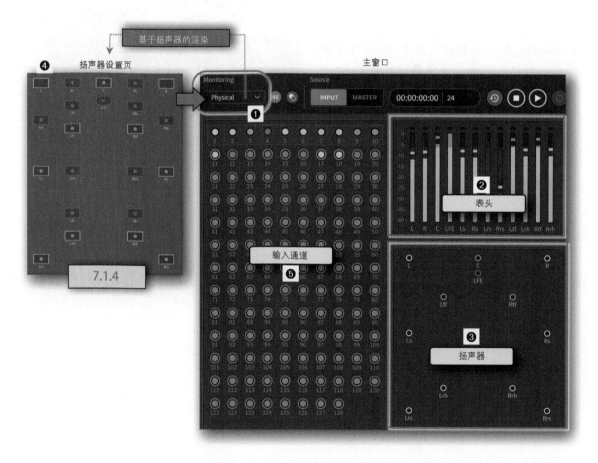

下面还有 3 只扬声器配置的例子，分别是 11.1.10 格式、5.1 格式和 2.0（立体声）格式。

如你所见，扬声器部分仅显示出当前所选布局中所用到的扬声器的圆圈，电平表部分仅显示这些扬声器的柱状电平表。

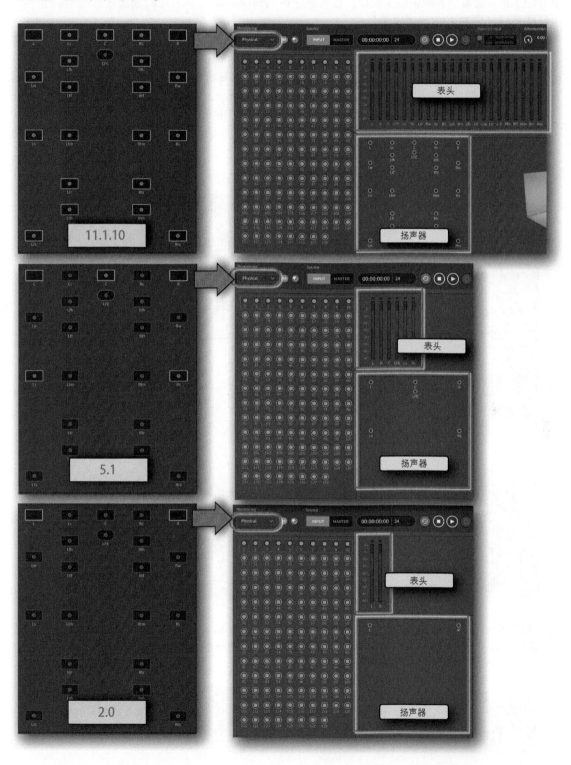

第 2 步：配置输出通道

在房间设置窗口 ❶（cmd M）中的 Routing（通道分配）❷ 选项卡上 click 切换到 Routing（通道分配）页，会看到各种带数字的框。这些是你在 **Preferences ＞ Driver**（"首选项" ＞ "驱动程序"）中所选音频接口 ❸ 的输出通道编号。

- ▶ **扬声器输出配置 ❹**：左侧的大片区域仅显示你在 Speaker Setup（扬声器设置）页面中启用的扬声器（表示 " 物理 " 布局）。输入连接每只扬声器所用的输出通道的编号。
- ▶ **耳机输出配置 ❺**：如果你的音频接口连接了单独的耳机放大器，请输入连接该耳机放大器所用的那 2 个输出通道编号。这对于正确路由 Binaural Rendering（双耳音频渲染）信号非常重要。有关详细信息，请参阅后面的 Binaural Rendering（双耳音频渲染）部分。
- ▶ **再渲染（下混）通道配置 ❻**：此部分只有一个输入字段，用于指定用于再渲染（下混）输出的起始通道编号。后面再详细介绍。

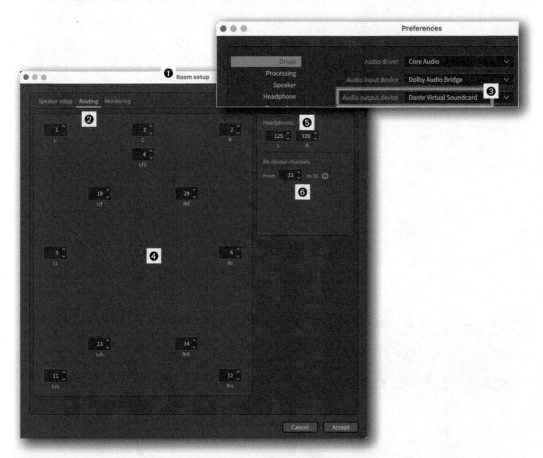

如果 Preferences（首选项）中的 Audio Driver（音频驱动）设置为 Send/Return plug-ins（发送 / 返回插件）❼（而不是 Core Audio），则 Routing（通道分配）页面将为空白 ❽。

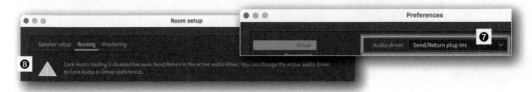

➡ 第 3 步：添加扬声器布局"（监听）子集"

请记住，你在扬声器设置页面中创建的物理扬声器布局设置是基于你实际所有的扬声器和位置来做的。这是杜比全景声渲染器用于执行扬声器渲染用到的重要信息。它将单个输入通道通过空间位置坐标信息分配到现有的扬声器布局，从而为你的混音创建最佳的 3D 声场。

但是，如果你在混音过程中使用了 7.1.4 配置的扬声器布局，那么如果某人只有 5.1.2 系统，5.1 环绕声系统，或者可能只有立体声系统，你要如何知道他们听到这一混音的效果呢？没关系，Dolby 工程师已经想到并解决了这一问题。

打开 Room setup（房间设置）❶（对话框）进入 Monitoring（监听）❷ 选项卡 [click] 打开 Monitoring（监听）页。

◯ 添加监听布局

[click] 按钮 Add monitoring layout（添加监听布局）❸。将发生 3 件事。

☑ 一个新的扬声器布局将出现在按钮下方的列表中，名称为 Layout-01 ❹。

☑ 右侧显示你在扬声器设置页面中配置的扬声器物理布局 ❺。请注意，这里仅显示你所配置的最大扬声器数量，而不一定是全部 22 只扬声器。在此示例中，它是 7.1.4 设置。

☑ 布局顶部有文字框 ❻ 标明监听布局的名称 Layout-01。在文字框中 [click] 可为该监听布局重命名。点击 [return] 后，左侧列表中的名称将会更新。

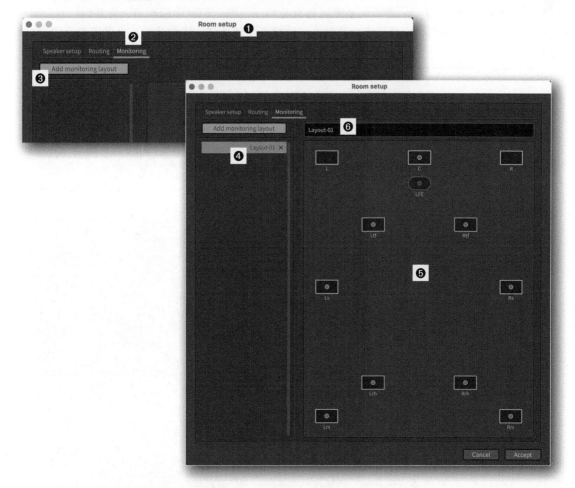

⬤ 编辑监听布局

　　这页的目的是创建物理扬声器配置的各种子集。这样，你就可以选择其中一个子配置，如5.1，来收听在 5.1 环绕声系统上播放杜比全景声作品的声音效果。其实是你告诉扬声器渲染器将杜比全景声作品在特定的扬声器布局上计算后播放。

　　当然，你只能将其渲染为物理布局的子集。例如，你的监听环境是 7.1.4 配置，则无法将内容通过 9.1.6 配置播放，因为你缺少用于扬声器渲染的扬声器。

　　下面介绍如何创建这些子集。

- ☑ `click` Add monitoring layout❶（添加监听布局）按钮可创建显示在左侧列表中的新监听布局。
- ☑ `click` 矩形 ❷ 用于禁用扬声器以创建你所需的相应布局，如5.1 系统。
- ☑ `click` 文本字段 ❸ 上方，并为该扬声器布局命名，如 5.1。
- ☑ `click` 添加监听布局 ❶ 按钮可创建出新的监听布局，并重复前两个步骤。
- ☑ `click` 列表中名称旁边的 X❹ 可用于删除该布局。
- ☑ `click` Accept（接受）❺ 按钮应用这些更改，或单击 Cancel（取消）放弃更改并关闭窗口。

　　现在，当你 `click` 监听 ❻ 区域打开下拉菜单 ❼，会看到其中列出的默认物理配置，即你的扬声器布局［在 "Speaker Setup（扬声器设置）" 页面中定义］，以及你在 "Monitoring（监听）" 页面中配置的所有子组合。只要选中其中的一个布局，扬声器渲染器将使用该 "扬声器布局" 来渲染播放你的作品。主窗口上的表头和扬声器部分会相应更新，因此你始终可以直观地 "看" 到你听到的声音。你可以使用数字键作为快捷键来从该菜单中作选择。它们是被从上至下编号的 `1` `2` `3` `4`……

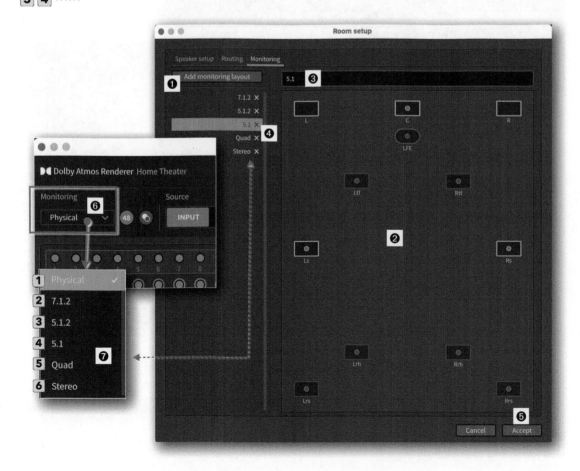

扬声器校准

杜比全景声渲染器还配备了用于扬声器系统的校准工具。包括了下面这些可用于每只扬声器独立调整的控件：

☑ 增益
☑ 延时
☑ EQ 均衡

使用下面这两种命令都可以打开扬声器校准窗口：

🔘 菜单命令 Window（窗口）> Speaker Calibration（扬声器校准）❶；

🔘 键盘命令 cmd K。

➡️ **增益**

左侧 ❷ 是你在"扬声器设置"页面中所设置的扬声器布局的图形表示。每个输入字段代表一只单独的扬声器，允许你输入 −16dB 和 +16dB 之间的电平偏移量。

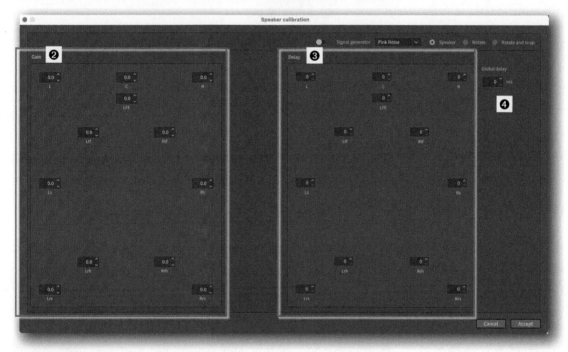

➡️ **延时**

右侧 ❸ 还是相同的扬声器布局。你可以在此处为每只扬声器输入最长 50ms 的延时。
全局延迟 ❹ 字段让你可以为所有扬声器应用一个统一的延时。

➡️ 信号发生器

扬声器校准窗口中也有一个内置的信号发生器，它的控制部分位于右上角。

⚪ 信号类型

信号发生器 ❶ 开关用于打开和关闭信号，旁边的选择器 ❷ 允许你从包含 5 个选项的弹出菜单中选择信号类型。

⚪ 回放

它旁边的 3 个单选按钮 ❸ 可让你确定在扬声器上播放信号的方式。

▶ **扬声器**：信号通过你选中的扬声器播放，方法是单击下面的 Gain（增益）部分或 Delay（延时）部分的输入字段。该字段周围将出现一个不同颜色的框，表示这只扬声器正被激活。

▶ **Rotate（旋转）**：信号在保持相同音量的同时按顺序从一只扬声器开始移动到下一只扬声依次播放。

▶ **Rotate and snap（旋转和抓取单只扬声器发声）**：信号从每只扬声器按顺序依次播放，不带过渡地移动。

➡️ EQ 均衡

EQ 功能 ❹ 仅在杜比全景声渲染器中可用（如果你已安装了 Dolby Atmos Production Suite 杜比全景声制作套件）。

⚪ 关于 LFE

为确保正确的监听，LFE 声道必须被正确校准，使 20 ~ 80Hz 的每 1/3 倍频程频段都比任何全频扬声器的等效 1/3 倍频程频段高10dB。这基于全频扬声器拥有平坦的频响曲线这一假设。

这个声压是通过实时分析仪（RTA）而不是声压计（SPL meter）获得的。

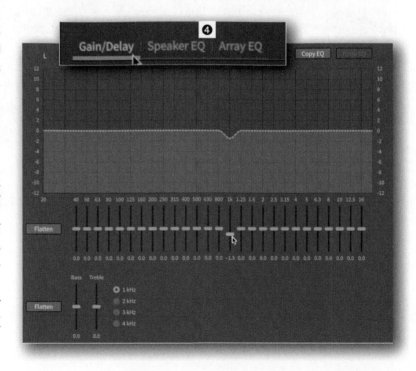

LFE 与低音炮

在制作杜比全景声音乐混音时如何使用扬声器布局中的 LFE 声道，与混录电影时相比会多一些疑问。

- **电影 / 电视混音**：在电影混录中，LFE 声道主要用于制作低音隆隆效果声，或爆炸声，以及任何带有极低频率的声音（如飞机，大炮等）。对白频率不太可能下到那么低的频率（*Darth Vader* 倒有可能），甚至大部分电影配乐都用不上（当然，这取决于音乐风格）。

- **音乐混音**：在音乐中，低频是非常重要的，要么你有一组全频扬声器可以下潜到很低的频率，要么你使用一只，有时甚至多只低音扬声器分别做低音管理。这意味着，如果你无法确定终端消费者用的是否是全频扬声器，就不能只将贝斯和底鼓送到中声道。但把它们送入 LFE 可能会带来其他的麻烦。

➡ **注意事项**

关于杜比全景声音乐混音中的低频，你必须考虑以下几个重要因素。

⭕ **假设是全频扬声器**

杜比全景声的建议是使用可以覆盖全频范围的扬声器。但是，与普通立体声扬声器一样，你无法知道最终用户安装和收听用的是什么系统配置。

⭕ **只是支持而已**

LFE 声道应只是能够**支持**低频信号，但这不意味着低频信号必须仅由它来**托管**。

⭕ **声音对象不能"访问"LFE**

不像音床声道那样允许你以传统方式将信号路由到任何可用的通道，包括 LFE 通道，声音对象的 *XYZ* 元数据不包括 LFE。这意味着，你在数字音频工作站中分配至声音对象的任何一轨（如贝斯或底鼓）都不会分到 LFE 里。这意味着这些信号的低频延展取决于所用扬声器的频响范围。

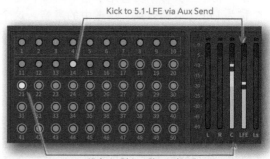

Kick to 5.1-LFE via Aux Send

Kick via Object Channel to C

⭕ **借助 Aux 送给 LFE 的技巧**

可以借助 Aux 发送的方法实现。将一轨即便已经被映射到声音对象通道的音频信号直接发送至一组音床通道中的 LFE 子通道，以此作为变通解决方案。

⭕ **再渲染（下混）时遇到的低频累积问题**

在向所有扬声器发送低频信号时，值得注意的另一个点是当作品回放或经过再渲染（下混）输出到一组声道数量没有原先多的扬声器布局时会发生什么情况。例如，对于在 9.1.6 监听环境下制作的节目，拿到 5.1.2 甚至立体声监听环境下播放时，本来由 9 只侧、后环绕扬声器和 6 只顶环绕扬声器发出的所有低频信号可能会带来低音的浑浊。原本每只扬声器发出的低频信号在下混时堆叠在较少的扬声器中可能会造成能量过大。

⭕ **立体声"这里没有 LFE"**

对于生成的立体声下混和立体声耳机信号，原有 LFE 声道中的任何信号都将被丢弃！不过，双耳音频渲染里没有丢弃 LFE 信号，它将 LFE 信号提升 5.5dB 后并入了左声道和右声道中，双耳音频渲染模式设置为关闭。

➡️ 低音管理

低音管理的工作可能很棘手，但有必要从下面 3 个层面来考虑。

☑ 你的系统里是否用到了低音管理？

☑ 你是如何在杜比全景声渲染器中配置低音管理设置的？

☑ 最终听众在家里是如何配置他们的 AV 功放的？

⚪ 低音管理—立体声

右图是一张简单的图，来解释低音管理的概念。

▸ 你有一对立体声扬声器和一只低音炮。

▸ 立体声信号在到达左右扬声器之前先经过一组高通滤波器 ❶，它确保只有高于某一截止频率（即 80Hz）的信号才被送入立体声扬声器。

▸ 立体声信号（并行）通过两次调整到达低音炮。左右声道信号首先被合并为一路单声道信号，然后经过一组低通滤波器 ❷，该滤波器只允许低于某一截止频率的信号通过（也是 80Hz）。

▸ 低音管理的工作内容类似于交警，它将真正的低频分流给低音炮 ❸，而其余的频率则留给立体声扬声器 ❹，这样扬声器都各尽其职，只播放他们"擅长"的频率。

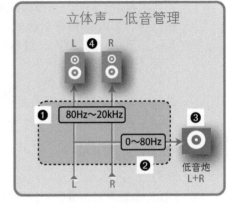

⚪ 5.1（没有包含低音管理）

5.1 环绕声的配置里其实并不包含传统概念中服务于所有声道的低音炮（如上述立体声示例中用到的）。其实，它是一只（物理上类似于低音炮）扬声器 ❺，它专门用来还原一个称为 LFE（低频效果）声道中的声音。这个声道的内容是混音师特意制作的，并基本只向其发送频率较低的信号，如爆炸声、隆隆声、地震声。

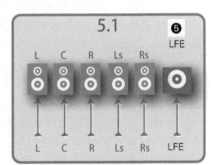

⚪ 低音管理—5.1

以下是一套集成低音管理的 5.1 环绕声系统的示例。音箱声道数量更多的杜比全景声扬声器布局概念也是相同的。

▸ 播放时除 LFE 以外的所有信号进入扬声器前都经过高通滤波器 ❻，因此它们只播放超过截止频率（即 80Hz）的部分。

▸ 除 LFE 声道之外的所有其他信号都被求和并经过低通滤波器 ❼ 送到 LFE 扬声器，它只播放这些信号的低频部分。

▸ 同时，之前混音师将很多低频信号（如爆炸声，地震声）送至 LFE 声道 ❽，这些信号仍将发送至 LFE 扬声器。

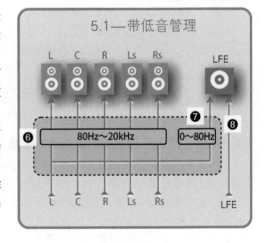

◯ **杜比全景声和低音管理**

现在，让我们来看看杜比全景声是如何集成低音管理的。因为这会增加另一层配置元素。请先记住以下 3 个要素。

☑ 你可以在杜比全景声渲染器中配置并开启"低音管理"，这样在做杜比全景声混音时便可以用这种方式来监听。

☑ 这一设置不会影响到最终的声底或录制完成的 Dolby Atmos Master File（杜比全景声母版文件）的内容。它只是纯监控设置，且与耳机输出的处理也无关。

☑ 最终听众在自己的 AV 功放中也都有各自的设置，他们可以根据自己的场地实际情况来进行配置。

要设置，请打开"Preferences（首选项）"窗口，然后选择 Speaker（扬声器）❶ 选项卡。

在 Speaker bass management（扬声器低音管理）下，你会看到以下参数。

▸ **频率 ❷**：click Frequency（频率）打开下拉菜单 ❸。你可以在这里选择 Off（关闭）这一选项来关闭低音管理。如果你选择的是 18 个频率中的任何一个，那么这将打开低音管理，并将截止频率的分频点设置为 45 ~ 200Hz 的任何可选值。启用这一设置后，渲染器输出给每只扬声器的实际信号（完成基于扬声器的渲染之后）将根据此菜单选择应用相应的高通滤波器。低于截止频率的所有部分都会被转送到 LFE 通道。

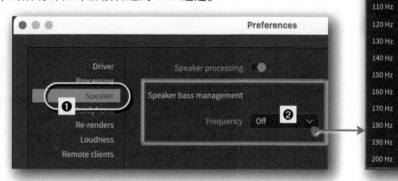

要记住，声音对象不能通过声像定位器分配到 LFE 通道，只能分配到房间中的 *XYZ* 坐标。因此，通过这个方式其实可以变相将声音对象分配到 LFE 扬声器，尽管这种方式不会被记录到母版中且只在回放时起作用。

杜比全景声渲染器 v3.5 提供了另一个用于低音管理的选项，不过在 v3.7 中被移除了。

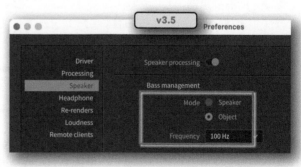

▸ **声音对象**（扬声器前置处理）❹：启用此模式后，将在扬声器渲染器将空间位置信息转换为实际扬声器信号之前对各个声音对象通道（和音床通道）的音频信号都应用高通滤波器。声音对象中被过滤掉部分（低于截止频率）将被分配给 LFE 声道。

在将 v3.5 版本的渲染器配置文件导入到 v3.7 时，系统会将之前对声音对象设置的分频点配置到扬声器端，使结果保持一致。

监听控制器

即便在中小型的杜比全景扬声器布局中，也不能只照着图纸把扬声器和音频接口之间的喇叭线连上，并在杜比全景声中配置好监听路由就可以直接用了。你必须在系统里加入某种监听控制器，于是门槛被进一步提升了，你的购物清单也更长了。有关它的详细信息就不在本书中详谈了。

顺便提一下，信号链路的这一部分被称为 B 环（B–Chain），这是一个继承自胶片电影时代的术语，而 A 环是指监听之前的信号链路。

◉ 模拟观众在家时的监听

还记得，我之前展示了一张大的对比图表，它比较了你在棚里使用的杜比全景声渲染器的监听控制功能和最终消费者那里用来播放杜比全景声作品时用的各种设备。尽管你可以模拟不同配置的扬声器布局，还是可以通过耳机检查双耳渲染版本，甚至模拟信号链路下游才加入的空间编码，但你依然不能将智能音箱或回音壁音箱（Soundbar）直接连接到杜比全景声渲染器的监听输出上并使用扬声器虚拟化来聆听你的作品在这些系统中听起来怎么样。

你只能再开辟一间单独的听音室，并装备上家用视听设备来完成这一目的了。

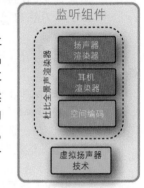

◉ 扬声器的静音和 Solo

你可以在 Speaker Layout（扬声器布局）区域对个别扬声器静音（X）。

▸ 针对单只扬声器的操作。
  • 静音：在扬声器上 `click`。在另一只扬声器上 `click`，静音这只扬声器，同时对所有其他已静音的扬声器取消静音。
  • Solo：在扬声器上 `cmd` `click`，使所有其他扬声器静音。
  • 切换：`shift` `click` 单只扬声器的静音开关，而不影响任何其他扬声器的状态。

▸ 同时对一个区域的扬声器操作（圈选）。
  • 静音：`drag` 多只扬声器组成的区域。
  • Solo：`cmd` `drag` 多只扬声器圈成的区域，来 Solo 这些扬声器而静音其他扬声器。
  • 切换：`shift` `drag` 多只扬声器圈成的区域，在不影响任何其他扬声器状态的情况下对其进行静音 / 取消静音切换操作。

▸ 所有扬声器。
  • 静音：`cmd` `click` 在后台。
  • 取消静音：`click` 在后台。

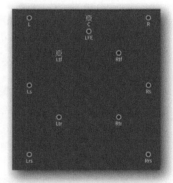

◉ 扬声器调低音量（Speaker Dim）和声道静音（Channel Mute）

右上角的 Attenuation Section（音量衰减部分）❸ 提供了监听控制。

▸ **Dim（音量衰减）**：按切换开关来按照左侧指示的 Dim 值降低扬声器的音量。

▸ **Dim（音量衰减）值**：你可以 `drag` 向上 / 向下转动旋钮或在数字区域中 `double-click` 输入介于负无穷和 0dB 之间的任意数值。

▸ **Mute（静音）**：此按钮可静音所有声道。音床和声音对象按钮也会变为红色。

▸ **Beds（音床）**：此按钮可静音所有分配给音床的输入通道。

▸ **Objects（声音对象）**：此按钮可静音所有分配给声音对象的输入通道。

Trim & Downmix（微调和下混）设置

渲染器的概念比我们迄今为止讨论的还要复杂一些。遗憾的是，我们不得不将它放一放，因为用户可以在杜比全景声渲染器中配置更多设置和功能。

在接下来的几页中，我将介绍更多图表，希望这些图表能够帮助你理解这些概念以及如何正确配置各种设置。

➡ 基础概念

以下是有关渲染器用途的基础概念。

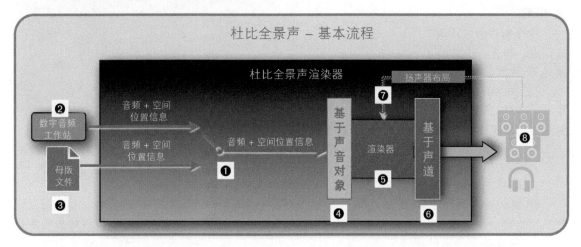

杜比全景声 – 基本流程

- **Source（源）**：你 ❶ 通过杜比全景声渲染器播放的音源要么来自数字音频工作站的输出 ❷，要么来自已经录好的 Dolby Atmos Master File（杜比全景声母版文件）❸。
- **Object-Based Input（基于声音对象的输入）** ❹：这两种源会分别携带音频和声音定位信息。128 个音频信号中的每一个信号都被视为一个声音对象（我们暂时忽略音床），它们都包含各自的元数据，即声音对象在三维空间中的位置信息。
- **Renderer（渲染器）** ❺ 渲染器是杜比

全景声渲染器应用程序的大脑、心脏和灵魂。一定要记住，消费者手里的任何支持杜比全景声的播放设备都包含这一组件。这一组件的用途是：根据扬声器布局将基于声音对象的输入，即每个独立的音频和元数据信息转（渲染）为纯音频输出信号。

- **Channel-Based Output（基于声道的输出）** ❻：渲染器需要知道 ❼ 扬声器布局信息 ❽，它将用此信息完成（包含在元数据中的）每个对象的声像定位信息的转换。可以是 7.1.2 或 9.1.6，甚至只是 5.1 或立体声。

◯ 需要帮助

那么，渲染器如何实现这一神奇的转换呢？杜比可能会轻松回答："不用担心，交给我们来处理"。但事实并非如此，因为渲染器是需要你的帮助的。

在某些内容上，你可以提供信息来优化渲染过程以获得最佳效果。

➡️ 微调和下混控制

这个 Trim and Downmix Controls（微调和下混控制）❶ 窗口是专门提供给你来调整影响渲染器渲染结果的各种不同参数的。你可以通过以下两个命令之一来开启它：

- 📌 菜单命令 **Window（窗口）> Trim and Downmix Controls（微调和下混控制）**❷
- 📌 键盘命令 `cmd` `T`

⚪ 概念

这个窗口中涉及两个知识点。首先，你必须了解这些参数是什么意思（这可能听起来有些过于技术了），但更重要的是，

你必须知道应该在何时何处应用这些参数 ❸。我试着用下面这个图示来说明一下。

- ▶ **扬声器渲染器（实时监听）**❹：正如我们在上一页所看到的，扬声器渲染器将各自独立的基于声音对象的声音信号转换为可用于特定扬声器布局的每只扬声器输出通道的信号。这便是 Trim and Downmix Controls（微调和下混控制）起作用的地方。

- ▶ **Re-renders（再渲染）（Playback & Downmix，回放和下混）**❺：Re-renders ［再渲染（下混）］是杜比全景声渲染器提供的一项功能，可让你基于声音对象的信号生成基于声道的媒体文件。我稍后会讲到这些内容，但现在你们已经知道了 Trim and Downmix Controls（微调和下混控制）将影响到渲染结果。

- ▶ **母版文件（录制）**❻：在混音时，杜比全景声渲染器中的配置不仅会影响监听，而且它们还将以元数据的形式嵌入 Dolby Atmos Master File（杜比全景声母版文件）中。当你稍后加载母版文件时，这些嵌入的设置将被加载到 ❼Trim and Downmix Controls（微调和下混控制）窗口中，并将其携带到你导出的所有交付文件中，并一路传递到最终用户手里的杜比全景声播放设备 ❽。他们手中的设备会用这些设置来优化播放体验。

正如你所看到的，这些设置有深远的影响。

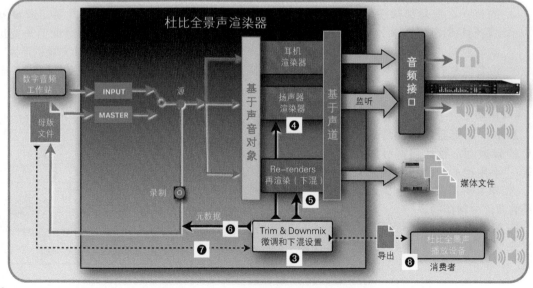

⮕ 幕后

到目前为止，我们一直把渲染器当作一个"黑盒子"，让它来发挥神奇的作用。我们知道送入黑盒子的是什么内容❶（音频 + 空间位置元数据），也知道它送出的是什么内容❷（输出给扬声器通道的信号）。为了了解 Trim and Downmix（微调和下混）窗口❸中影响黑盒子"魔力"的各种参数，我们必须更加深入探究一下。

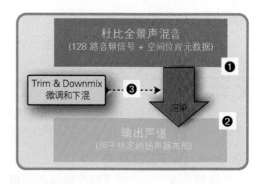

下面是另一张图，让我们来仔细了解一下渲染器上下文中提到的这些外部参数。

- ▸ 红色的 Dolby Atmos Mix（杜比全景声混音）❶ 框代表渲染器的输入，即最多 128 路音频信号，其中包含多达 118 组独立的空间位置元数据。
- ▸ 紫色箭头 ❹ 代表将输入转换为特定数量的扬声器输出通道 ❺ 的渲染过程。
- ▸ 每组扬声器布局都需要不同的运算（渲染），因为渲染器必须将声音对象的音频信号发送到可用的扬声器通道，使该声音对象相对于听众来说的原始空间位置坐标保持不变（如，一路向上，左半边或一路向后），无论他们有多少个可用的扬声器（11.1.10 或 7.1.2），声音对象都出现在同样的位置。
- ▸ 黑盒中的算法足够智能，可以满足大多数扬声器布局和双耳音频渲染的需要。但是，如果可用的扬声器数量越来越少，这就会变得比较棘手，尤其是当你没有任何顶部扬声器（比如 5.1❻），甚至没有任何环绕扬声器（比如 2.0❼）时。
- ▸ 对于那些"没有任何顶部扬声器"和"没有任何环绕扬声器"的布局，其实并没有所谓的"适合所有情况的一个算法"。它通常取决于内容的类型，这也是杜比全景声渲染器为什么允许你选择更适合你作品的设置的原因。虽然看起来有越来越多的内容需要学习，但将参数保留在其默认值也不失为最佳选择。好消息是，你调整时可以随时听到应用后的实时效果，因此你可以不断尝试各种参数直到满意为止。
- ▸ 这里有两类设置。
  - ☑ **Trim（微调）** ❽：你一共有 4 个微调控制参数，可用于调整特定扬声器的增益（如环绕扬声器，顶部环绕扬声器，顶部环绕声的前 / 后平衡，所有环绕声的前 / 后平衡）。这 4 个微调控件可为 3 套扬声器布局分别设置：7.1、5.1.2，以及用于 5.1 和 2.0 布局的第 3 套设置。
  - ☑ **Downmix（下混）** ❾：你可以为 5.1 扬声器布局和 2.0（立体声）扬声器布局选择不同的下混算法。

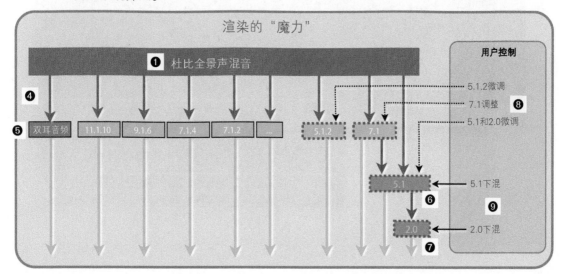

➡️ 微调和下混控制窗口

以下是 Trim and Downmix（微调和下混）控制窗口的界面（在杜比全景声渲染器 v3.7 更新中已发生了相当大的变化）。

⚪ 页面选择

与 Input configuration（输入配置）窗口和双耳音频渲染模式窗口类似，Trim and Downmix（微调和下混）控制窗口也有两个选项卡，可在 Input（输入）❶ 和 Master（母版）❷ 之间切换。

⚪ Downmix 下混控制 ❸

这两个页面均提供了两个选择器，用于在 4 种 5.1 和 5.1.x 的下混 ❹ 算法中选择，以及在 3 种 5.1 至 2.0 的下混 ❺ 算法中选择。

⚪ 微调控制 ❻

这两个页面均提供了不同的微调控制，用于在下混前调整不同扬声器通道的电平。

⚪ 覆盖母版中的下混设定 ❼

只有 Master（母版）页有这一部分，它是用于对已完成的母版文件使用另外的下混算法来获得监听和再渲染（下混）信号。

⚪ 操作按钮 ❽

两个页面底部各有 4 个按钮，用于触发各项操作。

➡️ **功能**

关于 Downmix（下混）和 Trim（微调）的控制，有许多小细节需要注意。有哪些按钮被选择了，在什么位置和在什么情况下做的，所有这些都会造成不同的结果。让我们从 Input（输入）和 Master（母版）这两个页面的功能开始看。

- 微调和下混控制窗口不是对话框，它可以在切换到主窗口时保持打开状态。
- 你不仅可以通过 click Input❶ 或 Master❷ 选项卡在两个页面之间进行切换，还可以通过 click 主窗口上的 Input❸ 按钮或 Master❹ 按钮切换。
- 微调和下混控制窗口的设置对高于 5.1 配置的扬声器布局或双耳音频渲染混音没有影响。

⭕ **Input（输入）**

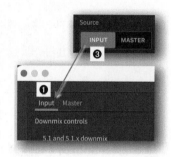

Input（输入）❶ 页面上的设置会对以下 3 个操作产生影响。

▶ **监听**：在主窗口的源中选中 Input❸ 按钮后，输入页面上的下混和微调设置将实时应用于来自 DAW 的输入信号。

▶ **再渲染（下混）**：当在源选择 Input❸ 按钮时，Input 页面上的下混和微调设置将应用于 DAW 的再渲染（下混）（实时再渲染）。这很容易被忽略：两个不同的再渲染（下混）源（输入或母版信号）可以有各自不同的下混和微调设置。

▶ **录制声底**：当录制新的母版文件时，Input 页面上当前的设置将以元数据的形式与该母版文件一同保存。

⭕ **母版**

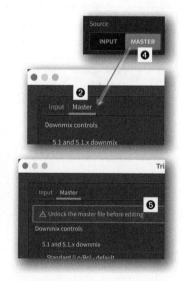

母版选项卡 ❷ 仅在加载了母版文件时可用。加载母版文件后，杜比全景声渲染器将检索与该文件存储在一起的下混和微调设置，并将其显示在微调和下混控制窗口的母版页上。

Input 页面上的设置会对以下 3 个操作产生影响。

▶ **编辑元数据**：在 Master❷ 页面上更改任何设置都将在你单击 Accept 按钮后将设置更新到母版文件中，无需保存命令。如果母版文件已经被锁定了 🔒，则页面将显示一条消息 "Unlock the master file before editing（在编辑之前需解锁母版文件）❺"。

▶ **监听**：在主窗口的 Source Section 中选中 Master❹ 按钮后，Master 页面上的下混和微调设置将实时作用于母版文件的回放。Overwrite master downmix（覆盖母版文件的下混设置）❻ 选项允许你选择与母版文件中存储的算法不同的下混算法。

▶ **再渲染（下混）**：当在源中选择了 Master 按钮时，Master 页面上的下混和微调设置将应用于 DAW 的再渲染（下混）（实时再渲染）及基于文件的再渲染（离线超实时）。Overwrite master downmix 选项允许你选择与母版文件中存储的算法不同的下混算法。

5.1 Downmix（5.1 下混）提供了 4❶ 种可选的算法，2.0 Downmix（2.0 下混）提供了 3❷ 种可选的算法。

◯ 输入（数字音频工作站）源

监听、再渲染或录制时，Input（输入）❸ 页面上的设置都会影响来自数字音频工作站的信号。

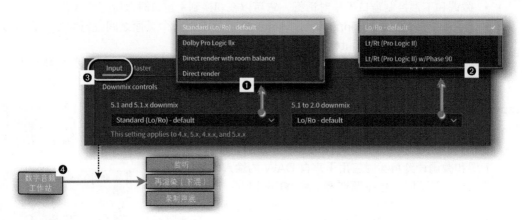

◯ Master Source（母版源）

母版 ❺ 页面显示已加载的母版文件 ❻（它导入的元数据）的设置，并允许你编辑 ❼ 他们。在监听和再渲染（下混）母版文件 ❽ 时所应用的设置取决于 Overwrite master downmix（覆盖母版文件下混）❾ 开关。将此开关设置为"关"时，它将使用"母版"中自带的设置。将开关设置为"开"时，你可以选择不同的下混算法 ❿ 来监控再渲染（下混），而无需更改母版文件的设置。

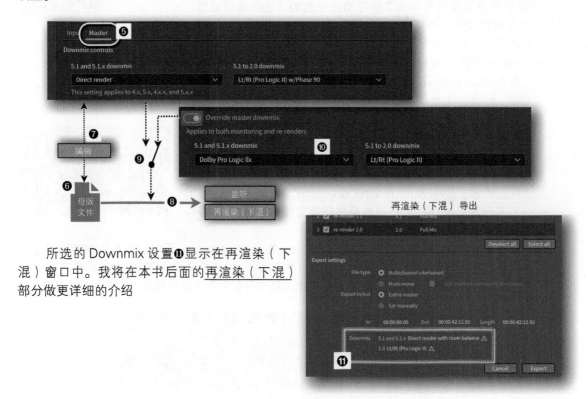

所选的 Downmix 设置⓫显示在再渲染（下混）窗口中。我将在本书后面的再渲染（下混）部分做更详细的介绍

◯ 已锁定的窗口

每次用杜比全景声渲染器录制完成杜比全景声母版文件（DAMF）后（我会在稍后讲述），渲染器都会在母版文件（< 母版文件名称 >.atmos）中写入 Trim（微调）和 Downmix（下混）控制窗口中的设置。

当你在杜比全景声渲染器中打开一个母版文件时，这些设置将被加载到 Trim（微调）和 Downmix（下混）控制窗口的 Master（母版）页面中。但当你打开 Trim（微调）和 Downmix（下混）控制窗口时，会发现参数都是被锁定的，因为你要做的任何更改都会覆盖原母版文件中的这些设置，因此你必须先将其解锁。

- ☑ 打开母版文件 [菜单命令 **File（文件）> Open Master File（打开母版文件）**]。
- ☑ 解锁母版文件。通过在杜比全景声渲染器的右上角 Master File（母版文件）区域 ❶ `click` 选择器 ❷ 🔽 打开 Option（选项）菜单 ❸，然后在横拨开关 ❹ 🔒 上 `click` 解锁。🔒 仅杜比全景声母版文件集合（.atmos）可以被解锁，但其他格式的母版文件，如 ADM BWF 或 IMF IAB 均不能被解锁。
- ☑ 如果你打开 Trim（微调）和 Downmix（下混）控制窗口（ `cmd` `T` ）并选择母版选项卡，如果当前文件是被锁定的，则会显示一条警告信息 "Unlock the master file before editing（在编辑前请先解锁母版文件）" ❺。
- ☑ 解锁文件后，当你 `click` Accept（接受）按钮关闭窗口时，你在该窗口中所做的任何更改都将写入 .atmos 文件。无需另外的保存命令。
- ☑ 当你用文本编辑器打开母版文件（.atmos 文件）时，可以查看所有单独的设置 ❻（但仅当它们与默认设置不同时）。

atmos 杜比全景声母版文件

➡️ 5.1 下混

有 4 种可用的算法 **❶** 供选择来完成杜比全景声混音如何下混为 5.1 混音。

⬤ Standard Lo/Ro（标准 Lo/Ro）

杜比全景声混音先渲染为 7.1，再使用下面的公式下混
为 5.1，并生成 5.1 的左右环绕声道。如你所见，7.1 的侧
环绕（ss）和后环绕（rs）只是被简单相加，便得到了 5.1
的环绕声道

- Ls = 0 dB x Lss + 0 dB x Lrs
- Rs = 0 dB x Rss + 0 dB x Rrs

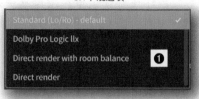

5.1下混选项

⬤ Dolby Pro Logic IIx（杜比定向逻辑 IIx）:

杜比全景声混音先渲染为 7.1，再使用下面通常名为
"Dolby Pro Logic IIx（杜比定向逻辑 IIx）"的公式下混为 5.1，
并生成 5.1 的左右环绕声道。这是一种矩阵编码技术，用于
将 7.1 混音中的后环绕编码为 5.1。

- Ls = Lss + (−1.2 dB x Lrs) + (−6.2 dB x Rrs)
- Rs = Rss + (−6.2 dB x Lrs) + (−1.2 dB x Rrs)

Lo/Ro 代表"Left Only / Right Only
（只有左/只有右)"，表示在混音
两通道信号时没有用到矩阵编码，
只有普通的立体声。

⬤ Direct render（直接渲染）

这种算法不再先渲染到 7.1 后使用某种传统的下混算法获得 5.1。在此模式下，5.1 混音是通
过 Dolby Atmos Rendering Engine（杜比全景声渲染引擎）创建的，它使用环绕扬声器和银幕主
扬声器的虚拟声像，在中央收听位精确地重塑了整个声场，以保持后环绕和侧环绕的定位感，这
一定位感在使用其他下混算法时会被丢失。

⬤ Direct render with room balance（加入房间平衡的直接渲染）

这是一种更高级的直接渲染算法，可减少由声音对象通过虚拟声像技术被定位在从前到后的
中间位置时带来的梳状滤波效应，并避免前重后轻的问题。Room Balance（房间平衡）是指渲染
器如何处理定位在房间中间到后部的内容。使用这一设置时，在房间中间到后部之间的环绕扬声
器会以恒定电平播放内容，而只有当声音被定位于房间前半部时才启用虚拟声像技术。在 3.5 版
之前，此设置一直被称为 Direct Render with warp（变形
直接渲染）。

➡️ 5.1 到 2.0 的下混

立体声是通过两步得到的。首先，根据 5.1 下混的设
置获得 5.1，然后使用下面的 3 种可选算法中的任何一种
再下混得到 2.0。

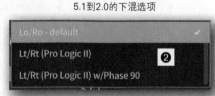

5.1到2.0的下混选项

⬤ Lo/Ro

如字母"o"［表示"Only"（只有）］所示，这是一种普通的未经矩阵编码的立体声信号。中
声道降低 3dB 电平后被添加到左和右主声道，环绕声道也降低 3dB 电平后合并到相应侧的左或右
主声道。LFE 通道被丢弃（"迷失在转换中"）。

- Lo = L + (−3 dB x C) + (−3 dB x Ls)
- Ro = R + (−3 dB x C) + (−3 dB x Rs)

◉ Lt/Rt (Pro Logic II Legacy)（已停产的定向逻辑 II）

这是基于 Pro Logic II（定向逻辑 II）矩阵编码算法获得的立体声信号。这意味着环绕声道信息日后是可以从立体声信号中提取得到的。

- Lt = L + (−3 dB x C) − (−3 dB x Ls) − (−3 dB x Rs)
- Rt = R + (−3 dB x C) + (−3 dB x Ls) + (−3 dB x Rs)

> Lt/Rt 代表"Left total / Right total（左侧全部/右侧全部）"，其中每个声道都包含矩阵编码信息作为其总内容的一部分。

◉ Lt/Rt (Pro Logic II w/Phase 90)（带 90° 相位偏移的定向逻辑 II）

90° 相位偏移滤波器将对 Ls/Rs 信号完成全通道 90° 相移，从而减少不想要的信号抵消，改善声像定位效果并获得更适合的矩阵解码。强烈建议在任何 Lt/Rt 下混时都使用 90° 相移。

- Lt = L + (−3 dB x C) − (−1.2 dB x Ls) − (−6.2 dB x Rs)
- Rt = R + (−3 dB x C) + (−6.2 dB x Ls) + (−1.2 dB x Rs)

下图显示了各种下混选项。

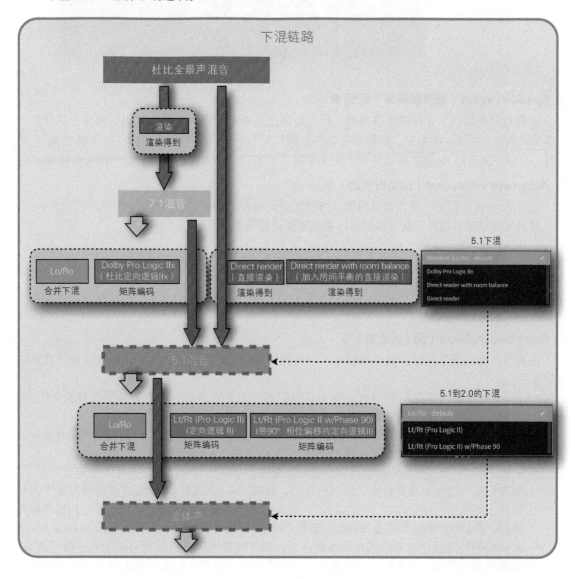

➡️ 微调控制

Trim（微调）和 Downmix（下混）控制窗口的下半部分是微调相关的所有控制选项。这些是在下混前应用在各扬声器声道上的电平值修正，用来避免任何由下混后声音叠加积聚而引发的"副作用"。

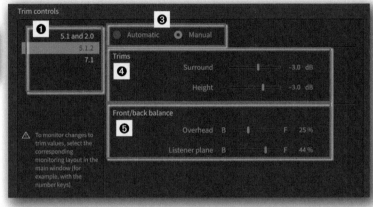

⚪ Speaker Layout（扬声器布局）区域 ❶

左侧的列表提供了 3 种扬声器布局，你可以通过选中某一种来单独对其进行调整。只要在一个选项上 click，便可以选中它。如果你在当前主窗口的监听区域选中了某一个"扬声器布局"，则会有一只扬声器图标 ❷ 🔊 出现并显示在 3 个选项中的这一个上。这样你可以立即听到效果。

⚪ Automatic vs. Manual（自动与手动）❸

Automatic（自动）使用默认设置。所有控件均呈灰色显示。

选择**手动**将激活控件，然后你便可以根据需要进行设置。

⚪ Trims（微调）❹

▶ Surround（环绕声）：你可以先将环绕扬声器声道的音量降低最多 9dB，然后再用其进行下混。

▶ Height（顶环）：你可以先将顶环扬声器声道的音量降低最多 12dB，然后再用其进行下混。

⚪ Front/back balance（前 / 后平衡）❺

这部分控件决定了顶环、侧环和后环下混时将被如何平衡地分配，从而使声像位置更靠前还是更靠后些。

▶ Overhead（顶环）：你可以设置顶环扬声器声道的百分比，以更多地强调靠前（F）或靠后（B）顶环扬声器声道中的内容。

▶ Listener plane（人耳所在横截面）：你可以设置环绕声道和前置扬声器声道的百分比（人耳所在横截面），以更多地强调前方（F）或后方（B）扬声器声道中的内容。

请注意，你可能需要根据作品的内容对这些设置进行不同的调整。下面是两个示例。

• 如果你有一首杜比全景声格式的流行歌曲，并在顶环和环绕扬声器组成的空间摆放了各种乐器，并使它们在空间中"各占其位"，那么你可能希望作品被下混到较小配置的扬声器布局时，能确保所有这些都会被保留（音量足够）（可以考虑，Trims = 0dB，Balance = 0%）。

• 如果你有一首杜比全景声格式的古典音乐，则环绕和顶环扬声器里可能主要是房间混响。如果将这些声道被合并到较小配置的扬声器布局或立体声，那么这些房间混响可能会较直达声比例更大（因此可以考虑：Trim = −6dB）。

◯ 扬声器图标

当你在 Monitoring Selection（监听选择）❶ 设置为特定的"Speaker Layout"（扬声器布局）❷ 时，你可以听到 Trim Controls（微调控制）（试听）的效果。如果当前在 Monitoring Selection（监听选择）❶ 中选中这个 Speaker Layout（扬声器布局），则 Trim（微调）和 Downmix（下混）控制窗口的 Trim（微调）部分下的蓝色区域将显示一只扬声器图标 ❸ 🔊 。

如果你打开了 Trim（微调）和 Downmix（下混）控制窗口后在主窗口的监听 ❶ 部分更改了扬声器布局，则 Trim（微调）选项 ❸ 将自动跟随所选的监听变化。

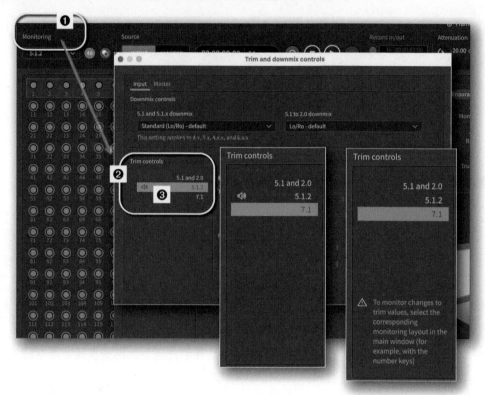

◯ 类似的扬声器布局

尽管"微调"控件仅列出 3 种扬声器布局，但这些设置其实也适用于未列出的其他类似扬声器布局。请参考下方列表来解读所列出的相应名称。

- ▶ **有一些环绕，但没有顶环**：5.1 和 2.0，以及 4.0 或 3.1 或 2.1 等；
- ▶ **有一些环绕，也有一些顶环**：5.1.2 或 4.1.2；
- ▶ **有许多环绕，但没有顶环**：7.1 以及 9.1 和 11.1。

➡️ 操作按钮

在 Trim（微调）和 Downmix（下混）控制窗口底部有 4 个操作按钮，虽然它们可能不太显眼。

⊙ 设置相同

如果 Input（输入）和 Master（母版）页面上的设置相同，那么 Trim（微调）和 Downmix（下混）控制窗口底部的两个按钮的会处于非激活状态，几乎不可见：Copy settings from input to master（将设置从输入复制到母版）❶ 和 Copy settings from master to input（将设置从母版复制到输入）❷。

⊙ 设置不同

如果 Input（输入）和 Master（母版）页面上的设置不同，则会发生以下情况。

▸ 主窗口的左下方将显示状态消息 "Trims and downmix"（微调和下混）和一个橙色 LED 指示灯 ❸。

▸ Trim（微调）和 Downmix（下混）控制窗口底部的两个按钮 Copy settings from input to master（将设置从输入复制到母版）❹ 和 Copy settings from master to input（将设置从母版复制到输入）❺ 现在处于激活状态，你可以按 click 它们，在两页之间复制设置。复制完成后，这些按钮会再次变为非激活状态。

▸ Overwrite master downmix（覆盖母版下混参数）的设置不受这些操作的影响。

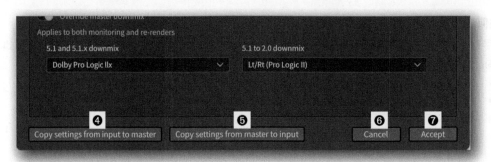

⊙ Cancel（取消）/Accept（接受）

这两个按键的功能与其他软件一样。

▸ Cancel（取消）❻：Cancel（取消）按钮的功能是关闭窗口并放弃你在打开窗口时所做的所有更改。你也可以按 esc 键或单击窗口左上角的红色关闭窗口按钮 ●。

▸ Accept（接受）❼：Accept（接受）按钮关闭窗口并应用你所做的所有更改。你也可以按 return 键两次。

空间编码

这是杜比全景声的另一个重要组成部分，因为它影响着杜比全景声的扬声器回放。它会被应用和记录在你的杜比全景声作品中并一路跟随内容的传输链路，同时你可以在杜比全景声混音中听到模拟它在应用后的效果。它便是空间编码。

➡️ 概念

⬤ 空间编码 ≈ mp3？

假设你混一首歌，然后将它生成为 WAV 或 AIFF 文件，文件里包含了你作品的每一个细节。但当你的作品最终到达消费者手中，他听到的却是一首编码为 mp3 格式的歌曲。因而，他们可能无法听到你在聆听 WAV 或 AIFF 文件时感受到的全部细节。

当杜比全景声作品被应用空间编码后，以流媒体格式传输到终端消费者并在他们的杜比全景声家用系统上收听时，也会发生类似的情况。他们听不到你能听到的最精确的 3D 空间定位，虽然杜比强调准确定位是其系统的优势。其实是这样的。电影院中的确可以感受到杜比全景声所带来的最精准的空间定位，但在家庭影院中这方面的要求不是那么高。

⬤ 它有什么作用？

假设你使用所有 118 个声音对象通道及其各自的空间位置坐标元数据，和 10 个音床声道。这意味着，当你通过互联网传输杜比全景声混音作品时，必须传输所有一共 128 个音频通道。我们不是在讨论流式传输立体声（2 个通道）或环绕声（6 ~ 11 个通道）音频信号，而是 128 路音频信号。而这一带宽还没有算上你要同步传输的 4K 影片的画面信号。

于是就需要空间编码来拯救世界了。但是，这一次解决方案不是通常在有损编码（如 mp3，AAC）时所用到的丢弃部分数据，而是合并数据，重新分配空间位置坐标。

⬤ 元素的概念

以下是一个简单的模型，用于演示空间编码的工作原理。

- 左侧是一个三维空间，其中抓取了一个时刻各种声源所在的位置。绿色是音床通道，蓝色是声音对象通道，橙色表示 LFE 通道。
- 右侧展示了空间编码正在执行的操作。它创建集群（紫色环），将附近的声源整合（聚合）在一起。
- 这些集群称为"元素"，在本例中，我们有 12 个元素，将每个源在特定时刻的共计 21 个点位整合到这些元素所在的 12 个位置。
- LFE 始终占用一个自己专属的元素代表。
- 因此，空间编码会降低杜比全景声作品的空间分辨率。
- 请记住，图中看到的只是一个实时快照，因为创建集群的过程是动态的，这意味着它们的位置会根据对象的移动而不断变化。因此，这些元素的位置会发生变化，但总数不能超过 12（或 14，或 16）。

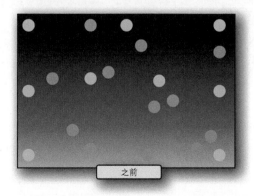

之前

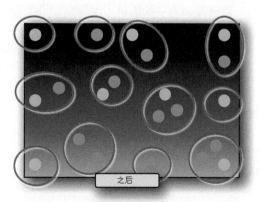

之后

➡ 杜比全景声渲染器的执行

下面的图显示了使用杜比全景声渲染器中的 Spatial Coding（空间编码）设置可以实现什么。

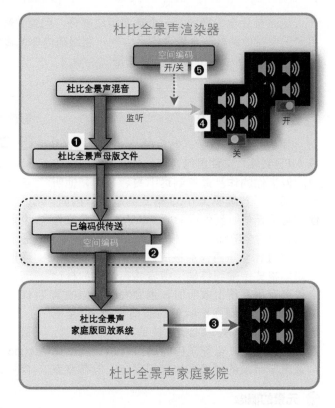

- 杜比全景声渲染器中完成的最终版杜比全景声作品将被导出为包含所有音频通道和元数据的 Dolby Atmos Master File（杜比全景声母版文件）❶。

- 要使用流的方式传输最原始的杜比全景声母版文件，需要大约 130 Mbit/s 的带宽。

- 在母版文件编码过程中应用空间编码 ❷，以使其小到可以通过流媒体传输。

- 终端消费者通过扬声器 ❸ 播放杜比全景声内容时，听到的是应用空间编码后的版本。

- 当你在杜比全景声渲染器中收听杜比全景声作品时，你将听到原始的混音版本 ❹，这意味着它与终端用户收听的声音 ❸ 不同（除了因扬声器布局带来的不同）。

- 不过，杜比全景声渲染器可以模拟空间编码过程 ❺，让你收听到更接近终端用户听到的效果。

⚪ 空间编码设置

选择 Preferences（偏好设置）中的 Processing（处理）❻ 选项卡后，会看到空间编码的两个设置。

- ▶ **空间编码仿真 ❼**：`click` 可以在打开和关闭间切换。
- ▶ **元件数量 ❽**：在选择器上 `click`，打开一个包含 3 个选项的下拉菜单，12、14、16。这将确定"空间编码"将要把 128 个对象和音床通道的数量减少到多少个元素，12、14 还是 16 个元素，其中邻近的对象会被"动态"组成立体集群。
- ▶ **双耳渲染**：空间编码不会被应用于双耳音频渲染输出上。

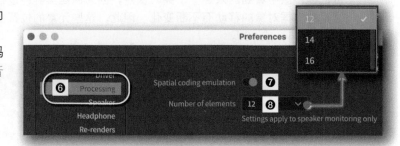

⚪ 使用什么？

对于蓝光光盘，编码器可以根据可用的数据大小（可用带宽）选择 12、14 或 16 个元素。DD+ JOC 使用 12 个元素数量对应的码率为 384kbit/s，使用 16 个元素数量对应的码率为 448kbit/s。AC4-IMS 编码不使用空间编码。

在混杜比全景声时，有一些要点需要注意。例如，你的棚里所安装的扬声器是否具备杜比全景声节目的制作能力，杜比是否认可？

➡ 杜比认证

杜比有一套特定的认证流程，用于管理哪些内容可以制作成杜比全景声格式。

◉ 电影混录棚认证

杜比全景声格式的院线电影必须在杜比认证的大型电影终混棚（混录棚）（dubbing stage：一个用来描述大型电影混录棚的术语）内制作完成。这意味着这些机构必须严格遵守对棚内空间，扬声器数量 / 位置和其他要求，才能获得"杜比认证"的称号。

◉ 家庭版工作室认证（项目已终止）

主要用于流媒体平台以及家庭影院系统上播放的电影和电视内容可以在较小的杜比全景声家庭版工作室中制作完成，也称作"近场"监听环境，因为扬声器所在位置距离中心听音位比大型混录棚更近（大型混录棚的空间有时跟电影院一样大）。杜比曾经也为这些合格的工作室颁发过证书，你甚至仍然可以看到"Dolby Atmos Home Entertainment Certified Studio（杜比全景声家庭版认证工作室）"，但该认证计划在 2020 年底已终止。

现在，你可以将杜比提供的文档作为建议来搭建自己的工作室，这样便可以混杜比全景声内容了。你还可以联系杜比，将你的工作室列入目录。此目录已在全球范围内收录超过 240 家杜比全景声认证和推荐的工作室。

◉ 音乐认证

工作室制作杜比全景声音乐内容混音是不需要杜比认证的。杜比在一些参数上提出了一些建议，目的是能获得最佳（兼容性也最佳）的效果。有家庭版认证的工作室可以用于杜比全景声音乐混音，但音乐工作室可能会有其独到之处，特别是在使用 LFE 声道和低音管理时。

请记住，你甚至可以在没有任何扬声器，只用一副耳机的情况下制作杜比全景声节目。虽然不理想（也不建议在混音过程中只用耳机作为唯一的监听方式），但借助双耳音频渲染带来的奇迹，它在技术上是可行的，且这种算法被完全集成在杜比全景声里。后面再详细介绍。

➡️ 杜比推荐

以下是新建或升级混音工作室为杜比全景声音乐工作室时的一些推荐规格。

⭕ 最大扬声器通道数

你需要多少只扬声器？

- ▶ **电影版杜比全景声**：电影版杜比全景声的最大可用扬声器数量为 64。
- ▶ **杜比全景声家庭娱乐 / 音乐**：对于家庭娱乐（和音乐）版杜比全景声，最大可支持的扬声器数为 22。这是杜比全景声渲染器应用程序的限制。

⭕ 扬声器型号

理论上一个棚内（除低音炮外）的所有扬声器型号都应相同。但由于空间有限，顶环有时可以用较小的扬声器，但至少它们应该是相同的品牌。

在电影混录中，低频内容通常会被分配到 LFE 频道。但在音乐混音中，借助低音管理，所有扬声器都应该能发送全频信号。

⭕ 扬声器距离

虽然你只用一对顶环扬声器（5.1.2）也可以带来些许立体空间感，但杜比建议至少使用两对甚至三对顶环扬声器以获得更好的空间定位分辨率。而扬声器单元到地面的高度不应小于 2.4m。因此，考虑到扬声器本身的厚度和带旋转角度的安装装置，你通常需要更高的天花板间隙。其他推荐尺寸为前方中声道扬声器单元到后环绕扬声器单元之间不应小于 3.5m，侧环绕扬声器单元之间的距离不应小于 3m。

⭕ 格式

为了能够获得一些空间感，建议最简扬声器布局为 7.1.4。当然，越多越好，如 9.1.6 的配置，甚至杜比全景声渲染器（Production Suite 或 Mastering Suite，制作套件或母版套件）最高可支持的 22 只扬声器声道的配置，你都可以用于混音。不过扬声器数量越多也意味着需要更大的工作室空间和足够的容积。

配置越高的布局更容易确保使用该系统混音的作品能够更容易地转换到更大和更小规模的系统。

Blackbird Studio C - 9.1.6

⬤ 扬声器安装角度

下面是杜比提供的一些图表，其中包含在房间中安装各种扬声器的角度信息。

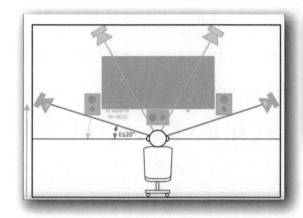
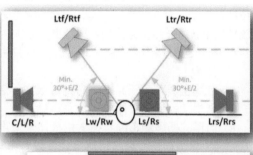
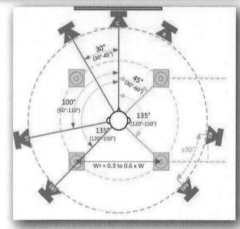

⬤ 声压级校准

每只扬声器均应能在混音位达到 85dB SPL（C）并具备额外的 20dB 余量。只有这样，才能确保当你把播放音量提高到"让人记住"或"买走作品"的大声压级时，依然保有足够的"冲击力"，且不失真。这种做法在混音乐时比混电影时更常见。

将你的房间校准为 85dB SPL（C）意味着，向单只扬声器发送 −20dBFS 的粉红噪声信号，并调整扬声器音量（如果需要，还应调整频率响应），直到扬声器在混音位上用声压计的慢速 C 加权测量时读取到 85dB SPL。对每一只全频扬声器重复此过程。

一些小型混音棚的常见监听参考电平为 72 至 78dB SPL。

⬤ 扬声器和房间校准

正如我们已经看到的，杜比全景声渲染器已经内置了一些扬声器校准功能。但要获得更精准的校准结果，需要用到更专业的第三方工具（当然，他们的价签也会更"专业"）。例如，内置 SPQ 扬声器处理卡的 Avid MTRX 接口，具备所有高级校准功能，还可以做低音管理。

⬤ 支持杜比全景声的反射式扬声器

请注意，杜比全景声录音或混音棚不宜使用智能音箱或回音壁来作为杜比全景声内容的监听设备。这些特殊的扬声器是依靠墙壁和天花板的反射来产生沉浸式效果的，但大多数工作室的内墙都做过声学处理，因此无法满足这些扬声器对声反射的要求。

家庭版扬声器设置

"一个文件走天下"的概念也适用于家中的杜比全景声回放,因为任何支持杜比全景声的回放系统都内置了扬声器渲染器。与(制作端的)杜比全景声渲染器类似,它可以在任何扬声器布局上播放杜比全景声作品,无论扬声器数量是多少,它都会提供尽可能一致的沉浸式三维声音效果体验。

▶ **杜比全景声母版文件**:混音工作室只生成一份记录了杜比全景声作品的杜比全景声母版文件 ❶。

▶ **杜比全景声编码文件**:拿到母版文件后,用此文件转换 / 编码,获得适合所需流媒体或蓝光规范的编码文件 ❷。

▶ **可用的扬声器布局**:在支持杜比全景声的设备上播放杜比全景声文件时,系统会需要了解到 ❸ 当前是什么扬声器布局,或有哪些扬声器是可用的。

▶ **扬声器渲染器**:神奇的声音效果是由杜比全景声回放设备内置的扬声器渲染器 ❹ 来处理的。它与我们之前在后期工作室见过的杜比全景声渲染器具有相同的组件。它提取独立的音频信号和元数据(来自已编码的杜比全景声文件),并计算如何将音频信号分配给不同的扬声器 ❺,以复原三维沉浸式声场。

当然,你可用的扬声器点位越多,声场的空间再现就会越准确。

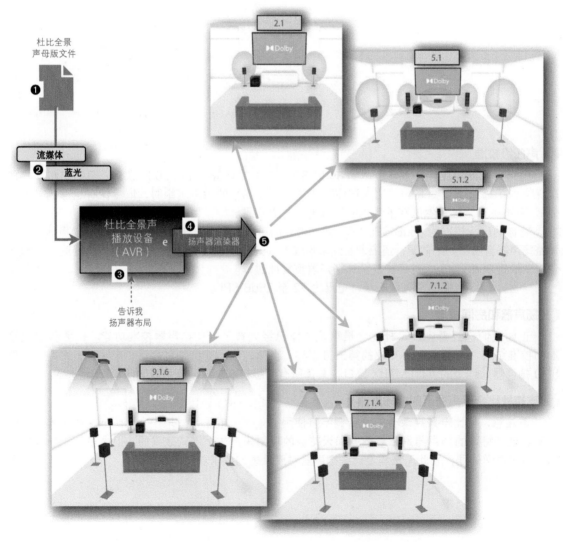

➡ 扬声器配置页

在家中使用 AV 功放连接到传统（非智能）扬声器收听杜比全景声时，可能会有 3 种不同的扬声器配置。

◉ 传统扬声器布局

这是一个使用传统扬声器的 7.1.4 配置 ❶。顶环扬声器（也称为顶置或天花板扬声器）面朝下安装在天花板上。这种配置可以让你在家中最真实还原在合适的杜比全景声混音棚中创建和收听混音的条件。

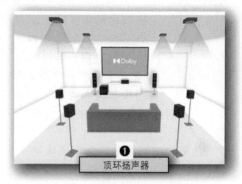

❶ 顶环扬声器

◉ 使用支持杜比全景声的反射式扬声器布局

此 7.1.4 设置 ❷ 使用向上反射式扬声器，也称为支持杜比全景声的反射式扬声器。天花板上不需要安装扬声器（由于各种原因，这种安装通常无法实现），而是通过天花板反射扬声器回放的顶环绕声道，这些扬声器指向性很好，它们发出的声音可以通过天花板反射（尤其是 1 ~ 3kHz 频率范围），并使听者感觉声源是来自顶部的。当然，这需要天花板的材料是高度反射的（如木材，混凝土，石膏板等）才能实现，而且在某些情况下（如房顶低到无法安装顶环扬声器），会比使用专门安装在天花板的扬声器带来更好的体验。

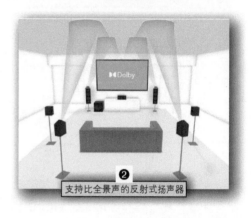

❷ 支持比全景声的反射式扬声器

这些支持杜比全景声的反射式扬声器具有独特的物理扬声器设计和特殊的信号处理。许多厂商都提供这类扬声器，它可以作为单独的附加扬声

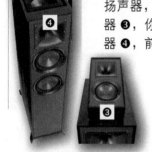
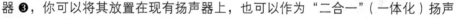

器 ❸，你可以将其放置在现有扬声器上，也可以作为"二合一"（一体化）扬声器 ❹，前置扬声器和天花板反射式扬声器可以共用一个箱体。

◉ 混用扬声器配置

在这种 7.1.4 的变体中 ❺，安装在天花板上的扬声器和向上发射的扬声器都用于顶环绕声道。如果天花板上只能安装一对扬声器，却希望系统可以回放更多顶环绕声道，这一选项可能会有用。

以下是杜比官网上提供的两个文档，里面包含了有关这一话题的更多信息。

❺ 顶环/反射式扬声器混用

🔍 搜索关键词：<u>Dolby Atmos Speaker Setup Guides</u>

🔍 搜索关键词：<u>Dolby Atmos Enabled Speaker Technology</u>

虚拟扬声器技术

现在更有趣了。

前面几页的示例中都是使用专用扬声器播放顶环绕声道信号的。但是，其实还有多种技术可以还原顶环绕声道的信号，而无需专用的顶部扬声器（向下发声❶ 或向上反射发声❷）。现在，我们进入激动人心的虚拟世界❸。

请注意，我说的是"多种"技术，这可能会让人感到困惑。

下面是一个概览图，显示了回放杜比全景声的各种选项。如你所见，AV 功放中甚至内置了可以将环绕声甚至立体声上变换创建出虚拟杜比全景声混音的技术❹。然后杜比竟然默许他们给它一个相同的名称"杜比环绕声"❺。难道是想让客户更加困惑吗？？？

如果你都觉得自己感到了困惑，想一想那些非技术流的最终消费者，他们可能并没有获得"杜比博士"的理想，而只是尽可能享受沉浸式声音体验而已。

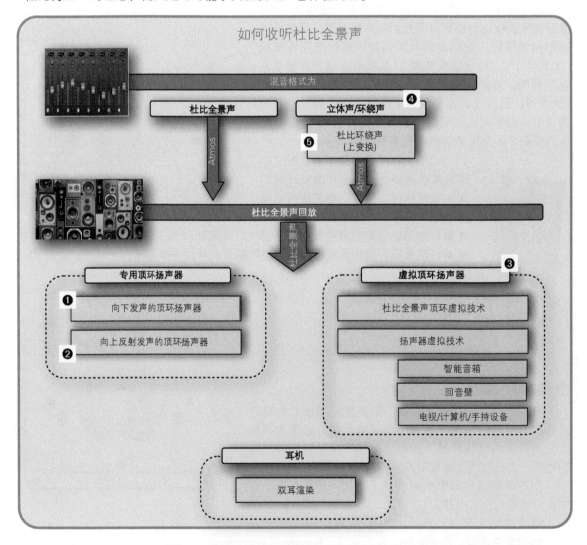

请记住，任何虚拟技术都不能与杜比全景声渲染器配合使用。这些虚拟技术都是应用于终端消费者聆听杜比全景声内容的。

➡️ 杜比全景声顶环虚拟技术

让我们从这个虚拟化技术开始，即杜比全景声顶环虚拟技术。

它是内置于某些 AV 功放中的一种技术，启用后，它可以在没有顶部扬声器的扬声器系统上播放杜比全景声内容。

⊙ 这一技术的原理是什么？

它使用数字信号处理技术（DSP）来创造出从上面发出声音的错觉，尽管它实际上是从与听者相同高度的扬声器发出的。该技术基于心理声学，通过复杂的高度信号触发滤波器来模拟人耳从来自头顶的声音接收的自然声波信息。

听起来顶环绕声道的内容似乎来自上方，来自不存在的(虚拟)扬声器

例如，如果声音先从侧面发出，再从顶部发出，则根据头部和外耳在声音进入耳道之前的"阻碍"情况，它会具有不同的滤波特性。研究人员分析了这些变化，并将它们应用于信号，欺骗大脑，让人们将来自与听者耳朵相同高度的信号误认为是来自头顶的。

⊙ 结果

一些消费者认为，杜比全景声顶环虚拟技术开启后甚至比使用支持杜比全景声的反射式扬声器能让人感受到更沉浸和震撼的声场。

➡️ 扬声器虚拟技术

使用扬声器虚拟技术的扬声器还会生成一种错觉，好像声音是来自某个并不存在真实扬声器的位置。不过，这次不仅是顶环扬声器了。近年来，扬声器虚拟化技术取得了长足的进步，单只扬声器甚至都能够播放杜比全景声作品并创建完整的沉浸式三维声场（虽然效果可能差强人意）。

⊙ 概念

使用扬声器虚拟技术的扬声器不是连接在 AV 功放的扬声器设置的一部分。你将携带杜比全景声格式的信号直接连接到扬声器本身（通过 HDMI、Wi-Fi，蓝牙）或内置扬声器的设备。

扬声器接收到包含单独音频通道及其空间位置坐标元数据的杜比全景声信号。扬声器内置了可以用于实现扬声器虚拟化的电子设备，而不只是使用扬声器渲染技术将信号转换为给每只扬声器用的可用输出信号。这意味着扬声器虚拟化技术与杜比全景声顶环虚拟技术（应用于任何现有配置）是不同的，它是专为该扬声器设计和调校的。

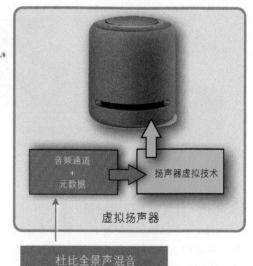

扬声器虚拟技术

音频通道 + 元数据

虚拟扬声器

杜比全景声混音

⊙ 智能音箱

2019 年，亚马逊推出了与杜比紧密合作开发的 Amazon Echo Studio。它与亚马逊的杜比全景声音乐流媒体内容服务是同步问世的，也是第一款支持杜比全景声的智能音箱。

Amazon Echo Studio

Amazon Echo Studio 外壳内周围有一圈扬声器单元 ❶，向四周发声。顶部也安装有单元，向上发声。通过房间周围的反射产生三维声场 ❷。音箱甚至还会"聆听"自己的回放、录制自己的回放并自行校准，完成房间均衡并自适应房间。

连接两个 Amazon Echo Studio 会提升体验。

Amazon Echo Studio
$200

市场上有不少智能音箱，但它们必须能够播放杜比全景声内容。

◯ 回音壁

回音壁使用类似的技术，只是外形不同 ❸。这使得嵌入式扬声器单元能朝特定方向上发声，更好地还原沉浸式声场 ❹。它们还经常与电视机一起使用，因为它们可以很美观地安装在电视机的下方，有时还会与低音扬声器或后置环绕扬声器搭配使用。与智能音箱相比，回音壁更适合视频播放，除了 Wi-Fi 和蓝牙连接外，它们还经常支持 HDMI 输入，可轻松连接至 Apple TV 来播放杜比全景声视频或音乐内容。

Sennheiser AMBEO
$2,000

Sonos Arc
$800

◯ 电视 – 计算机 – 手持设备

最近，扬声器虚拟化技术被越来越多地内置到我们身边的设备中。这意味着当你播放杜比全景声内容时，音频通道和空间位置坐标元数据将由扬声器虚拟化技术进行处理，并根据可用的扬声器优化定制沉浸式三维声场的还原。

▶ **电视机**：如今的大尺寸电视机足够宽，可以内置多只扬声器，不过也非常薄，因此你不能期望太多来自低频的震撼效果。

▶ **计算机**：许多人其实是在计算机上观看视频的，新款 iMac 就内置了虚拟扬声器技术，使用的是 Apple 的 <u>Spatial Audio</u>（空间音频）技术。

▶ **平板电脑**：平板电脑大小适中，因此也有不少人使用它观看电视和电影内容。尽管使用具备双<u>耳音频渲染</u>功能的耳机已经可以带来更好的声音体验了，某些平板电脑依然内置了扬声器虚拟化的功能。

▶ **智能手机**：是的，就连最新的智能手机也支持了杜比全景声扬声器虚拟化技术。虽然它带来的杜比全景声体验可能不如大型电影院那样令人印象深刻。

➡ Dolby Surround（杜比环绕声）

这是另一种虚拟化技术，但目标不同。

这种技术（在某些 AV 功放中可用）是用于从非杜比全景声格式的声音（立体声，5.1 或 7.1）中通过提取或添加原作品中不存在的虚拟顶环绕信息，而不是像我们之前讨论的在播放杜比全景声内容时如何获得更沉浸的声场，从而获得更好的体验。虚拟杜比全景声混音一旦做好，也可以和真的杜比全景声混音一样在所有支持杜比全景声的扬声器系统上进行播放。

◯ 上变换

这项技术实际上是将非杜比全景声混音的作品进行了上变换。

◯ 令人混淆的命名

- 1976 年，杜比发明了一种技术，可以将 4 声道环绕信号通过编码存储在两声道的胶片上。这种特殊的从 4 声道编码为两声道格式的技术被称为 Dolby Stereo（杜比立体声）。

- 1982 年，杜比在消费端推出了该格式的家用版本，并命名为 Dolby Surround（杜比环绕声），将 4 路声音信号解码为 3 路：左、右、环绕）。

- 1987 年，该技术改进了。支持 4 个通道，称为 Dolby Pro Logic（杜比定向逻辑）。

- 2000 年，又推出了 Dolby Pro Logic II（杜比定向逻辑 II），它可以将 5 路声音信号解码为一对立体声信号。（之后又出现了 Dolby Pro Logic IIx 和 Dolby Pro Logic IIz）

- 2014 年，杜比重新启用了 Dolby Surround（杜比环绕声）一词（可能是他们的名字已经用完了吧），但其实这次是描述了一种不同的技术😈。现在它带来了将 2.0、5.1 或 7.1 上变换为杜比全景声的功能。

双耳音频

简介

➡ 再次尝试

过去，有各种音频格式试图将立体声音乐在声道上的局限扩展到两只扬声器之外，但似乎都不太成功。

耳机应该是杜比全景声和沉浸式声音格式得以广泛成功的关键。

- **Quadraphony（四声道立体声）**：1970 年——自出现之日起便苟延残喘。
- **DVD-Audio（DVD 音频）**：2000—2007 年，从未修成正果。

各种试图突破立体声扬声器对音乐的限制的格式都败在两个主要原因：成本和空间。你需要的扬声器数量越多，成本就越高，同时为了正确摆放扬声器，需要的空间也会越大。

那么，为什么杜比全景声音乐虽然比 Quadraphony（4 声道）和 DVD-Audio（5.1 声道）需要更多的扬声器，却能逃脱"见光死"的命运？答案是双耳和扬声器虚拟化。

➡ 增加扬声器数量的替代方案

有足够的资金和空间在家中安装环绕音响系统的消费者市场占比是很低的，这只是一小群电影爱好者而已。这小群人甚至可能将他们的 5.1 或 7.1 环绕声家庭影院系统升级为带有顶环扬声器的杜比全景声系统。

但是，大众消费市场是借助下面两种扬声器替代方案来拥抱杜比全景声技术的。

⬤ 虚拟扬声器技术

技术已经发展到只需一两只使用扬声器虚拟化技术的扬声器便可获得环绕声甚至沉浸式音效体验了。智能音箱和回音壁音箱在消费类电子产品市场中也已非常流行。

⬤ 耳机

在手持设备主宰的时代，如今估计 80% 的音乐是通过耳机被收听的。你唯一需要的就是双耳音频的魔力，它使你可以通过仅两路音频通道便获得逼真的三维声场，并为大众提供沉浸式音频。

➡ 杜比全景声和双耳音频

你在影院中观看杜比全景声格式的大片时不需要双耳音频，但对于杜比全景声音乐来说，它是必不可少的。因此，所有工具都在杜比全景声渲染器中直接提供了。

- **用双耳音频混音**：实际上，你可以完全使用耳机完成杜比全景声混音，我们也将在本节中讨论所有这些内容。
- **以杜比全景声格式交付**：用于流媒体服务的各种杜比全景声编码中已嵌入了双耳音频渲染的版本。

什么是双耳音频渲染?

在详细介绍如何在杜比全景声渲染器中设置双耳音频之前,我先介绍一些有双耳音频渲染技术的信息。本节涵盖概念和技术术语,略超出了杜比全景声渲染器本身,但这些重要信息可以帮你更好地了解杜比全景声渲染器中的双耳音频渲染模式功能,以及最终听众听到的效果。

➡ 声音重现

Binaural(双耳音频渲染)一词原意是指"两只耳朵",没有什么特别的,因为我们本来就是用两只耳朵听声音的。

> 双耳音频渲染=两只耳朵

⭕ 自然中的声音

虽然我们只有两只耳朵,但我们始终可以听到立体的空间效果。我们能够在所处的三维空间内定位声源。即使我们闭上眼睛,依然可以知道声音是从前面、后面、侧面、上面还是下面发出的。那么,这与我们录音 / 混音的方式有什么关系呢?

⭕ 立体声扬声器

立体声其实是不存在于自然界中的,它是人造的。我们使用两只扬声器,两个放置在我们面前的独立音源。而借助各种立体声音频录制技术创建了一个一维的声场,或使用多轨录音 / 混音技术创建了虚构的声场。但在这里,你只能定位到来自前方的声音。通过使用延迟、电平和均衡技术,我们可以在前方两只扬声器之间的特定方位定位声音信号,却永远无法将声音定位在侧面(忽略相位问题)、后方或上方(忽略室内声学)。

> 立体声　　　立体声

⭕ 立体声耳机

使用立体声耳机播放双声道立体声信号是收听立体声录音的常见方式。但是,与这一流行的概念(或假设)相反,这种收听方式其实与通过扬声器播放立体声的收听方式是不同的。立体声耳机的声音其实更加不自然,因为任何原本通过虚拟定位的声源现在都被挤到你的头内,而不是出现在你的前方,并且与使用扬声器时的相位相关信号差异(如果有的话)也不同。左前扬声器和右前扬声器之间完全没有任何串声是另一个问题。尽管上面说了这么多问题,人们还是接受使用立体声耳机,甚至使用立体声耳机进行混音。

⭕ 环绕和沉浸式扬声器

回来继续说说扬声器。在你周围安装更多扬声器将为你带来环绕声体验,让你可以听到来自侧方和后方的声音。当然,扬声器越多,空间分辨率便越高(定位更准确)。更进一步,在你头顶上方安装扬声器,可以带你走进令人兴奋的沉浸式声音世界,在三维声场中收听来自四面八方的声源,就像我们在日常生活中听到的声音一样。但正如本书中已经讨论过的那样,这种做法的成本太高,只能在一些科研机构,大型混录棚和电影院或你的富豪朋友家中的杜比全景声家庭影院中体验。

⭕ 环绕和沉浸式耳机

将立体声耳机体验扩展为环绕或沉浸式是不可能的(尽管有些游戏用耳机将此作为一个噱头)。

你不能像听立体声节目那样,把环绕声格式的节目通过耳机播放。

因此,你的耳机没有环绕声。不是这样的。

这就是双耳音频出现的原因,因为科学家正在试图将其变为现实。我们为什么只用两只耳朵便听到三维的声音? 他们必须了解的"唯一"事情是如何欺骗大脑,使其将发送给左耳和右耳(通过耳机中的左右扬声器)的信号,误以为是来自 3D 空间中的特定位置的。

沉浸式　　　双耳音频

➡️ 大脑

这就是难点了，要找出大脑是通过什么信息来判断我们所听到声音的方位的，即便它只有两只耳朵作为获取声音信息的途径。

⦿ 自然中的声音

在现实生活中，只存在单声道声源。大自然中的每个声源都是单声道声源（我们不在这里讨论反射），声音都是从单一的声源发送的。而我们的两只耳朵都会收到同一声音。但是，单声道声源到达左耳和右耳的方式存在细微差别，这分别是时间差、电平差和频率差。人的大脑会记录这种差异，并经过一辈子的"训练"，它知道如何将这些差异解析为声音来自何处的位置信息。

⦿ 立体声

以下是两个图示，用于进一步演示立体声的现象（限制）。

▶ **扬声器**：立体声录音可以欺骗大脑，让人们认为声源不仅来自两只扬声器所在的位置，而且来自两只扬声器连线上的任何位置。同时还可以感受到深度，这意味着某件乐器会出现在更远或更靠近的位置。这实际上是大多数现场表演中的真实情况，听众坐在管弦乐队或舞台前。在观众的侧方、后方或天花板上，其实不会有太多的声音内容。这就是为什么人的大脑可以接受立体声录音，而环绕立体声录音通常只在原基础上添加了一些房间信息和反射声，便为你带来了身临音乐厅的感觉的原因。

▶ **耳机**：左右和深度信息通过立体声耳机也可以感受到，但正如我所提到的，现在声场是投射在你的大脑中而不是你面前的，仔细想一想和感觉一下，便会觉得这是很奇怪且不自然的。如果某一声源只出现在左侧，而另一声源只出现在右侧（也就是将乐器声像定位在极左和极右时），这在自然界中是不可能出现的，因此，除非你在耳机上听大量作品，并且训练你的大脑来适应它，否则大脑是不习惯这一点的。

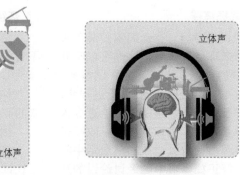

希望随着双耳音频录音变得越来越多，人们会意识到立体声是如何"不自然"地将声音通过耳机进行播放的。

播客或广播剧无疑是最适合使用双耳音频来混音和制作的节目。当你头内而不是前方有一个人在跟你说话（头内体验），或一个更糟糕的场景：一个人在你左耳说话，而另一个在你右耳中说话，声像偏离中心，这听起来是非常不自然的。就像他们坐在你的左右肩膀上，直接在你的耳朵里说话一样，这是一种非常不自然和不舒服的声音体验。

➡️ **心理声学**

我们回到大脑。科学家发现大脑有 3 个主要的组成部分用来定位我们周围听到的声音。

3 个差

▸ **耳际时间差（ITD）**：如果声源不是刚好居中，位于我们正前方，那么声音到达左右耳时会有轻微的时间差（Δt），因为它必须绕过我们的头部"移动"到另一侧。这一极短的时间差足以被大脑解析为有关声源位置的信息。

▸ **耳际电平差（ILD）**：除了时间差外，还有微小的电平差（ΔL）。请记住，声音在远距离传输时会失去能量，哪怕是绕过头部这一点点距离也可以造成足够让大脑察觉到的电平差了。当然，传输距离造成的能量衰减对于高频率的影响更明显。这也是为什么低频声源比较难以定位的主要原因，因为没有足够大的电平差异，大脑无法处理。

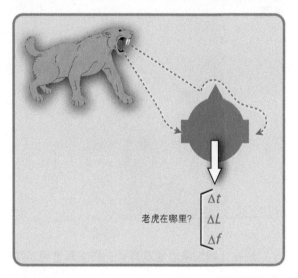

老虎在哪里？

Δt
ΔL
Δf

▸ **Head Related Transfer Function（人头相关传递函数）（HRTF）**：除了时间和电平差之外，到达左耳的信号与到达右耳的信号之间也存在频率响应差（Δf）。科学家本可以称之为"耳际频率差（IFD）"，但他们非要发明一个新的听上去很高级的术语，并为它想一个高级的缩写，Head Related Transfer Function(人头相关传输函数，HRTF)。

Head Related Transfer Function（人头相关传递函数）

时间差和电平差很容易理解，在立体声录音中，我们经常用这些手段在音箱之间的立体声轴上定位信号，从而使大脑"听到"来自没有音箱的地方"发出"的声源（幻像声源）。

$$\beta = \mathrm{argmin}_\beta \left(\sum_{a=1}^{A} \left(y_a - \sum_{n=1}^{N} \beta_n X_n^2 \right) + \lambda \sum_{n=1}^{N} \beta_n \right)$$

人头相关传递函数有点复杂，我想在不展开复杂的数学公式的前提下，指出一些重要的点。

☑ **障碍**：我们身上有很多阻碍声音到达耳鼓的障碍物，这些障碍物主要包括头部的大小和形状，外耳的大小和形状，耳道的大小和形状。

☑ **与频率相关**：上述这些不同的障碍物会对不同频率产生不同影响，致使频率响应变得非常不均匀。

☑ **不同角度**：如果声音在我们周围移动（声源在不同的位置），它将以不同的角度到达我们的耳朵，从而导致频率的不同变化。

☑ **个性化**：所有这些复杂的频率差异都是大脑经过多年的训练后所能从中解析出位置信息的判断依据。但这里有一个很重要的点：这一解析是针对每个人的，因为每人的头部和耳朵的个体形状就如同每个人的大脑所创造的个体声波指纹一样独特。

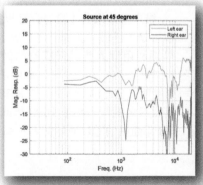

➡️ 双耳音频

那么科学家和工程师是如何利用我们的听力工作原理的相关知识的呢？他们发明了双耳音频。

⦿ 自然—3D

如果我们在三维空间中放置了多件乐器，那么，每件乐器的声音到达左耳和右耳的耳鼓时，根据 HRTF（加上 Δt 和 ΔL），它们的均衡都会略有不同。这些差异会借助心理声学的效果，让我们可以在三维声场中听到并定位这些来源。

⦿ 双耳音频—3D

我们可以通过两个流程来再现 / 模拟这种现象：双耳录音和双耳音频渲染。这两个流程都需要我们使用耳机将双耳音频信号的两个通道直接送入耳鼓。我们以此来欺骗大脑，让它以为接收到了与来自现实生活中相同的左右有一定均衡差异的信号，但其实只是使用普通耳机收听特殊的两声道（经过 HRTF 函数运算后的）双耳音频信号。

现在让我们来看看双耳录音和双耳音频渲染的两种方法。

⦿ 双耳录音

获得双耳音频信号的最简单方式是通过自然的方式。我们只需要比照头部的真实大小创建一

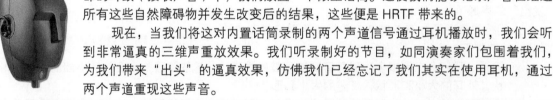

个复制品，包括左右耳，以及它们的准确大小和形状，包括耳道。在这一复制品内部的耳鼓（接收声音）中，我们放置一个微型话筒。这使我们能够记录声音在经过所有这些自然障碍物并发生改变后的结果，这些便是 HRTF 带来的。

现在，当我们将这对内置话筒录制的两个声道信号通过耳机播放时，我们会听到非常逼真的三维声重放效果。我们听录制好的节目，如同演奏家们包围着我们，为我们带来"出头"的逼真效果，仿佛我们已经忘记了我们其实在使用耳机，通过两个声道重现这些声音。

▶ 限制：假的人头只能代表某一特定形状的头部的 HRTF。假人头、假鼻子、假耳朵等的形状与听众的形状差异越大，他们个人的 HRTF 函数就越不同，于是通过耳机感受到逼真三维声音效果的体验也会打折扣。

以下是关于假人头的一些历史。

早期利用假人头进行实验的做法可以追溯到 1930 年，由哈维·弗莱彻（Harvey Fletcher，著名的"弗莱彻 – 文森曲线"的命名人）在贝尔实验室进行的实验。同时，荷兰的 Phillips 飞利浦公司也发明了自己的假人头，这是有史以来唯一一个女性形象的双耳假人头。

而最著名的假人头是 1992 年问世的 Neumann KU 100（目前仍在产，售价为 8 千美元），这是 1973 年纽曼的首款原始假人头的升级款。

● 双耳音频渲染

假人头的问题在于它只能用于现场实况录音。你不能更改信号或对其进行混音，因为这会影响 HRTF 并破坏双耳音频的效果。于是有了第二种方式——双耳音频渲染，他可以使你能够保留传统的多轨录音工作流程，但在混音过程中将其输出为两通道的双耳音频信号。这一方式有时也被称为双耳虚拟化。

下面是让其起作用的方法。

- ☑ 将一对非常小的话筒放置在测试人员的左、右耳内（靠近耳鼓）。
- ☑ 在一个特定的方位角度从远处播放声音信号，并用这对话筒录下该信号（就如同脉冲响应）。
- ☑ 将每只耳朵中录制的声音信号与播放的原始声音信号进行比较，以查看头部和耳朵带来的频率变化。
- ☑ 现在，绕着人头转动声源位置，并在不同角度上测量频率响应，从而获得该测试人员的 HRTF（如侧面的图片 ❶ 中，Harman 实验室的测试人员正在测量个性化 HRTF）。

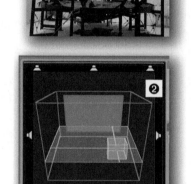

- ☑ 现在，软件开发人员必须通过一些巧妙的 HRTF 数学计算得到结果，并获得一个能够集成到三维环绕声声像定位器 ❷ 中的算法。
- ☑ 在你混音时，如果想要将声源（如吉他）放置在某一特定位置（比如，它出现在左后方，稍微高一点的位置），只要在插件上将代表声源的点移动到相应的位置，插件中的算法就会找到之前测试时在那个位置的频率响应，并对现在的声音加载相同的均衡（还有电平差和时间差）。
- ☑ 这样当你通过耳机听回放时，你的大脑会被欺骗，认为吉他声来自左后方稍微高一点的位置，而不会发现声音其实是从耳机的两个扬声器发出的。

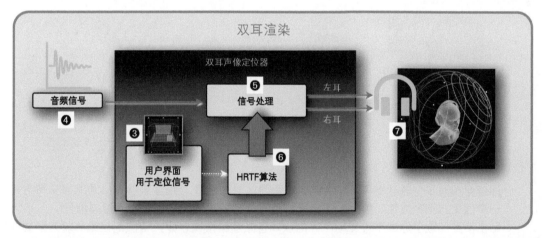

由于你的多轨工程中每一轨 ❹ 都用到了三维环绕声声像定位器 ❸，它将对每路信号（吉他，人声，合成器，鼓等）应用双耳音频渲染处理。你将一个音轨置于三维声场中，双耳音频渲染器 ❺ 会为每轨信号根据声像定位器左右输出之间所处的位置，添加必要的均衡（基于该角度所对应的 HRTF 算法）❻。这样一来，你可以在三维空间中自由定位每轨声音，并创建一个双声道的双耳音频混音。当你通过耳机收听时 ❼，你可以听到每件乐器的声音，这些乐器不再像传统立体声混音那样在你的头内发声了，而是从你混音时所指定放置的位置发出声音。

⬤ 标准化 HRTF 与个性化 HRTF

你试想一下，双耳音频渲染其实有一个大问题。

环绕声声像定位器和渲染器都使用 HRTF 算法来改变左 – 右声道信号，以欺骗大脑从特定角度听到耳机外的信号。但是，应该使用哪种 HRTF 算法来完成渲染呢？

HRTF 频率响应是受头部和耳朵的物理形态和尺寸影响的。因此，当你通过测量获取 HRTF 时，这些结果其实是仅适用于该测试人员的，仅针对他的头部和耳朵的形状和大小。如果你在 10 个或 100 个人身上重复此测试，你将得到 10 到 100 个不同的结果。那么，你使用哪种结果作为双耳式渲染器算法的依据呢？

有两种配置。

▶ 标准化 HRTF：研究人员对许多人进行了足够多次数的测量，得出了平均频率响应，称为标准化 HRTF。这种"一刀切"式的方法带来的问题是：你的头部和耳朵的形状和大小与这些"标准头"的差异越大，那么收听来自三维声场的声音效果的准确性（和临场感）就会越低。这就是为什么你可以看到不同人会对双耳音频有着截然不同的印象，有人觉得很棒，有人觉得很差。

▶ 个性化 HRTF：要改善双耳音频带给不同人的差异化感受，让你能够通过耳机收获得真切的沉浸式声音体验，解决方法是对你，作为测试人，进行一次测量。这样，你听到的才是基于你的头部和耳朵的大小和形状"定制"的效果。现在，你要告诉双耳音频渲染器来加载你的"个性化 HRTF"，这样频率的变化会匹配你的大脑习惯（毕生的受训结果）。

⬤ 个性化 HRTF 带来的挑战

个性化 HRTF 有很多挑战：

☑ 系列测试要在昂贵的特殊机构完成；

☑ 有些公司，如 Genelec，让你可以通过提交自拍的 360° 头部视频来完成计算结果。

视频采集

顾客向 Genelec
社区订购 HRTF
SOFA 文件

视频文件
SOFA

计算服务

SOFA 文件包括围绕
一个人的头部的数百
个方向

☑ 即使你拥有了个性化 HRTF，创建双耳音频信号的双耳音频渲染器也必须能够支持导入这一个性化 HRTF 文件。如此，渲染器才能够使用采集的数据为你准确渲染信号。

☑ 即使使用加载了你的个性化 HRTF 的双耳音频渲染模式，令人信服的三维体验还需要在原始信号中添加一些额外的房间信息（声反射），以扩展双耳音频渲染技术。许多双耳音频渲染器都提供了这一功能，而杜比全景声渲染器也有其自己的优势，称为双耳音频渲染模式（稍后将详细介绍）。

● SOFA 文件

HRTF 和双耳音频的概念已存在了多年。但是现在，随着用于执行双耳音频／渲染计算的回放设备（甚至手机）处理器性能的提升，再加上面向大众市场的消费产品的潜力让不少公司愿意将大量资金和资源投入这一技术中。目前有许多关于 HRTF 的研究和产品开发正在进行。

AES-69 规范试图标准化空间声学数据文件格式及其交换方式，即所谓的 SOFA 文件（Spetially Oriented Format for Acoustics，基于空间的声学格式）。

➡ 总结

无论你听到的双耳音频是通过双耳录音还是通过双耳音频渲染获得的，听到的这种"出头"效果带来的感受都要比"困在头内"的立体声耳机录音要美好太多了。

当你使用耳机听音乐并在立体声版本和双耳版本之间进行切换比较时，会明确地体会到音乐从你头内发声时是一种多么不自然的感受。聆听杜比全景声作品感受豁然开朗，让你瞬间感觉置身于音乐之中，这是一种更加自然的声音重现形式。切换回立体声声音，就像一种效果（对某些听众来说这与杜比全景声版本相比可能仍然是他的最爱）。

在用许多经典老唱片做版本比对时，这种对比并不是那么出彩，这是因为它们本身可能就是某场录得很好的现场演绎。

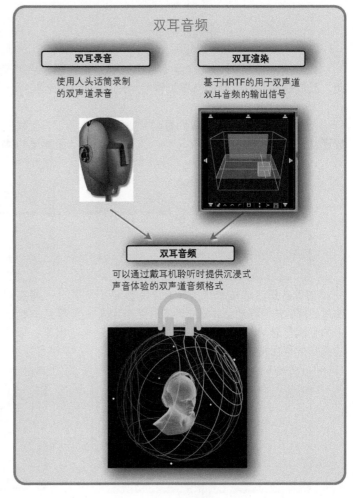

● 这只是开始

尽管双耳音频技术已经存在了很长时间，但它似乎终于开始腾飞了，并在音频制作中获得了应有的认可。

苹果公司正在做他们自己的双耳音频，名为"空间音频"，这名字里甚至没有提到"双耳"。它使用了一个不同的描述角度，也带来了一些混淆，尤其是在有杜比全景声和可用的双耳音频渲染模式设置选项的基础上。我会稍后在本书中讨论。

对于制作方面，音频专业人员需要掌握大量新的工作流程、最佳实践和经验，所有这些工具和结果将随着时间的推移及越来越多的杜比全景声音乐被创作而变得越来越好。

➡️ Head Tracking（头部追踪）

双耳音频还有一个附加的应用场景，这便是头部追踪。

下面是一个例子：我们在看一个视频，画面中心处有一个人在弹钢琴。

当我们直视屏幕时，来自屏幕中心位置 ❶ 的声音将被我们听到是在前面发出的。

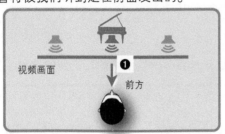

当我们向左转头后，这个声音会被我们听到是从右方发出的信号 ❷。

使用耳机收听时，扬声器（耳机内部的扬声器）会随着我们的头部移动（"头部锁定"）。因此，我们在耳机中听到的音源位置会相对头部运动锁定。

当我们直视屏幕时，我们看到并听到钢琴声从前面传来 ❸。

借助头部追踪技术，头部追踪设备可以追踪头部的任何移动，并相应地实时更新耳机中的空间信息，从而使声源始终与其相对应的视觉效果保持一致。

当我们向左转头时，钢琴声仍然是从前面发出的 ❹，即使它其实在右侧 ❺。

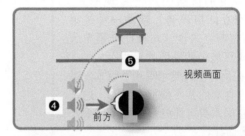

将头部向左转动 ❻ 时，耳机中播放的钢琴声向相反方向"移动"，现在从右耳中播放 ❼ 出来，以保持和（视频画面）所看到的位置的"锁定"关系。

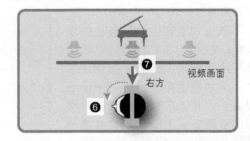

Apple 的 AirPod Pro 和 AirPod Max 具有头部追踪功能，它们都内置了陀螺仪和加速计。它已通过 AppleTV+ 上的 Spatial Audio for Dolby Atmos 视频工作，并于 2021 年底宣布 Apple Music 也支持该技术。

你为耳机上添加或内置在 VR 耳机中的辅助设备，也可以让你体验到该技术。

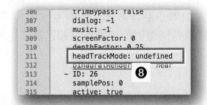

虽然杜比全景没有使用头部追踪技术（尚未），但在杜比全景声母版文件的代码中已经内置了"HeadTrackMode：Undefined" ❽ 的参数，这一定暗示了将来可能会支持。

杜比全景声渲染器 – 双耳音频

➡ 设置

以下是关于杜比全景声渲染器是如何实现和配置双耳音频的。

正如我们所知，杜比全景声混音从创建到交付，这之间始终是基于声音对象的混音格式。只有当用户收听杜比全景声混音时，它才会被渲染为基于声道的作品。这一基于声道的渲染可以是扬声器渲染（用于独立扬声器或虚拟扬声器回放）或耳机渲染（用于立体声或双耳回放）。

你在杜比全景声渲染器中可以使用 Speaker Rendering（基于扬声器的渲染）和 Headphone Rendering（基于耳机的渲染）进行监听。唯一的限制是你无法通过扬声器虚拟化技术在混音过程中通过智能音箱或 Soundbar（回音壁）进行监听。使用杜比全景声渲染器可以对混音和专为双耳音频优化混音的双耳音频渲染效果（也称为耳机虚拟化）进行监听。

⚪ 启用扬声器渲染

你可以在杜比全景声渲染器中启用扬声器渲染，以便通过棚内的扬声器系统听混音。进入 **Preferences（首选项）> Speaker（扬声器）❶** 并启用 Speaker processing（扬声器处理）❷ 开关 ⬤。

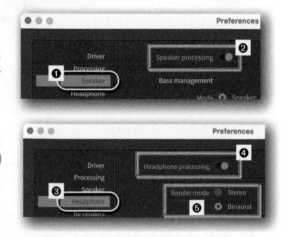

⚪ 启用耳机渲染

要在杜比全景声渲染器中启用耳机渲染，使你可以用耳机收听混音，请进入 **Preferences（首选项）> Headphone（耳机）❸** 并启用耳机处理 ❹ 开关 ⬤。但还有一个额外的步骤。

位于下方的两个单选按钮可让你选择渲染模式的类型 ❺。

- ⚪ 立体声：耳机输出通道上的信号是杜比全景声下混的立体声版混音。在 Trim（微调）和 Downmix（下混）控制窗口（cmd T）中的设置将被应用。
- ⚪ 双耳音频：当你选择此选项时，杜比全景声混音将被渲染为两声道的双耳音频版本，并发送至耳机输出通道。空间编码不会被应用在双耳音频渲染上。

⚪ 耳机输出声道

耳机输出将被分配到你在 Room Setup（房间设置）窗口（cmd M）的 Routing（分配）❼ 页面中所选中的音频接口的两个输出通道 ❻。将耳机放大器连接到这两个通道。

如果你恰巧没有合适的杜比全景声扬声器配置，那么在杜比全景声渲染器中选择使用耳机收听杜比全景声混音是不错的选择。不仅如此，即便你已经有一套非常棒的杜比全景声扬声器配置，杜比也建议要同时收听检查耳机渲的效果，并进行必要的调整，特别是对于双耳音频渲染。请记住，即使你的作品在 9.1.6 配置的扬声器系统听起来效果无与伦比，大多数听众其实还是只能在耳机上体验杜比全景声作品。

➡️ 仅耳机模式

还有另一种非常方便的方式来分配双耳音频版本的输出。

例如，如果你的耳机是连接在双耳音频接口，并希望在 **Preferences**（首选项）**> Driver**（驱**动程序**）的 Audio output device（音频输出设备）选择器 ❶ 中切换到该接口，那么，你不得不转到 Room setup（房间设置）窗口（[cmd] [M]）并在那里更改耳机输出通道。或者，你根本没有任何扬声器配置，只是在使用这里内置的"耳机"选项在笔记本电脑上工作。

在这种情况下，耳机模式 ❷ 开关 ⬤ 将控制自动执行以下操作。

☑️ 耳机的左、右输出通道的分配选择器 ❸ 显示为被激活状态，默认设置为 1 号通道和 2 号通道。

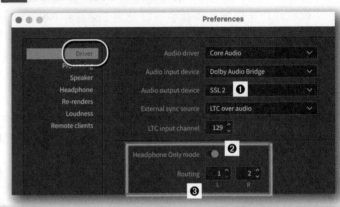

☑️ **Preferences**（首选项）**> Processing**（**处理**）：如果在渲染模式中选择了双耳 ❺，那么空间编码仿真监听 ❹ 功能将被禁用。

☑️ **Preferences**（首选项）**> Processing**（扬声器）：扬声器处理 ❻ 被禁用，于是变成灰色显示。当然，扬声器的输出信号表也会消失在主窗口中。

☑️ 此时也无法打开 Room setup（房间设置）窗口，如果你试图打开它，将会看到一个"警告"对话框 ❼（[cmd] [M]）。

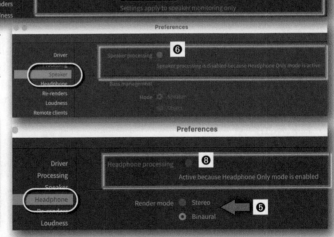

☑️ **Preferences**（首选项）**> Processing**（**耳机**）：Headphone processing（耳机处理）❽ 将被启用，但会变成灰色显示，因为你不能在 Headphone Only Mode（仅耳机模式）❷ 处于激活状态时将唯一的监听设备：耳机禁用。你仍然可以切换渲染模式 ❺。

☑️ **Preferences**（首选项）**> Re-renders** [**再渲染（下混**）]：再渲染（下混）处理 ❾ 被禁用，变成灰色显示。

杜比全景声—双耳音频渲染

以下是杜比全景声渲染器中有关双耳音频的简化信号流程图，显示了主要组件和功能，以及它们如何一起播放。

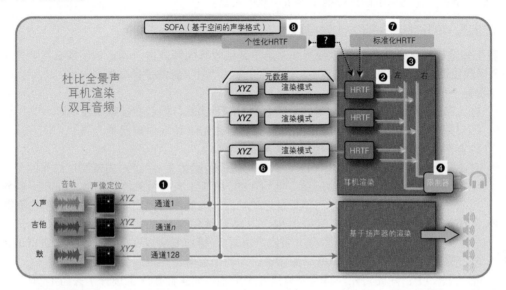

▶ **这不是下变换**：杜比全景声中的双耳混音不是一种下变换输出，它是使用和扬声器渲染器相同的输入信号渲染得到的。

▶ **128 HRTF 进程**：渲染器接收单个（可以多达 128 个）音频输入通道 ❶ 并在每个通道上都应用 HRTF 函数 ❷，以便将它们分配输出到双耳音频信号的左、右两路中，并在耳机输出时合并在一起 ❸。

▶ **Binaural Renderer Limiter（双耳音频渲染限制器）**：在双耳音频渲染器的输出端始终有加载 ❹ 限制器。这就是为什么即使在 **Preferences（首选项）▶ Processing（处理）** 中禁用了输出限制的选项，主窗口上也会显示耳机限制器的表 ❺ 的原因。

▶ **Binaural Render Modes（双耳音频渲染模式）**：除了来自通道条上环绕声声像定位器的空间位置坐标元数据外，每个声道都有一个单独的双耳音频渲染模式 ❻ 设置，用于微调 HRTF 的处理，该过程添加了一个"房间组件"以定义信号靠近或远离头部。

▶ **元数据**：空间位置坐标元数据和双耳音频渲染模式这两种类型的设置都作为元数据与杜比全景声母版文件一起传输（我将在后面介绍），这使 HRTF 处理可以在杜比全景声渲染器和最终用户的播放设备中播放时应用。

▶ **不支持个性化的 HRTF**：杜比 ❼ 使用基于其自研算法的标准化 HRTF。不幸的是，目前杜比全景声渲染器和消费者使用的播放设备上还不支持导入 SOFA 文件 ❽。希望在未来可以通过使用个性化的 HRTF 来改善逼真的三维声场。

▶ **双耳音频开关**：这里又变得有些模糊。虽然杜比全景声混音包含渲染双耳音频混音所用的元数据，但当你在消费端设备上收听双耳混音时，实际上会有混淆。Android 设备上的 Tidal 具备自动检测功能，可以发现你是否连接着耳机。但是对于 AV 功放来说就没有那么智能了，当你插入耳机时，它通常不会有任何提示，而 DD+JOC 码流（也就是 Apple Music 使用的码流）将忽略双耳音频渲染模式。

　　Hey Siri："*你能告诉我为什么苹果虽然推出了支持杜比全景声的空间音频，但没有提到双耳音频吗？*"

115

Binaural Render Modes（双耳音频渲染模式）

双耳音频渲染模式是杜比全景声双耳混音版本的重要组成部分。我希望前几页中对双耳音频这一主题的详细介绍有助于你更好地了解该功能的性能。

➡ 什么是 HRTF（人头相关传输函数）?

我们知道杜比全景声混音能够被渲染为用于耳机收听的两声道双耳音频，那么我们想了解的第一个问题便是这个过程使用的 HRTF（人头相关传输函数）算法是什么？

下面是一些关于这一问题的解答。

▶ **杜比自己的研发成果**：杜比有一个庞大的 HRTF 团队，他们在持续研发中。

▶ **不支持个性化的 HRTF**：如前几页提到的，你无法导入你自己的个性化 HRTF 函数，用你自己的 SOFA 文件来收听杜比全景声混音。

▶ **并不存在一个所谓标准的 HRTF（人头相关传输函数）**：经过对内部测试结果的分析，杜比得出结论，并不存在一个所谓"平均"的 HRTF（人头相关传输函数）。HRTF 算法应用在信号上会影响很多方面，而不只是频率响应，因此很难找到一个完美的 HRTF 函数。

▶ **3 套 HRTF**：杜比全景声渲染器中 128 路音频信号中的每一路都有一个属于自己的 Binaural Render Modes（双耳音频渲染模式），通过它可以在 3 套 HRTF 中进行选择。这样一来可以更灵活地控制双耳音频混音，为每个音轨进行定制化处理。

▶ **不加 HRTF**：除此之外，其实还有第 4 个选项。如果你在这里选择了关闭（Off）❶ 双耳音频渲染模式，那么这一路音频信号是不会被加载任何 HRTF 处理的。

▶ **房间因素带来的变化**：3 种双耳音频渲染模式设置 ❷［Near（近），Mid（中），Far（远）］将"双耳化的"房间信息添加到信号中，这样如果将音频通道放置在声场中的特定空间位置坐标，通过模拟某种房间因素 / 反射，它将看起来离耳朵更近或更远。研究表明，当具备了某种类型房间的信息后，这一声源的真实感会更强。

▶ **音床模式**：分配给音床的信号在双耳音频渲染模式中是会受到限制的。你可以为每个扬声器在各自的双耳音频渲染模式设置中编号（L, R, C, Ls, R 等），但如果你使用了多组音床，则每个编号都会共用相同的双耳音频渲染模式。例如，将一组音床的左声道设置为 Near（近），那么所有音床的左声道都会被设置为近。

5.1 音床的 Ls 声道与 7.1 音床的 Lss 声道也是相连的。如果你要分配不同的渲染模式给 Lss 和 Lsr，请不要使用 5.1 音床。

▶ **LFE = 关**：音床的 LFE 声道的 HRTF 设置将始终为 Off（关闭），不能更改。此外，当与双耳耳机输出的 L/R 通道混音时，其电平还会被增加 5.5dB。

➡ 表—限幅器—响度

我在第 6 章"录制声底"部分讲关于"表 – 限制器 – 响度"的话题。以下是与耳机渲染器相关的一些事实。

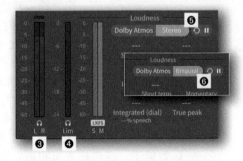

- 耳机音频渲染器的输出有自己的电平表 ❸。
- 输出限制器始终应用于双耳音频的输出端，当选择 Binaural（双耳音频）时，它的增益衰减表 ❹ 会自动显示出来。
- 但对于立体声耳机输出，必须手动打开限制器［**Preferences（首选项）> Processing（处理）**］，其 Gain Reduction Meter（增益衰减表）才会出现。
- 响度表部分的第 2 个选项卡显示 Stereo（立体声）❺ 或 Binaural（双耳）❻，具体取决于你在耳机处理 **Preferences（首选项）> Headphone（耳机）**中所选的渲染模式。

➡ 实际练习

当你在消化双耳音频渲染模式概念时，有下面一些实际使用中需要注意的事项。

☑ 双耳音频渲染模式的相关设置对扬声器渲染没有影响。

☑ 双耳音频渲染模式可通过两种方式进行配置。

- 在杜比全景声渲染器中，使用双耳音频渲染模式窗口（ cmd B ）。
- 在数字音频工作站中，通过加载在任何一路发送给杜比全景声渲染器输入通道的杜比全景声渲染模式插件。

☑ 双耳音频渲染模式设置将作为元数据保存在母版文件中，并传输到可以渲染双耳音频混音的播放设备，但只能通过 AC4-IMS 编码（Tidal 在使用），而不是 DD+JOC 编码（Apple Music 和 Amazon Music HD 在使用）。

☑ 将渲染模式应用于各音频通道，能让你对混音进行微调，从而获得在扬声器和耳机之间更好的一致性。

☑ 如果选择了 Off（关闭）设置，将获得如同普通立体声混音一样，声音定位在头内的效果，这种设定适用于某些特定的乐器（如底鼓，贝斯）。这些音源不需要进行双耳化，因此，应用的 HRTF 模式也不会让他们发生音色上的变化。

☑ 你不能对双耳音频渲染模式这一参数使用自动化。每个音频通道的设置对于整首歌曲都是固定的。如果想使用多种设置，就只能通过将音轨进行复制，然后对每轨音频通道设定单独的双耳音频渲染模式的变通方法。

☑ 在进行双耳音频混音时，你可以让双耳音频渲染模式窗口保持打开状态，并尝试各种不同设定。你可以听到实时效果。

☑ 你也可以对已经完成的杜比全景声母版文件的双耳音频渲染模式的参数进行修改。在创建母版文件后依然能够进行更改是非常重要的，例如，如果检测到双耳音频混音版本存在一些问题，或者有一些改进的建议。

☑ 如果要为视频网站制作一版杜比全景声双耳音频混音，只要选择 BIN 再渲染（下混）导出（在本书的稍后解释过），然后就可以使用双耳音频信号在视频网站上载，然后就祈祷视频网站的数据压缩不会影响到双耳音频信号的可靠性。

☑ 所有音频通道的双耳音频渲染模式的默认设置都是 Mid（中）。不过，LFE 是设置为 Off（关闭）的。

☑ 双耳音频适用于任何耳机，当然质量（频率响应）越好，对 HRTF 相关频率响应造成的影响就越小。耳塞式耳机大多比耳罩式耳机更好，因为耳机内部没有反射，并且可以将声音直接送入耳道。请设定合理的播放音量。

☑ 杜比全景声格式的音乐混音在 Apple Music 应用程序上播放时将不会使用杜比全景声渲染器。首先，Apple 使用的 DD+JOC 编解码器根本不支持双耳音频渲染模式的设置；其次，Apple 使用自己的空间音频渲染器而非杜比全景声渲染器从杜比全景声混音中获得双耳音频体验。

➡ 配置 – 杜比全景声渲染器

你可以使用以下命令打开双耳音频渲染模式窗口。

🕹 菜单命令 **Window**（窗口）**> Binaural Render Mode（双耳音频渲染模式）**。

🕹 键盘命令 cmd B 。

双耳音频渲染模式窗口和 Trim（微调）与 Downmix（下混）控制窗口（ cmd T ）是杜比全景声渲染器中可以在主窗口工作时保持打开状态的两个窗口。所有其他窗口都是对话框，你必须先关闭这些窗口，然后才能继续使用主窗口。

⬤ 顶部

标题有两个选项卡，用于选择相应的页面。在选项卡上 `click` 或使用快捷键命令 `cmd` `←` 或 `cmd` `→` 进行选择。如果打开窗口并按下主窗口 Source Section（源）中的"输入"或"母版"按钮，则这两个选项卡将跟随 Input/Master（输入 / 母版）选择。

这两个页面对应于你可以在杜比全景声渲染器中收听的两个音频源。选择一个页面将显示该源的当前设置，并允许你对这些设置进行更改。因此，在进行更改时，请确保你处于"正确页面"。

▸ **Input（输入）**：此页面显示 128 路输入信号的双耳音频渲染模式分配，即从数字音频工作站播放的实时输入。

▸ **Master（母版）**：此页面显示当前加载的母版文件（存储在该母版文件）中的 128 个通道的双耳音频渲染模式分配。更改页面上的任何设置将更改该母版文件中的设置。

有多种情况需要注意。

▸ **没有加载母版文件**

只有 Input（输入）❶ 选项卡可用，并显示分配。Master（母版）选项卡将变暗。

▸ **已加载母版文件 – 输入**

加载母版文件后，母版 ❷ 选项卡将变为激活状态，你可以选择它来更改母版文件的设置，或者选择输入 ❸ 选项卡来对实时输入信号的设置进行更改。

▸ **已加载母版文件 – 母版文件被锁**

加载母版文件后，你可以选择母版 ❹ 选项卡，但设置会变灰 ❺。同时顶部将显示一条消息提示你 ❻ 如果要编辑这些设置，你必须解锁母版文件。

▸ **已加载母版文件 – 解锁母版文件**

加载母版文件后，你可以在主窗口右上角的母版文件区域中的蓝色箭头 ❼ `>` `click` 打开一个小小的母版文件选项窗口，并 `click` 使用开关解锁 ❽ 母版文件。

现在 Settings（设置）将变为可选状态 ❾，你可以对其进行更改。

▸ **Dolby Atmos Binaural Setting plugin（杜比全景声双耳音频渲染设置插件）**

一旦你将 Dolby Atmos Binaural Setting plugin（杜比全景声双耳音频渲染设置插件）加载到数字音频工作站的一个音轨上，你就不能再在双耳音频渲染模式窗口中对输入进行任何更改。一条警告消息 ❿ 将提醒你这一点。

◯ 列

双耳音频渲染模式 ❶ 窗口显示的包含所有
128 个音频通道的列表，有 5 列内容。

▸ **Input（输入）**：该字段显示从 1 到 128
的音频通道编号。

▸ **Assignment（指配）**：此列显示已被
指配给相应通道的内容（音床或声音对
象）。这里是只读的，只是显示在 Input
configuration（输入配置）窗口（cmd I）
中的信息，这些信息只能在该窗口中进
行更改。

▸ **Setting（设置）**：此列里的参数是唯
一可在本页面上编辑的。在选择器上
click打开下拉菜单 ❷，在这里你可以
从 4 个选项中进行选择：Off（关闭），
Near（近），中（Mid），远（Far）。

• 如何一次编辑多行：你可以通过cmd click在 Input（输入）字段上选中多个输入，或者
click一个字段，然后shift click第二个 Input（输入）字段来选中这两个字段之间的所有输
入。这时，你再从下拉菜单中进行选择，会将其应用于所有选中的输入。

▸ **Description（描述）**：此列显示已经给相应通道输入的描述，如通道名称。这一列也是
只读不可修改的，用于查看 Input configuration（输入配置）窗口中的内容。

▸ **Group（编组）**：这一列显示相应通道所被分配到的编组名称。这一列也是只读不可修改
的，用于查看 Input configuration（输入配置）窗口中的内容。

◯ Use Default（使用默认设置）

click（点击）Use Default（使用默认设置）❸
按钮会把所有通道的值设置为 Mid（中），LFE 通
道始终为关闭状态。Master（母版）页面中的这
个按钮呈灰色不可选。

◯ Copy settings from input to master（将输入
设置复制给母版设置）

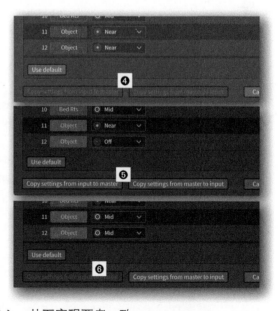

窗口底部有两个按钮 ❹，可让你将设置从输
入页面复制到母版页面，或从母版页面复制到输
入页面。必须满足几个条件才能使按钮和操作变
为可执行的状态。

• 如果未加载母版文件，则两个按钮均呈灰
色不可选。

• 要使两个按钮都为可选状态 ❺，Input
configuration（输入配置）窗口中的设置
必须与 Input（输入）和 Master（母版）
页上的设置一致。你不能更改母版文件中

已经写入的输入配置，但可以将其复制到输入，从而实现两者一致。

• 母版文件必须处于解锁状态 🔓，否则按钮 Copy settings from input to master（将输入设
置复制给母版设置）将保持灰色不可选 ❻。

Dolby Atmos Binaural Setting plugin（杜比全景声双耳音频渲染设置插件）

　　另一个可以用来配置双耳音频渲染模式的方法，不在杜比全景声渲染器里，而是通过"远程"完成配置。你可以通过加载由杜比提供的免费插件，直接在你混音用的数字音频工作站中进行配置。

　　这可能很有用，尤其是当杜比全景声渲染器是运行在一台单独的计算机上，而你正聚精会神地在数字音频工作站的屏幕上做着混音工作。不过，这种工作流程在一定程度上增加了复杂性，并可能出现误操作，因此我不确定这是否值得。

Dolby Atmos Binaural Setting plugin（杜比全景声双耳音频渲染设置插件）

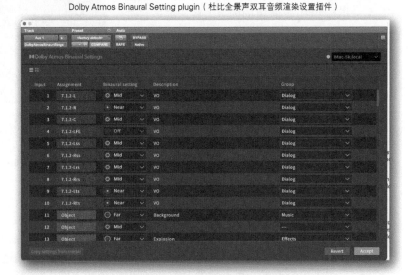

　　需要你自行判断。
　　下面便是操作方法。

● **Dolby Atmos Binaural Setting plugin（杜比全景声双耳音频渲染设置插件）**

　　首先，你需要这个名为 Dolby Atmos Binaural Setting Plugin（杜比全景声双耳音频渲染设置）的插件，该插件是 Dolby Atmos Production Suite 安装程序的一部分。杜比全景声渲染器 v3.7 将插件更新为 v1.1，并与早期的插件版本 v1.0 不再兼容。

　　你可以在硬盘的以下位置安装 AAX、VST3 和 AU 这 3 种格式的插件。

Dolby Atmos Binaural Setting Installer
（杜比全景声双耳音频渲染设置插件安装程序）

　　▶ **AAX 插件**：~/Library/Application Support/Avid/Audio/

　　▶ **VST3 插件**：~/Library/Audio/Plug-Ins/VST3/

　　▶ **AU 插件**：~/Library/Audio/Plug-Ins/Components/

插件设置文件将被安装在以下位置：

　　▶ **AAX 的预设**：~/Documents/Pro Tools/Plug-In Settings/Dolby Atmos Bina/

　　▶ **AU 的预设**：~/Library/Audio/Presets/Dolby Laboratories/Dolby Atmos Binaural Settings/

　　▶ **VST3 的预设**：~/Library/Audio/Presets/Dolby Laboratories/Dolby Atmos Binaural Settings/

选中 Documentation（文档）复选框后，安装程序会将 pdf 格式的用户操作指南文件放在以下位置：

~/Applications/Dolby/Dolby Atmos Binaural Settings/

　　虽然官方仅测试了 Pro Tools、Nuendo、Logic Pro 和 Ableton Live 以及 DaVinci Resolve，但这些应该也适用于其他数字音频工作站。

➡️ **概念**

在了解详细信息之前，让我们先来围绕此插件的概念和功能作一些探讨。

- **远程遥控**：插件可用作杜比全景声渲染器上 Binaural Render Modes（双耳音频渲染模式）窗口（ cmd B ）的遥控器。如果杜比全景声渲染器在一台单独的计算机上运行，而你正聚精会神地在数字音频工作站计算机上工作，那么你可以在数字音频工作站中完成这些修改。

- **禁用本地控制**：当插件处于激活状态时，在杜比全景声渲染器上相应的渲染模式设置（用于输入设置！）将被禁用。

- **两个（！）远程遥控**：这是第一个（有误导性的）绊脚石。插件的名称是"Dolby Atmos Binaural Settings（杜比全景声双耳音频设置）"，这意味着它是用于控制双耳音频渲染模式的设置的（这其实没说错）。但是，插件还控制输入配置窗口的设置，你可以在其中将音频输入指配为音床、声音对象或无。

- **禁用输入配置**：由于输入配置现在由插件控制了，因此杜比全景声渲染器上的输入配置窗口将会被禁用，并显示相应的变更消息。

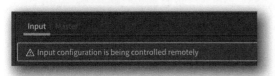

- **预设**：在插件中完成 Input Configuration（输入配置）和 Binaural Render Modes（双耳音频渲染模式）设置的优点是，我们可以使用插件的预设功能来保存和调用这些设置。在杜比全景声渲染器中，当你使用 Import/Export Configuration（导入 / 导出配置）功能时，这一配置会包含再渲染（下混）设置，你并不能单独导出 / 导入它们。

- **只有一个插件实例**：这是另一个令人困惑的不一致之处。这一插件必须加载在一条音轨上，但它却对该音轨本身不起任何作用。音轨本身只是作为该功能的"宿主"，而该功能并不在该音轨的信号流里。为了避免混淆，建议可以创建一轨单独的辅助音轨（单声道或立体声），不为其分配输入和输出，仅用于加载该插件。如果你不小心重复加载这个插件两次，你会收到一个友情提示，让你不要那样做。

- **无自定义组**：首次加载插件时，它将在禁用之前从"输入配置"窗口中查找设置。现在你可以直接在插件里编辑所有的指配、说明和组名称。但是，你在"输入配置"窗口中创建的任何自定义的组都将无法被保留，且不能在编组下拉菜单中被使用，除非已经有输入被指配给这个组。

- **母版文件设置**：当你将母版文件加载到杜比全景声渲染器中时，混淆会升级。一个新的复制按钮出现在渲染器和插件上，用于在两者之间来回复制设置，另外还有蓝色和黄色指示器提示你各种不匹配，相信你会非常有兴趣去理解和解决问题。

- **Deactivate Plugin（停用插件）**：在 Pro Tools 中，你可以停用插件（在它上 opt cmd click ）。对于杜比全景声渲染器来说，这样操作就像插件已被移除一样，你又可以在输入配置窗口中进行各种编辑了。但是，当你重新激活插件后，它将用存储在插件中的设置覆盖所有之前所做的编辑。

➡️ 用户界面

该插件的用户界面非常简单，因为它长得很像杜比全景声渲染器中的双耳音频渲染模式窗口。它有两个视图，你可以在它们之间进行切换。就在插件左上角的相应按钮 click 。

▤ List View（列表视图）按钮 ▦ Grid View（网格视图）按钮

⚪ List View（列表视图）

列表视图类似于杜比全景声渲染器中的双耳音频渲染模式窗口，不过你只能在这里编辑双耳音频渲染设置列。在插件版本中，Assignment（指配）❶、Description（描述）❷ 和 Groups（编组）❸ 这 3 列也是可编辑的，这意味着插件结合了双耳音频渲染模式窗口和输入配置窗口的功能。编辑这些字段的功能与相应窗口中的功能相同，因此请在我们讨论过的上一页中查找相关信息。

- **连接状态字段 ❹**：右上角是你与你远程控制的杜比全景声渲染器建立连接的位置。如果在同一台计算机上，它将自动连接。

- **行和列**：除第一列（输入数字）外，所有其他字段的编辑方式与在杜比全景声渲染器窗口中的编辑方式相同。

- **未被映射的声音对象**：带有黄色外框的声音对象表示它还没有被数字音频工作站映射。

- **从母版中复制设置**：此按钮 ❺ 有 3 种外观状态（暗灰色，激活的灰色，激活的蓝色），仅当你在杜比全景声渲染器中加载了母版文件时才有意义。

- **Revert（还原）/Accept（接受）**：这两个按钮可能看起来很熟悉，但它们可能很具有欺骗性。对 Binauarl Setting（双耳音频设置）❻ 字段的任何更改都将立即生效。当你在杜比全景声渲染器中打开双耳音频渲染模式窗口时，你可以看到这些更改。这是合理的，因为这样你就可以摆弄各种渲染模式的设置，并立即听到这些设置的效果。Revert（还原）按钮 ❼ 放弃自你打开插件窗口以来的所有更改。

- **Accept（接受）**：Accept（接受）按钮 ❽ 关闭窗口并将更改应用到输入配置设置。

- **版本**：click 左上角的插件名称来打开和关闭插件的版本号 ❾ 显示窗口。

Dolby Atmos Binaural Setting Plugin（杜比全景声双耳音频渲染设置插件）

◯ Grid View（网格视图）

网格视图很特别，因为它在杜比全景声渲染器中不可用（但实际如果能用可能会非常方便）。

它只显示双耳音频渲染模式，但会分布在网格上显示，因此你可以在一个页面上查看和编辑所有 128 个通道的设置，无需向下滚动很久才可访问编号较大的输入通道的设置。

顶部的连接状态字段 ❶ 和底部的按钮 ❷ 与列表视图中相同。通道周围的黄色外框可以快速辨别该声音对象是否未被映射。

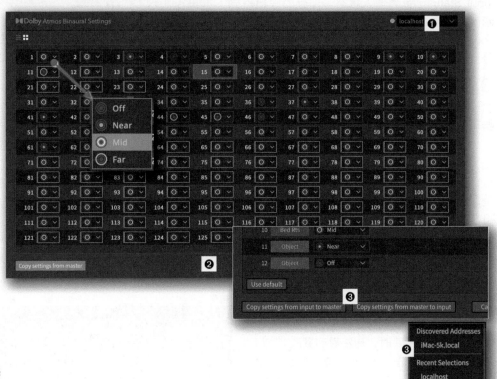

➡ 连接

连接状态字段建立插件与杜比全景声渲染器之间的连接。它是独立运行的，与包括 Pro Tools 中的 Dolby Atmos Peripherals（杜比全景声外设）设置在内的任何其他连接状态都无关。

功能非常简单。

- ▸ **发现的地址**：如果你单击选择器 ❸，它将列出所有发现的地址和最近用过的地址。如果你在同一台计算机上运行杜比全景声渲染器，则会列出该计算机的"Network Name（网络名称）"，该名称与 localhost 相同。
- ▸ **自动连接**：如果杜比全景声渲染器在同一台计算机上运行，则该插件会自动连接到该计算机。
- ▸ **状态指示灯**：指示灯 ❹ 可以为红色（已断开连接）或绿色（已连接）。
- ▸ **手动输入**：如果你知道网络上要连接的计算机的 IP 地址，请在字段 click 并输入该地址 ❺。
- ▸ **获取信息**：插件首次与杜比全景声渲染器建立连接时，它会从输入配置窗口中提取信息（不包含自定义的组名称！）和双耳音频渲染模式窗口。
- ▸ **多个连接**：请注意，多个客户端可以通过网络连接到同一个杜比全景声渲染器，如杜比全景声渲染器远程控制器，杜比全景声双耳音频渲染设置插件，杜比全景声音乐声像定位器插件。如果你断开其中一个连接，则可能也会断开其他连接。

➡️ 控制状态消息

有几个显示状态信息和 LED 指示灯，你必须关注它们，好知道哪些被远程控制了，哪里可能有问题。

⬤ 音频输入状态指示灯

当选择 Input（输入）❶ 按钮作为源时，Audio Input Status（音频输入状态）部分的底部将显示一条消息 ❷ "The Input configuration is being controlled remotely（输入配置正在被远程控制着）"，这表示使用了 Dolby Atmos Binaural Setting Plugin（杜比全景声双耳音频渲染设置插件）。

⬤ 状态栏区域

在主窗口的左下角是状态栏区域。这里只有当有要报告的内容时，才会有信息短时弹出或保持可见，否则不显示任何内容。

有两条消息可能会弹出，这些消息涉及杜比全景声双耳音频渲染设置插件正在控制的两个窗口，即 Input configuration（输入配置）窗口和 Binaural Render Mode（双耳音频渲染模式）窗口。

请记住，杜比全景声双耳音频渲染设置插件控制着杜比全景声渲染器的输入 ❶ 的这些设置。但是，加载的母版文件具有自己的设置，这些设置是与该母版文件一同保存的。如果母版文件中的这些设置与这两个窗口中的任何一个窗口，以及 Trim（微调）和 Downmix（下混）控制窗口中的输入设置不同，则它们将在状态栏区域将以橙色 LED 指示灯 ❸ 列出。

● Input configuration   ● Binaural Render mode

⬤ 输入配置窗口

如果打开输入配置窗口（cmd I），当在数字音频工作站上加载杜比全景声双耳音频渲染设置插件时，你将看到更改。

- 黄色警告消息显示 ❹ "The input configuration is being controlled remotely（正在远程控制输入配置）"。
- Input（输入）选项卡有一个蓝点 ❺，当设置与加载的母版文件不匹配时，它会变为橙色。
- 所有设置均为可见，但无法编辑。如果在插件窗口中改动了设置并 click Accept（接受）按钮确认这些改动，你将在打开的输入配置窗口中立即看到这些更改。

输入配置窗口

⬤ 双耳渲染模式窗口

如果打开双耳渲染模式窗口（cmd B），当在数字音频工作站上加载杜比全景声双耳音频渲染设置插件时，你将看到更改。

- 黄色警告消息 ❻ 显示 "The input configuration is being controlled remotely（正在远程控制输入配置）"。
- 当然，只有 Input（输入）选项卡 ❼ 有一个蓝点，当设置与加载的母版文件不匹配时，它会变为橙色。
- 所有设置均为可见，但无法编辑。如果在插件窗口中改动了设置（不用点击 Accept 按钮

双耳渲染模式窗口

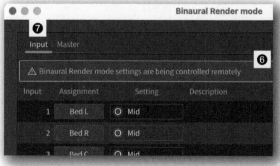

确认这些改动），你将在打开的输入配置窗口中立即看到这些更改。

◯ 预设

安装程序还将插件预设默认 7.1.2 配置 ❶ 放置在各种插件格式的相应位置。

- 你可以访问该预设来加载输入配置窗口和双耳音频渲染模式窗口的默认设置。
- 你还可以将当前配置保存 ❷ 为你自己的预设，以便在以后需要时加载它们。

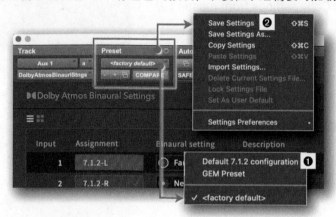

➡ 母版文件

加载母版文件时，事情会变得有点复杂。

▶ **Input（输入）**：双耳音频渲染模式窗口的输入 ❸ 页面上的设置会影响实时输入 ❹，即来自数字音频工作站的信号。当你选择主窗口 Source Section（源部分）中的 Input（输入）选项卡后，你听到的信号便已经是应用了这些设置和处理后的了。不过，当加载了杜比全景声双耳音频渲染设置插件 ❺ 后，该窗口中的内容就由插件来远程控制 ❻ 了。

▶ **Master（母版）**：双耳音频渲染模式窗口的 Master 母版 ❻ 页面上的设置是存储在当前加载的母版文件 ❽ 中的设置。当你在主窗口的 Source Section（源）中选择 Master（母版）选项卡 ❾ 后，你听到的信号便已经是应用了这些设置和处理后的了。杜比全景声双耳音频渲染设置插件对这些设置没有影响。

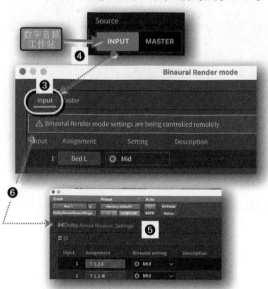

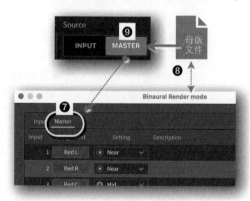

⚪ 将母版复制到输入（插件）

请注意，杜比全景声双耳音频渲染设置插件 ❶ 没有 Input（输入）和 Master（母版）切换开关，因为它的设置仅对输入有效。如果这些输入的设置与杜比全景声渲染器中当前加载的母版文件不一样，则插件窗口左下角的 Copy settings from master（从母版文件复制设置）❷ 按钮将变为蓝色（被激活状态）。当你 `click` 它时，母版文件中的输入配置设置和双耳音频渲染模式设置将复制到输入，并在插件（以及双耳音频渲染模式窗口，如果已打开）上正确显示。

⚪ 将输入复制到母版

在本章的开头，我警告过你使用杜比全景声双耳音频渲染设置插件时的复杂性，或者至少是不一致性。

下面就是一个例子。

▶ **没有加载插件**：如果没有插件，所有设置都在双耳音频渲染模式窗口中进行控制。正如我前面所解释的那样，当你加载了母版文件后，底部的两个按钮 ❸ 将变为被激活状态（取决于各种条件），你可以在输入和母版之间复制设置。

▶ **已经加载插件**：加载杜比全景声双耳音频设置插件 ❶ 时，复制的操作将被分在两个窗口中完成。

· **母版 > 输入**：这是你可以在插件上用 Copy setting from master（从母版复制设置）❷ 按钮执行的操作，正如我刚提到的。请注意，双耳音频渲染模式窗口上的相应按钮，Copy settings from master to input（将设置从母版复制到输入）❹ 呈灰色不可用，这意味着操作仅在插件上可用。

· **输入 > 母版**：如果你要将设置从输入复制到母版，那么在插件上是无法执行此操作的，也不提供用于此操作的按钮 ❺。在这种情况下，即使使用插件，你仍然必须打开双耳音频渲染模式窗口，并使用 ❻Copy settings from input to master（将设置从输入复制到母版）按钮执行此操作。

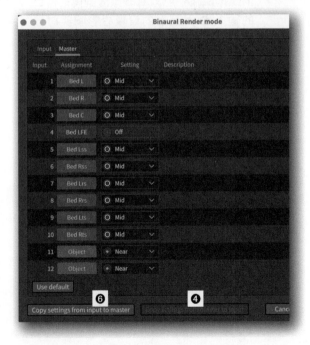

◯ 输入配置！

在杜比全景声渲染器的输入配置窗口中，此行为类似，但也有些细节需要注意。

我们将在后面讲到，母版文件一旦被创建后，就不能在其中编辑 Assignment（指配）和 Description（描述）这两个参数了。但是，还可以编辑每个输入音轨的编组信息。现在，当你尝试将插件复制到母版文件时，局面会变得更加混乱。

- 如果 Input 和 Master 的值相同，并且你只编辑了插件上的编组信息，那么你的操作符合预期。首先，你必须单击插件上的 Accept（接受）按钮。接下来在"输入配置"窗口中，Copy settings from input to master（将设置从输入复制到母版文件）按钮将变为激活状态（如果母版文件已解锁 🔓），你可以在按钮上 click，将编组信息覆盖至母版文件。
- 如果你在插件上更改任何输入通道的指配或说明中的值（无论是否对编组字段进行更改），那么 Copy settings from input to master（将设置从输入复制到母版）按钮都将保持非激活状态，因为你无法覆盖母版文件中的这些值。

➡ 相同的插件界面

无论插件是 AAX❶、AU❷，还是 VST3❸ 格式，它们的用户界面都是相同的。只有预设功能会根据你使用插件的特定应用程序而有所不同。

第5章 混音

当你消化完我们在上一章中讨论的所有配置后，你可以继续来到更有趣、更有创意的部分：混音。其实下面介绍的工作流程和一般的立体声混音并无特别之处，但一些需要注意的要点我们将在这一章作出说明——声像定位（路由），表，限制，响度。

➡ 与数字音频工作站有关的混音任务

以下是你仍需在数字音频工作站上完成的几个与混音相关的任务。

- **编辑**：编辑音频区块的方式与以前相同。
- **处理**：在音轨上添加效果插件进行信号处理的方式与以前相同。但是，有部分工作流程，如并行处理、效果返回、总线处理（特别是在"不存在的"混音总线上）可能需要做一些调整。
- **音量平衡**：你仍然需要用电平推子调整音量平衡。
- **路由**：数字音频工作站工程中用到各种路由的概念可能需要重新思考。任何总线概念都必须符合杜比全景声混音的 128 个音频通道限制。

➡ 声像定位

虽然单个音轨的声像定位仍然在数字音频工作站中操控完成，但与立体声或环绕声相比，"结果"是截然不同的。

- **声像定位控制输出**：声像定位控制的输出不会送至数字音频工作站上的音频总线，而是直接（原汁原味地）送至杜比全景声渲染器的 128 个输入通道之一。
- **声像定位控制数据**：你在声像定位控制器上创建的数据（移动到左、右、后等）不会影响音频信号（音床除外），而是将声像定位信息作为元数据单独保存，并通过同一音频通道发送到杜比全景声渲染器。
- **声像定位控制插件**：虽然有些数字音频工作站（如 Pro Tools 和 Nuendo）已经修改了它们的声像定位控制（Surround Panner，Multi Panner 等），使它们可以兼容你的杜比全景声混音。任何其他的数字音频工作站都需要依赖于一个特殊的插件 Dolby Atmos Music Panner（杜比全景声音乐声像定位器），它可以提供声像定位和一些其他的强大功能，我将在本章中讨论。

➡ 表—限制—响度

在杜比全景声中混音时，需要特别注意以下 3 个方面。

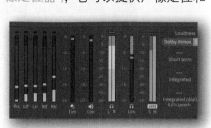

- **表头**：虽然你在数字音频工作站中的每个通道条上看到的电平与到达杜比全景声渲染器的电平大小相同，但最终输出的电平是完全不同的，你需要对渲染过程和信号到达最终听众的整个流程有新的理解。
- **限制**：在杜比全景声组合中实现了一些"隐藏的"限制器，有些可以开关，有些则不能。这就需要对这一机理相关的事情有更多的了解。
- **响度**：当然，响度测量必须在杜比全景声渲染器上完成，但有一些不同和特别的选项可用。

声像定位－空间位置元数据

基于声音对象的声像定位概念

混音声像定位控制的功能，或者说对它的处理，是杜比全景声混音和传统立体声甚至多声道环绕声混音之间的主要区别之一。

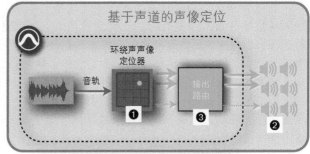

基于声道的声像定位

● 基于声道的声像定位

在传统的基于声道的配置中，音轨上的音频信号通过声像定位控制 ❶ 分配到其多声道输出（即 5.1），这 6 个声道再通过音轨上的输出路由 ❸ 发送到相应的扬声器 ❷。

● 基于声音对象的声像定位

以下是配置基于声音对象时最重要的区别。

▸ **音频信号映射**：音轨上的音频信号被路由到杜比全景声渲染器的 118 个音频输入通道之一（映射到对象，如第 11 通道），使用 Dolby Audio Bridge❹ 作为音频输出设备。

▸ **单独的声像定位控制**：如下图所示，作为音轨 ❺ 的一个组件，声像定位控制不属于音频信号流的一部分。从技术上讲，你甚至可以在不同的音轨上使用声像定位控制器。（不过这会让事情变得更复杂）

▸ **空间位置元数据**：声像定位控制不是将音频信号分配到各种音频输出总线，而是根据用户输入创建空间位置元数据。这些是你要在三维空间中定位音频信号

的坐标。这些坐标（也称为笛卡儿坐标）作为元数据发送，告诉系统如何"在空间内"控制处理音频信号。

▸ **渲染器映射**：因为空间位置元数据 ❻ 是与音频信号 ❼ 分开发送的，所以你必须确保它们"保持在一起"。这是通过将声像定位控制的输出映射到对应音频信号的同一音频输入通道（如通道 11）来建立的。

▸ **双信号**：这意味着从数字音频工作站路由到渲染器的 118 个音频通道中的每一个都承载两个信号，音频数据及其空间位置元数据。这两个信号在杜比全景声混音的整个传输过程中保持相互独立 ❽ 直到渲染到扬声器 ❾ 回放时。

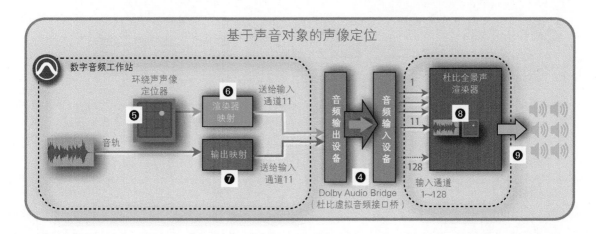

基于声音对象的声像定位

➡ 杜比全景声 = 基于声道 + 基于声音对象

虽然杜比全景声被称为"基于声音对象"的格式，但它实际上同时使用基于声音对象和基于声道的概念。

但是，这正是它的术语有点令人疑惑的地方。

> 杜比全景声同时使用这两个概念
> 基于声道的路由
> 和
> 基于声音对象的路由

⬤ 声音对象（基于声音对象）

杜比全景声之所以被称为基于声音对象的系统，是因为从数字音频工作站路由到杜比全景声渲染器的音频通道被称为对象，因为它们没有"绑定"到任何扬声器通道（左，右，左上等）。对象的位置是用传统的声像定位控制器（环绕声声像定位器）❶ 创建的，但这些映射给音频通道 ❸ 的信息是在音频信号 ❷ 之外以元数据的形式单独传输 / 存储的。元数据、空间位置坐标和其他声像定位相关的数据不是固定不变的（即，在左侧和中心之间稍高一点），它们可以在使用声像定位自动化创建的歌曲中随意移动。但是，只有在播放期间，渲染器（内置于播放设备中）才会在相应的扬声器通道中播放该对象。

⬤ 音床（基于声道）

音床的机理类似于传统的基于声道的混音概念。通过对音频信号的声像定位控制 ❹，你可以随时将音频信号分配到环绕声声像定位器的可用通道上 ❺。环绕声声像定位器的输出被发送到输出映射（Output Mapping）❻，它又将各个单独的通道路由到杜比虚拟音频接口桥的通道（如 1 ~ 10 声道）。杜比全景声渲染器接收这些通道（1 ~ 10），但这些通道被分配作为音床 ❼ 而不是声音对象。也就是说，渲染器知道这些音频信号是没有空间位置坐标元数据与其对应的。但音床的 ❾ 通道有固定的通道编号分配 ❽（1=L，2=R，3=C，4=LFE 等），因此杜比全景声播放设备在渲染这些通道时知道应将它们分配给哪个扬声器。

你在 Surround Panner 上执行的实际声道路由将根据在这些不同声道上播放的音频信号的级别"固化"到环绕声道中。

⬤ 扬声器声道（基于声道）

术语"基于声道"也指"扬声器声道"❿。在这里，渲染器接收所有音频信号（音床和对象），并确定杜比全景声混音中每个音频通道要送达的扬声器声道以及电平的大小。当然，当你有很多声像定位自动化在三维空间中伴随音频信号应用时，这一切都是随时在发生变化的。

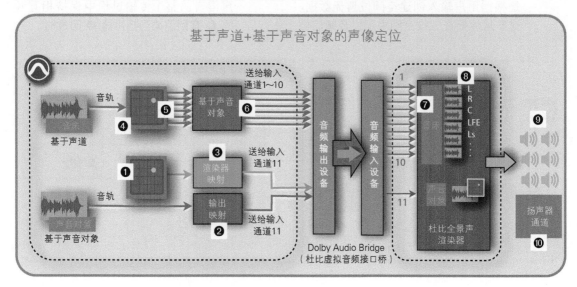

基于声道+基于声音对象的声像定位

送给输入通道1~10

基于声音对象 ❻

音轨

❺

❹

基于声道

❸

渲染器映射

送给输入通道11

❶

音轨

输出映射

送给输入通道11

基于声音对象

❷

音频输出设备

音频输入设备

1

❼

❽

L R C LFE Ls ...

10

音床

11

声音对象

杜比全景声渲染器

Dolby Audio Bridge（杜比虚拟音频接口桥）

❾

🔊🔊
🔊🔊
🔊

扬声器通道

❿

➡️ 路由分配（Logic Pro）

我将在另一本图书《Logic Pro 杜比全景声混音》中详细介绍如何使用 Logic Pro 制作杜比全景声节目，下面是一个简短的概述。

◯ 音床分配

如果你要将音轨路由到音床，请在通道条的输出选择器上选择 Surround（环绕）❶。确保在 Logic Pro 的 Preferences（首选项）➤ Audio（音频）➤ I/O Assignment（I/O 分配）➤ Surround（环绕）❷ 中配置正确的输出通道，以便将单个环绕声通道分配给杜比全景声渲染器中正确的音床输入通道。截至 Logic Pro 10.6，它所支持的环绕声最高声道规格为 7.1。

◯ 对象分配　　　　　　　　　　　　　　　　　　　杜比全景声音乐声像定位插件

屏幕截图显示了映射到对象的单声道 ❸ 和立体声通道条 ❹。为此，你必须设置输出映射（音频信号）和渲染映射（空间位置元数据）。

- ▶ **输出映射**：通道条的输出必须通过单声道输出总线 ❺ 或立体声输出总线 ❻ 路由到杜比全景声渲染器的相应音频输入。

- ▶ **渲染器映射**：将通道条映射到杜比全景声渲染器来发送声像定位器的空间位置元数据是通过 Dolby Atmos Music Panner 插件 ❼ 完成的，该插件加载在通道条的 Audio FX 插槽 ❽ 上。你可以通过直接在插件 ❾ 上选择杜比全景声渲染器的相应输入通道来建立映射。

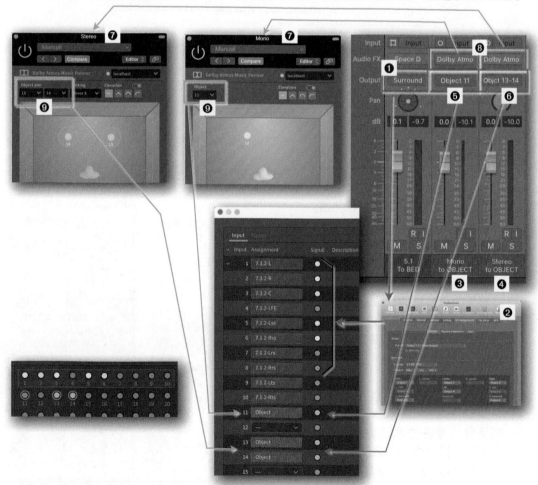

➡️ 路由分配（Pro Tools）

在所有数字音频工作站中，Pro Tools 与杜比全景声渲染器的集成最紧密。
整个配置包括 3 个方面。

⬤ 连接

Peripherals（外围设备）窗口有其一页专门
的杜比全景声页面 ❶，你可以在其中建立与杜比
全景声渲染器 ❷ 的连接。

外围设备窗口

⬤ I/O 映射

最重要的配置是在 I/O Setup（I/O 设置）对
话框中完成的。

▶ 输出映射 ❸：在总线页面上，你可以将输出总线路径映射到与渲染器上的音频输入通道相
对应的输出路径（也就是杜比虚拟音频接口桥的通道）。这对于所有送给杜比全景声渲染
器的通道都适用，无论他们被分配为音床还是声音对象。

▶ 渲染器映射：将输出总线路径也映射到渲染器（第二个复选框 ❹）使总线能够通过该路径
将空间位置元数据发送到杜比全景声渲染器所对应的音频输入通道（它也可以反向从渲染
器接收数据）。

I/O Setup (I/O设置)对话框

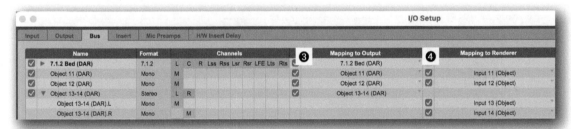

⬤ 音轨映射 / 路由

编辑窗口和混音窗口有其各自的对象视图 ❺，
可让你将该通道路由给杜比全景声渲染器。

▶ **声音对象通道**：对象视图上的选择器可以打开一个下拉菜单，
其中包含所有对象总线路径 ❻。这些总线路径是在 I/O Setup
（I/O 设置）对话框中有输出和渲染器映射的。当你在其输出窗
口选择器上 click 时，环绕声声像定位器 ❼ 会弹出，其所有数
据都作为元数据通过该总线路径发送。
激活"对象"按钮（使其变为橙色）
会将音频信号发送到该"对象总线路
径"。标准的输出选择器此时变为深蓝
色 ❽，表示已被绕过。

▶ **音床通道**：如果对象视图未被路由到
对象总线路径（或对象按钮为灰色），
则音频信号通过带标准功能的环绕声
声像定位器路由到该输出总线路径 ❾，
使其成为基于声道（音床）的音轨。

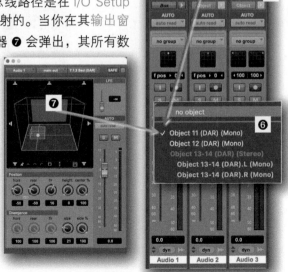

声像定位信息 = 元数据

以下是基于声音对象的概念，总结为一段话。

当你的数字音频工作站中的音频通道映射到输出通道，而该输出通道被路由到杜比全景声渲染器中指定为声音对象的输入通道后，如果音轨的声像定位控制信息也被映射到杜比全景渲染器上的同一输入通道，你在数字音频工作站音轨上用环绕声声像定位器所创建的所有声像定位设置将被发送到杜比全景渲染器上的同一输入通道。

元数据文件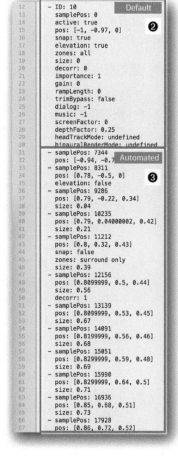

在这种情况下，当你录制杜比全景声母版文件时，与声音分开 " 抵达 " 杜比全景声渲染器的声像定位元数据将保存为一个专用的元数据文件 ❶（如右图所示）。我们将在下一章讨论录制声底。

元数据文件包含两个部分。

- **默认设置 ❷**：这些是所有声像定位参数的默认设置，这些参数是歌曲开头时的声像定位位置。它们存储在文件的开头。

- **动态声像定位设置 ❸**：如果你对歌曲中的任何声像定位参数使用自动化，那么数字音频工作站自动化通道上的每个自动化控制点都将在该元数据文件中存储时间戳。你可以在右图中看到，每个时间戳都被列为 samplePos，这是从歌曲开头开始算的采样计数，后面跟随特定参数的值。

◯ 环绕声声像定位器参数

请记住，当引用空间位置元数据时，该元数据中还包含其他参数。下面是一些由环绕声声像定位器创建的参数。

- pos（位置）：此参数在括号中列出 3 个数字，它们是 *XYZ* 空间位置坐标。
- size（大小）：Size（大小）参数确定信号会溢出到相邻声道多少。
- elevation（高度）：这是在 Pro Tools 中称为 height enable（启用高度）的自动化参数。
- snap（抓取）：这是 Speaker Snap（抓取扬声器）参数，一个声音对象在独立扬声器间移动（根据其 *XYZ* 坐标选择出的位置最接近的单独的一只扬声器），而不是依赖幻象源通过在多只扬声器播放发出声音。
- zones（区域）：这些是声音对象可以被定位到的各组扬声器的区域。

◯ 环绕声声像定位器

每种特定的环绕声声像定位器可能不会具备所有可用的参数。

Dolby Atmos Music Panner ❹（我将在接下来的几页中详细介绍）只有 *X*、*Y*、*Z* 和大小参数。而 Pro Tools 原生的环绕声声像定位器 ❺可以调整更多的参数，并对它们实现自动化。

Dolby Atmos Music Panner（杜比全景声音乐声像定位器）

没有集成支持杜比全景声的环绕声声像定位器的数字音频工作站需要配合 Dolby Atmos Music Panner 插件来使用。

➡️ **基本知识**

让我们从关于杜比全景声音乐声像定位器的基本知识开始。

- ▸ **新增功能**：杜比全景声音乐声像定位器是最近（2020 年 2 月）才发布的，它是杜比全景声音乐混音用的专用工具。

- ▸ **用途**：该插件不是用于在输出母线上分配音频信号的传统声像定位器。它的唯一用途是生成 *XYZ* 位置数据，当映射到杜比全景声混音中被指派为声音对象的 118 个音频通道之一时，这些数据可以作为元数据一同发送。

- ▸ **免费的选择**：这个免费的插件是为了让那些还没有集成支持杜比全景声功能的环绕声声像定位器（如 Pro Tools 和 Nuendo）的数字音频工作站也可以与杜比全景声渲染器一起使用准备的。但它还提供了工作站本身集成的声像定位器所不具备的音乐声像定位功能。

- ▸ **仅限支持 Mac 平台**：该插件目前仅适用于 Mac，所以这部分将不包含在 Windows 平台上运行的数字音频工作站中。

- ▸ **音乐声像定位器**：该插件具有内置音序器，可让你根据数字音频工作站的节拍速度在三维空间中定位音频信号。这一特有的功能使得它在已经集成了环绕声声像定位器的数字音频工作站上也有可为。

- ▸ **对 EuCon 控制台的支持**：插件的参数可以被支持的 EuCon 控制台进行编辑和自动化控制。

- ▸ **单声道还是立体声**：该插件适用于单声道和立体声音轨，你可以在一个视图内定位一个或两个通道。

- ▸ **没有 LFE**：与传统的环绕声声像定位器不同，杜比全景声音乐声像定位器不能控制 LFE，因为对象不能访问 LFE 通道。

- ▸ **没有声音**：该插件不对任何音频信号进行处理，它只根据用户的输入生成元数据并直接发送给杜比全景声渲染器。

➡ 安装

Dolby Atmos Music Panner 插件不是 Dolby Atmos Production Suite 安装程序的一部分。你可以从杜比官方网站单独下载这一插件。

◯ 插件

插件提供了 3 种安装格式：AAX、VT3 和 AU，并分别安装在硬盘上的以下位置：

杜比全景声音乐声像定位器安装程序

Package Name	Action	Size
☑ Dolby Atmos Music Panner AAX Plug-in	Install	9.9 MB
☑ Dolby Atmos Music Panner VST3 Plug-in	Install	10 MB
☑ Dolby Atmos Music Panner AU Plug-in	Install	9.6 MB
☑ Documentation	Upgrade	1.2 MB
☑ Pro Tools I/O Settings File	Upgrade	61 KB
☑ Ableton Live Template	Upgrade	165 KB
☑ Logic Template	Upgrade	1.6 MB
☑ Nuendo Template	Upgrade	3.1 MB
☑ Pro Tools Template	Upgrade	367 KB

- ▶ **AAX 插件**：**~/Library/Application Support/ Avid/Audio/**
- ▶ **AU 插件**：**~/Library/Audio/Plug-Ins/Components/**
- ▶ **VST3 插件**：**~/Library/Audio/Plug-Ins/VST3/**

◯ 文档

选中 Documentation（文档）复选框后，安装程序会将 pdf 格式的用户操作指南文件放在以下位置：**~/Applications/Dolby/Dolby Atmos Music Panner/**

◯ Pro Tools IO 设置文件

此选项将在 Pro Tools Root Settings Folder（Pro Tools 根设置文件夹）中安装 IO 设置文件：Dolby Atmos Music Production.Pio。

安装位置：**~/Documents/ProTools/IOSettings/**

◯ 模板

安装程序包含 4 种格式的模板文件，这些文件是预先使用 Dolby Atmos Music Panner 插件配置好的杜比全景声音乐混音项目或工程。

- ▶ **Ableton Live**：**~/Music/Ableton/User Library/Templates/Dolby Atmos Music 64 Channel.als**
- ▶ **Pro Tools**：**~/Documents/Pro Tools/Session Templates/Dolby Atmos Music/Dolby Atmos Music 64 Channel.ptxt**
- ▶ **Logic Pro**：**~/Music/Audio Music Apps/Project Templates/Dolby Atmos Music 64 Channel.logicx**
- ▶ **Nuendo**：**~/Library/Preferences/Nuendo 10/Project Templates/Dolby Atmos Music 64 Channel.npr**

➡ 启动插件

在数字音频工作站中启动插件是很直接的，但有几个注意的点。

- ▶ **Insert（插入）**：Dolby Atmos Music Panner 的功能类似于数字音频工作站中的任何其他音频效果插件，你可以以相同的方式将其加载到音轨的 Insert 插槽上。
- ▶ **单声道 / 立体声**：该插件提供了单声道和立体声两种形式，可加载到单声道音轨或立体声音轨上。
- ▶ **没有声音**：虽然它是挂在音频效果插槽上的，但插件本身不传递任何音频信号，因此，也不属于音轨音频信号链的一部分。
- ▶ **仅元数据**：插件创建的唯一数据便是元数据，这些元数据将传送到杜比全景声渲染器上并映射到对应的音频输入通道。
- ▶ **音轨其实只是宿主而已**：由于插件会建立自己与杜比全景声渲染器的连接，因此理论上讲，它也可以被挂在任何有空余 Insert 插槽的其他音轨上。而这一音轨将仅作为 Dolby Atmos Music Panner 插件的宿主而已。
- ▶ **Insert 插槽的顺位**：其实也不必纠结特定 Insert 插槽顺位，因为它其实并不处理任何音频信号。但是，出于规整的目的，最好根据你的工作流程的统一规划，安排统一的 Insert 插槽顺位给所有音轨使用（最好是最后一个插槽）。这也使得使用外部控制台时操作更容易。

➡️ 用户界面

让我们来讨论一下用户界面的元素。

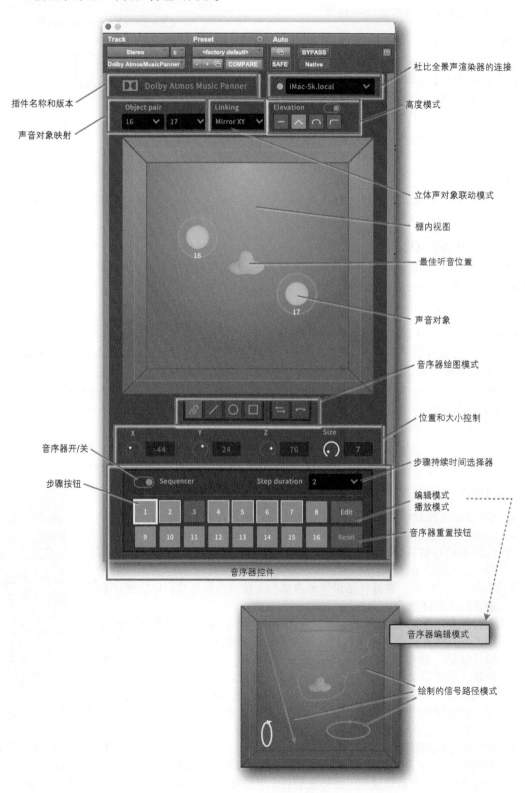

◯ 声像定位器的名称和版本

插件的左上角显示插件的名称，当你在插件上 click 时，还会显示版本号 ❶。

◯ 渲染器连接部分

右侧是具有以下功能的渲染器连接部分。

▶ **自动连接**：如果杜比全景声渲染器在同一台计算机上运行，则该插件会自动连接到该计算机。

▶ **状态指示灯**：当你连接到杜比全景声渲染器时，指示灯 ❷ 为绿色；未连接时，指示灯为红色。

▶ **下拉菜单**：在选择器 ❸ ⌄ click 选择下拉菜单中列出的被发现或最近使用过的地址。

▶ **输入字段**：你还可以 click 地址字段 ❹，并在其中输入同一网络上可用计算机的主机名或 IP 地址，以便手动连接到远程计算机上运行的杜比全景声渲染器。

◯ 声音对象映射部分

这是一个重要的部分，在这里设置目的地，映射到杜比全景声渲染器上的音频输入通道，并同时将插件记录的 *XYZ* 空间元数据也发送到该通道。在 Pro Tools 中，确保将其设置为与音轨上的输出路由相同的声音对象。

声音对象映射部分包含以下元素。

▶ **声音对象 ❺**：如果插件加载在单声道音轨上，则只有一个声音对象选择器。click ⌄ 会打开一个下拉菜单，其中列出了你可以为其分配声像定位器的所有 118 个音频通道。只有数字显示为白色的是可用的，数字显示为灰色的为已映射或未在杜比全景渲染中分配过的对象。

▶ **立体声对象 ❻**：如果插件加载在立体声音轨上，则有两个声音对象选择器。一个用于音轨的左声道，一个用于音轨的右声道。你可以为左右两声道自由分配 118 个音频输入通道中的任何一个。

▶ **状态指示**：如果声音对象编号为蓝色，则表示插件已连接到杜比全景声渲染器；如果该编号为白色，则表示连接丢失或所输入的通道在杜比全景声渲染器中还未分配为对象。

▶ **对象字段**：你也可以 click 字段 ❼ 来输入数字。红色框 ❽ 表示输入的对象不可用。

◯ 立体声对象的关联模式

立体声对象的关联模式 ❾ 决定对象视图区域中左右两个声音对象的移动是如何关联在一起的。

▶ **复制**：两个对象具有相同的 *XYZ* 空间位置，这意味着你只能移动一个可见的对象。它们堆叠在一起，虽然显示的是两个通道编号 ❿。

▶ **镜像 X**：在 *X* 轴上移动一个对象的位置将使另一个对象在 *X* 轴上反方向移动。这时两个对象的 *Y* 轴和 *Z* 轴位置保持一致。

▶ **Y 镜像**：在 *Y* 轴上移动一个对象的位置将使另一个对象在 *Y* 轴上反方向移动。这时两个对象的 *X* 轴和 *Z* 轴位置保持一致。

▶ **XY 镜像**：在 *X* 轴和 *Y* 轴上移动一个对象的位置将使另一个对象在 *X* 轴

和 Y 轴上反方向移动。这时两个对象只有 Z 轴位置保持一致。

● 高度开关

高度开关的设置会带来下面的结果。

▶ **Off**：Z 轴的值被设置为 0 并禁用（变暗），且你无法再对它进行更改。Elevation Shape（高度形状）按钮也会变暗。所有已写入的 Z 轴的自动化信息仍将被正常回放。

▶ **On**：Elevation Shape（高度形状）按钮被激活，你可以从 4 个选项中选择一个。这个功能是：Z 轴的值取决于所选的按钮。

● Elevation Shape（高度形状）按钮

这 4 个 Elevation Shape（高度形状）按钮用于控制高度，根据声音对象的 X 和 Y 轴坐标确定当它们发生变化时，Z 值会发生什么变化。你可以对这个按钮进行自动化控制，而这一自动化参数的名称是 Elevation Mode（高度模式）。

 手动（默认）

Z 轴参数的数值不受 XY 轴数值的影响，你可以手动随意设置 Z 轴的值。

 楔形

Z 轴参数变成灰色，不能手动更改。

当你更改 Y 值时，Z 值会自动跟随变化。Z 值在最前方和最后方为 0。随着向中心移动，Z 值在最中心达到最大值，为 100。

 球形

Z 轴参数变成灰色，不能手动更改。

当你更改 X 值和 Y 值时，Z 值会自动跟随变化。在房间的最外侧一圈时 Z 值为 0，随着向中心移动（从任何方向），Z 值在最中心达到最大值，为 100。

 曲线

Z 轴参数变成灰色，不能手动更改。

当你更改 Y 值时，Z 值会自动跟随变化，Z 值仅在最前方为 0。Z 值随着向中间移动逐渐增加，并在移动到中间位置时就达到 100。

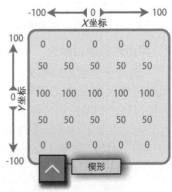

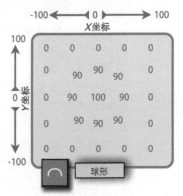

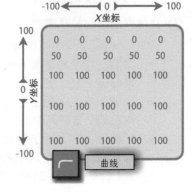

◯ 房间视图和声音对象

中心的大方块是"对象"视图，它显示你在虚拟房间中定位的声音对象的声像位置。

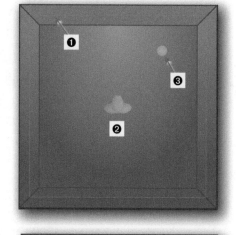

▸ **Birdseye View（鸟瞰视图）**：方形代表以鸟瞰视角观察的二维空间，听众位于中心。

▸ **蓝线 ❶**：蓝线表示墙壁边界。

▸ **收听位置 ❷**：在中间的那个图形代表听众，从上面看是头和肩膀。

▸ **位置圆圈**：银色圆圈 ❸ 表示声音对象的位置。

▸ **立体声对象**：如果插件加载到立体声音轨上，则会显示两个圆圈 ❹，表示两个声音对象。

▸ **高度指示**：信号的高度由声音对象的大小，也就是圆的直径 ❺ 表示。

▸ **大小指示**：声音对象的大小（它溢出到邻近通道、扩散到房间的程度）由围绕声音对象的轮廓 ❻ 表示。

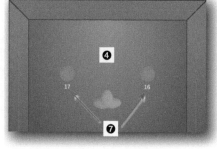

▸ **声音对象编号 ❼**：当插件映射到声音对象后，声音对象编号将显示在圆圈下方。

▸ **声音对象颜色 ❽**：圆圈的颜色指示通过插件映射到杜比全景声渲染器上输入通道的音频信号的电平值。它逐渐从灰色（无信号）变为绿色，然后变为黄色、橙色，最后是红色（削波）。

▸ **定位**：你可以 drag 房间视图中的对象以便借助图示方式确定其在 *XY* 平面的位置。上 / 下 shift scroll 声音对象将更改其 *Z* 轴的位置。

▸ **路径模式**：在 Sequencer Edit Mode（音序器编辑模式）中，房间视图可用于为每个音序步骤绘制路径 ❾，以确定对象在被音序器控制时的移动方式。

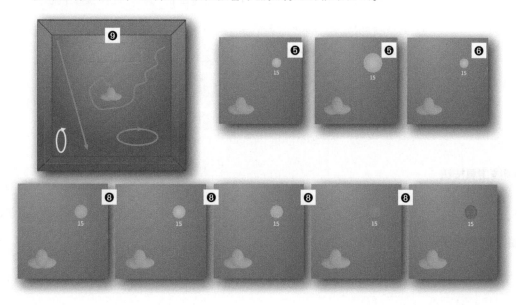

⦿ *XYZ* 空间位置和大小控制

对象的 *XYZ* 空间位置和大小可通过 *X*、*Y*、*Z* 和 Size 这 4 个标记的控件来单独设置。

▸ **旋钮**：`drag`向上 / 向下旋转旋钮可以更改值。
▸ **值字段**：值字段以数字形式显示对应的位置。`click`可高亮显示该字段和输入数值。
▸ **默认值**：在旋钮上 `opt` `click`，将其设置为默认值。
▸ **禁用的控件**：启用手动模式以外的其他高度模式时，对 *Z* 轴的手动控制将被禁用（变暗）。激活音序器时，对 *XY* 轴的值的手动控制将被禁用。
▸ **值**：控件具有特定的值范围。
  • *X*：–100 是在 *X* 轴上的极左侧，0 是中心，100 是在 *X* 轴上的极右侧。
  • *Y*：100 是 *Y* 轴上的最前方，0 是中间，–100 是 *Y* 轴上的最后方。
  • *Z*：0 是 *Z* 轴上的人耳高度位置，100 是 *Z* 轴上的顶环所在的高度位置。即便在地下室也没有负值。
  • Size（大小）：当 Size 的值设置为 0 时，从技术上讲这个功能是关闭的，信号仅根据它的空间位置从相应的扬声器发出。这个值越高，信号就越多溢出 / 传播到相邻扬声器，最大值为 100，此时信号将溢出到所有扬声器（带来"超单声道"一般的体验）。请小心使用该参数，因为它会造成这样一种情况：听者听到来自多个方向的单个声音源，而这在自然界并不存在。此外，当这种混音被下混到 5.1 或立体声时，它可能会造成声音能量不均衡。

⦿ 音序器控件

插件的底部是内置音序器的控件，你可以用它来按照特定模式移动声音对象，并同步数字音频工作站里设定的节拍速度，以创建基于节拍速度的声像定位运动。我将在下一页详细讨论这些内容。

⦿ 画线工具按钮

虚拟房间视图下方的 4 个画线工具按钮是音序器的一部分，只有在音序器开启了编辑模式时才会被激活。

⦿ 路径方向按钮

两个路径方向按钮也属于音序器的编辑模式的一部分。它们用来决定 4 个画线工具按钮中任何一个所画出的路径移动时的方向。

有 3 种使用 Music Panner 对其所控制的声音对象进行声像定位的方法。

1- 位置固定的声像定位；

2- 使用自动化控制的声像定位；

3- 使用音序器控制的声像定位。

➡ 1—位置固定的声像定位

未启用音序器时，你可以将对声像的 *XYZ* 空间位置和大小锁定在固定的三维空间中，并贯穿歌曲始末。你可以使用以下步骤设置值。

- 在房间视图中使用鼠标对声音对象的位置进行 `drag`；
- 向上 / 向下 `shift` `scroll` 对象以改变其 *Z* 值；
- 向上 / 向下 `drag` 旋钮；
- 在旋钮旁边的字段中输入数值；
- 使用外部控制器；
- 借助高度模式来根据 *XY* 的位置自动设定 *Z* 的值。

➡ 2—使用自动化控制的声像定位

你可以使用数字音频工作站中的自动化功能控制 Music Panner 插件的大多数参数。它的作用其实和所有其他插件一样，虽然它不处理音频。

右图是 Logic Pro❶ 和 Pro Tools❷ 中的自动化参数的屏幕截图。似乎在 Pro Tools 中不支持声道联动模式。

➡ 3—使用音序器控制的声像定位

在三维空间中定位声音对象的第 3 种方式是让它根据歌曲节拍速度进行移动或定位，这与 Ping Pong Pan 插件类似，但可以做得更复杂。

你可以使用杜比全景声音乐声像定位器的内置递进音序器（Step Sequencer）来完成。如果你之前就会用递进音序器（Step Sequencer）❸，无论是软件的还是硬件的，都可以很快上手使用杜比全景声音乐声像定位器插件中的音序器。

⬤ 基本音序器的功能

以下是合成器上的音乐递进音序器的基本功能。

- ☑ 你有特定数量的可用"步数"，4、8、16 或更多。
- ☑ 每一层都可以设置为特定的音。例如，4 步递进音序器可以为 a–b–c–e。
- ☑ 触发 / 启动脉冲告诉音序器按顺序重复播放步骤，直到你给它发出停止信号。因此，音序器将播放 a–b–c–e–a–b–c–e–a–b–c–e–...
- ☑ 此外音序器还需要一个参数，即节拍速度，也是同步信号，它告诉音序器从上一步前进到下一步的速度。

硬件递进音序器

⬤ 音乐声像定位音序器

基于音序器原本的功能，让我们看看它是如何应用在音乐声像定位器上的。

▸ **16 步**：你最多可以使用 16 步 ❶。

▸ **每步的内容**：这里是与音乐递进音序器的主要区别。这里不再是音高，音乐声像定位器的一步可以包含两个不同的元素 ❷。

　　▸ 位置固定的声像定位：在一步中使用固定的声像定位位置意味着每当播放到这一步时，声像将跳至该位置。这样，你可以创建一个序列，其中的声音对象，比如一个牛铃（当然，其实使用随便什么声音都可以）跟随音乐的节拍速度在空间中跳跃。

　　▸ 声像移动：将声像定位移动（如从左前到右后的移动）存储在步骤中意味着每当放到该步骤时，声音对象将根据这里特定的路径移动。每个步骤中可以存储不同的移动轨迹，播放该音序可以创建一个非常复杂的对象移动，而且它与歌曲的节奏是同步的。

▸ **节拍速度 ❸**：节拍速度同步不需要其他的设置，因为插件会自动从其运行的数字音频工作站中获取节拍速度（以及开始和停止）。

▸ **步骤的持续时间**：步骤的持续时间是音序器所需的唯一计时信息。当你在 Step Duration Selector（步骤持续时间选择器）⬇ 上 click 时会出现一个包含十个值的下拉菜单 ❹。它们以四分音符（节拍）为参考 ❺，这样决定了每一步的音乐长度：

- 1 = 四分音符，2 = 二分音符，4 = 1 小节，8 = 2 小节，以此类推。
- 1/2 = 八分音符，1/4 = 十六分音符，以此类推。

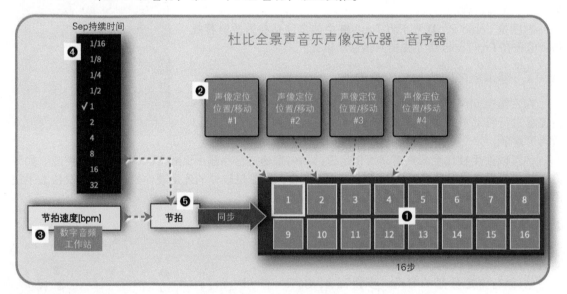

⬤ 音序器开 / 关

如果启用音序器，将发生以下情况。

- 选择 Manual（手动）按钮后 ▢，X 和 Y 将被禁用（由音序器控制），并且只能手动设置 Z 和 Size。
- 当选择楔形 ▢、球体 ▢ 或曲线 ▢ 时，则 X、Y 和 Z 都将被禁用（全部由音序发生器控制）。可以手动设置 Size。
- 16 个步骤编号块和编辑按钮变为激活状态。
- 步骤持续时间选择器也变为激活状态。

在启用音序器时，它将先记下声音对象当时所在的位置，然后当完成音序器设定并关闭音序器时，声音对象会被放回该位置。

◯ 播放模式

　　启用音序器后，它将处于 Play Mode（播放模式），此时如果你开始在数字音频工作站上播放，那么音序器将一并启动工作，并用一个粗白框标注当前"正在播放"的步骤。

◯ 编辑模式

　　编辑递进音序器时，需要注意许多如单独编程步骤、反馈声染色、小提示等其他细节。
以下是基础使用方法。

☑ **第 1 步**：启用音序器（默认情况下它是处于播放模式的）。这将触发下列情况。

- 如果在 Elevation Mode（高度模式）选择了 Manual（手动），X 值和 Y 值将变为非激活状态 ▤。如果选择了其他 3 个高度模式中的任何一个 ▤ ▤ ▤，则 X 值也将变为非激活状态。
- 声音对象位于房间视图里的中间（对于单声道来说）或极左极右（对立体声双声道来说）的位置。
- Step Duration Selector（步骤持续时间选择器）变为激活状态，并设置为默认值 1。
- 16 个蓝色的步骤按钮和灰色的编辑按钮变为激活状态。
- 步骤按钮 1 有一个白色粗轮廓。

☑ **第 2 步**：[click] Edit（编辑）按钮以切换到编辑模式。以下内容将发生变化。

- 灰色的 Edit（编辑）按钮变为蓝色的 Done（完成）按钮，该按钮可用于切换回播放模式。
- Reset（重置）按钮变为激活状态。
- 步骤按钮 1 出现一个红色轮廓线，表示该步骤处于写入模式。
- 房间视图里是空的，没有显示任何声音对象。
- 房间视图下方的画线工具按钮变为激活状态。

☑ **第 3 步**（可选步骤）：[click] Reset（重置）按钮可删除任何之前编好的步骤。

☑ **第 4 步**：在 4 个画线工具按钮中选一个，并根据需要选择方向按钮。

☑ **第 5 步**：在一个位置上 [click] 或 [click-hold]，然后在虚拟房间中画出动线。在画线时，点或线为白色。当释放鼠标后，将出现以下情况。

- 你创建的点或路径图案变为蓝色。
- 下一步对应的步骤按钮现在由红色框表示它被激活，处于写入状态。
- 之前写入的步骤按钮现在有一个白色框，表示它已存储了编程。

☑ **第 6 步**：现在你有以下选择。

- 为红色的当前步骤指定位置或画出动线，然后释放鼠标再次向前移动到下一步骤。
- [click] 另一个步骤按钮，而跳过中间的某些步骤。播放音序器时将跳过这些步骤。
- [click] "上一"步骤按钮（或带有白色框的任何步骤）来编辑该步骤。步骤按钮变为红色框（写入模式），位置或移动（存储在这一步骤内的）将从白色变为蓝色。
- [double-click] 一步来禁用它。如果已选择步骤按钮（红色框），则只需 [click] 选择一次。禁用步骤按钮很容易，它会保留你为该步骤所做的编程数据，以防你需要尝试性实验，后期决定再次启用该步骤。

☑ **第 7 步**：编程完成后如果需要增加步骤，有两种办法。

- [click] Done（完成）按钮将模式从 Edit Mode（编辑模式）切换至 Play Mode（播放模式）[该按钮会在点击后显示为 Edit（编辑）按钮]，然后播放数字音频工作站来查看 / 收听音序器播放你编程的内容。
- [click] Reset（重置）按钮可删除你在所有步骤中存储的编程内容。此时第一步骤显示红色框，以重新开始并返回到第 4 步。

☑ **播放模式**：进入播放模式后，将发生以下变化。

- Done（完成）按钮会变成 Edit（编辑）按钮。
- 已编好（且未静音）的第一步按钮将被选中，显示为粗白框。

步骤按钮外观

以下是你会看到的步骤按钮的 6 种外观，它们用于指示其状态：

- 该步骤为空，无数据
- 该步骤有数据了
- 该步骤有数据但被禁用了（播放时会跳过）
- 步骤有数据，当前正在播放

- 步骤当前处于写入模式
- 该步骤已被禁用，但它里面没有轨迹（没有任何实际用途）

画线工具

当你在编辑模式下的房间视图上 click 时，你其实为该步骤创建了一个位置。但是，当你 click drag，你创建了描述对象移动的轨迹。声音对象必须在预先设定的持续时间内完成所规划的移动轨迹，这其实决定了移动的速度。此外，你绘制的轨迹有一个起点和终点，在这个轨迹上移动的方向会通过箭头 ❶ 指出。

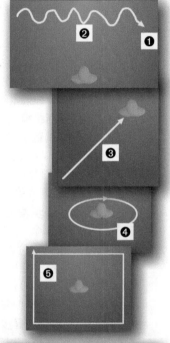

- 随意画线 ❷：涂鸦你希望声音对象移动所遵循的轨迹；
- 直线 ❸：绘制一条直线，声音对象将遵循这个轨迹；
- 椭圆 ❹：绘制一个椭圆，声音对象将遵循这个轨迹；
- 矩形 ❺：绘制一个矩形，声音对象将遵循这个轨迹。

方向按钮

你可以分别或同时启用这两个按钮。

- 来回轨迹：启用该按钮，声音对象将遵循该路径返回到轨迹的起点。它将以双倍速移动。
- 轨迹反转：启用该按钮，声音对象将沿相反的路径移动，箭头方向将改变。

在编辑模式下：

- 该步骤的所有轨迹 ❻ 都显示为蓝线。
- 你可以选择某一特定步骤（会出现红框标注这一步骤），其路径将以白色显示。
- 你不能编辑白色的轨迹，只能通过绘制新轨迹来覆盖它。
- 被禁用单元格的轨迹为深色 ❼。
- 在播放模式下，轨迹线不会显示，但你可以看到声音对象的移动是遵循这些轨迹的。
- 你不能直接绘制高度移动轨迹，只能通过使用 3 种高度模式间接实现 。

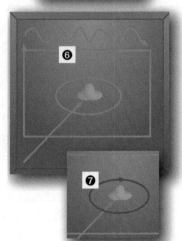

预设

由于 Music Panner Plugin 是一个插件，因此它支持预设功能。这样就可以将你在音序器中精心设计的移动轨迹存储为插件预设，并在其他音轨或其他工程中调用。

三维声音对象视图

声音对象视图在主窗口的右下区域，始终可见。它为你提供了一个很好的视觉反馈，让你可以清晰地看到环绕声声像定位器在三维空间如何定位音频信号。

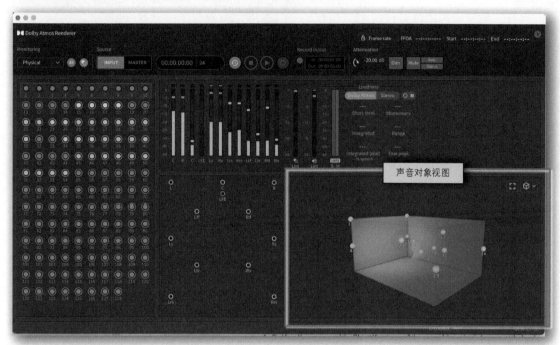

➡️ **基础知识**

以下是一些基本事实。

▸ **虚拟房间**：该图显示了一个三维的房间，通过可视化方式展示了你混音所在的空间。

▸ **仅展示声音对象**：虚拟房间中仅显示映射到声音对象的音频信号。映射到音床的音频信号不可见！这意味着，你在这里看到的并不是完整的混音。

▸ **点信号**：当前正在播放的每个信号都显示为一个点。

▸ **3 个参数**：显示每个信号的空间位置、大小、电平和其他文字信息。

▸ **不同角度**：你可以旋转这个三维房间，从不同的角度"看"你的混音。

▸ **放大视图**：你可以利用主窗口的所有空间（标题除外）展开显示"声音对象视图"。

➡️ **视角**

你可以在对象视图中任意位置 `click` `drag` 旋转视角。

在对象视图上 `double-click`，在当前角度和鸟瞰视图之间切换。

➡️ 声音对象的"外观"

在对象视图中表示对象的圆可通过不同的外观来显示各种参数。

🔘 位置

点在三维空间内的位置代表 *XYZ* 坐标，这些坐标随后渲染到指定的扬声器布局或双耳音频混音。

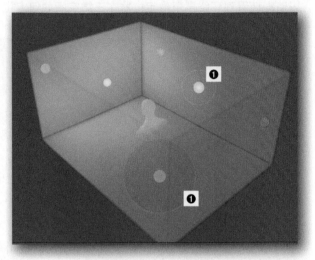

🔘 大小

可以在环绕声声像定位器中调整声音对象的尺寸参数，通过圆点周围的光晕 ❶ 表示。尺寸越大，光晕的轮廓越大。

🔘 电平

点的颜色表示了音频信号的电平及信号的一些状态：

▶ **不显示**：当声音对象的音频信号电平低于 –90dB 时，它不会显示在"对象视图"中。

▶ **绿色**：–90 ...–20dB。

▶ **黄色**：–20dB ...–6dB。

▶ **橙色**：–6dB ...0dB。

▶ **红色**：高于 0dB。

▶ **蓝色**：如果你在环绕声声像定位器中移动声音对象的位置，则该声音对象的颜色将变为蓝色 ❷ 并且所有其他声音对象将变暗 ❸，直到你松开鼠标。

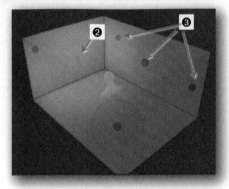

➡️ 用户界面

对象视图的右上角有两个按钮，一个正方形图标 ❹ 和一个立方体图标 ❺。

🔘 小 / 大视图

第一个按钮 ❹ 用来切换对象视图的大小。

- 小视图中会显示此按钮 ⛶ ，当你在它上 click 时，它会调整视图的大小，以便最大化利用整个主窗口 ❻（不包含标题栏）❼。

- 大视图中窗口里的该按钮 ✚ 外观会不太一样，当你在它上时 click，它会将视图调整为原始尺寸。

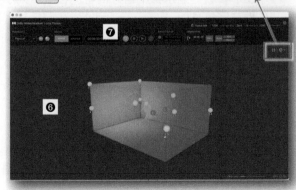

第二个按钮，立方体图标 ❶，是一个选择器，当你在它上 click 时，会开启一个包含有 5 个选项的菜单 ❷。要关闭菜单，你必须再次在这个按钮上 click。

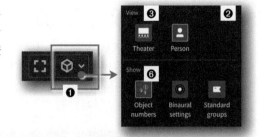

● 查看选项

View（视图）❸ 部分允许你在两个选项中选择，以直观地更改虚拟房间的视觉效果，以使其能更好地展示你正在混的内容。

▶ **影院视图**：该视图是以一个电影院的视角来展示的，前面是白色的银幕 ❹。对象能移动到的最低点（0 标高）位于银幕底部。这在混电视 / 电影内容时有用。

▶ **人头视图**：此视图是以一个通用的混音棚来展示的，听者的头位于其中心 ❺。对象能移动到的最低点（0 坐标）位于人的耳朵高度，房间的中间位置。这对于不需要配合画面完成的音乐类混音很有用。

▶ **标准的分组 ❾**：每个点都显示了输入配置窗口（cmd I）中设置的该对象的分组名称。遗憾的是，只使用了标准的分组名称——Dialog（对白）DX，Music（音乐）MX，Effects（效果）FX，Narration（旁白）NR。如果之前使用了自定义组名称，那么这里是不会显示的。

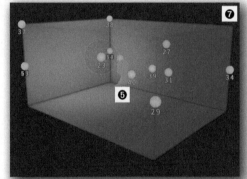

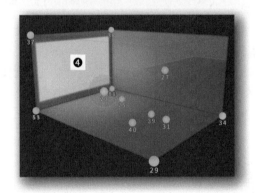

● 显示选项

Show（显示）❻ 部分允许你从 3 个选项中选择一个，以决定圆点下方显示的文本内容。

▶ **输入通道 ❼**：每个点会显示其所代表对象的音频输入通道编号（11 ~ 128）。

▶ **双耳音频设置 ❽**：每个点显示对象在双耳音频渲染模式窗口（cmd B）中被分配的 4 个双耳音频渲染模式中的一个：关闭，近，中，远。

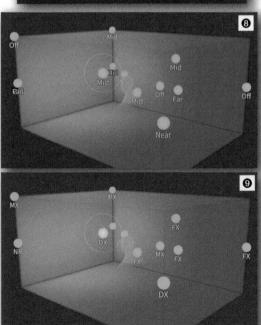

电平表 – 限制器 – 响度表

在杜比全景声渲染器的主窗口中有很多的表，他们闪烁着各种颜色，并做着各种运动。在本章中，我们将对所有这些进行解读，以确保我们知道在点击录制按钮录制杜比全景声母版文件之前，要检查哪些点以获得最佳结果。

以下是主窗口中各种表的介绍。

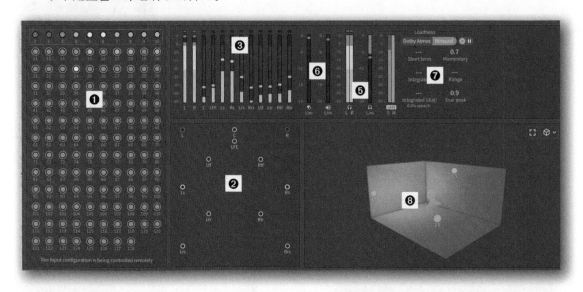

🔘 音频输入表 ❶

左侧的音频输入状态指示灯显示了 128 个输入通道中每个通道的电平。LED 使用了绿色 – 黄色 – 橙色 – 红色的标准颜色代码。

🔘 扬声器输出表（布局）❷

扬声器布局部分（也称为房间配置）不仅显示当前所选监听扬声器配置的扬声器位置，表示扬声器通道的每个环都同时用作电平表，环的颜色显示相应扬声器输出通道的电平。

🔘 扬声器输出表（柱状表）❸

上方的柱状表显示了相同的扬声器输出电平，并在左侧 ❹ 显示了相应的 dBFS 单位刻度。

🔘 耳机输出表 ❺

耳机输出有自己的柱状表，可显示立体声或双耳耳机电平。

🔘 限制器增益衰减表 ❻

最多有 3 个限制器增益衰减表分别显示扬声器限制器、耳机限制器和空间编码限制器的增益衰减。

🔘 响度表 ❼

右侧的"响度表"部分提供各种数字和图形读数，以及用于测量响度的控件。

🔘 三维声音对象视图 ❽

三维对象视图不仅将各个对象的位置显示为点，而且还对这些点进行颜色编码，以指示与其对应的音频输入表 ❶ 的相应通道的输入电平。

电平表

➡️ 输入电平

Audio Input Status Indicators（音频输入状态指示灯）上的每个 LED 代表杜比全景声渲染器 128 路音频输入之一。它们的颜色代表了电平，颜色会逐渐从绿色变为红色。

- 红色：0 dBFS
- 橙色：>–6 dBFS
- 黄色：>–20 dBFS
- 绿色：>–93 dBFS

具体显示了哪路音频输入，取决于上面源的选择。

▶ **INPUT（输入）❶**：LED 显示从数字音频工作站 ❷ 送入杜比全景声渲染器的 128 路音频输入。

▶ **MASTER（母版）❸**：当回放 ▶ 当前加载在杜比全景声渲染器中的母版文件时，LED 将显示该母版文件 ❹ 上记录的最多 128 路音频信号。

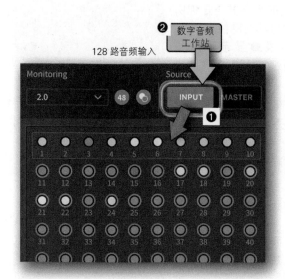

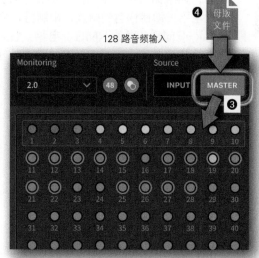

3D Object View（三维声音对象视图）❺ 还在三维空间内用带有颜色编码的点显示输入信号及其电平。但是，它只会显示分配给 Objects（对象）而非 Bed（音床）的输入通道的音频信号，并且仅在对象被播放（有信号）时才有显示。

Audio Input Status Indicators（音频输入状态指示）也是如此，源选择器 ❻ 决定你看到表示的是来自数字音频工作站的信号（INPUT）还是之前录制在母版上的音频信号（MASTER）。

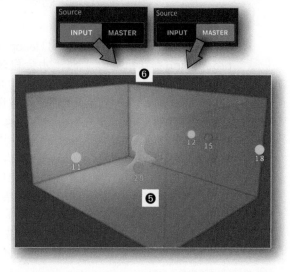

➡️ 扬声器输出电平

以下是有关扬声器输出电平表（"送给扬声器的信号"）的详细介绍。

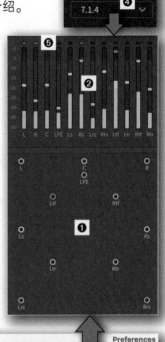

▸ **渲染器输出**：这里所显示的电平是扬声器渲染器将杜比全景声混音渲染为基于声道的信号后的输出信号。

▸ **双显**：各只扬声器输出的电平在 Speaker Layout Sections（扬声器布局图区域）内通过圆环表示 ❶，而在 Speaker Output Section（扬声器输出区域）内则以上面提到的柱状表显示 ❷。

▸ **显示/隐藏**：只有当开启了 Preferences（首选项）> Speaker（扬声器）❸ 中的 Speaker processing（扬声器处理）时，才会显示这个表。

▸ **监听源**：这里所显示的表的个数与当前选定的监听 ❹ 选项（7.1.2，5.1，2.0 等）相对应。

▸ **限制器前**：在限制器之前（可选）测得的扬声器电平。这意味着，如果你启用了限制器，那么你看到的电平并不是你听到的电平！即使你看到削波，限制器也会将其控制住。

▸ **Peak-RMS（峰值 RMS）电平**：柱状表 ❺ 显示了 RMS 值（柱状表的实心部分）及其峰值（位于实心部分上方的横杠），但其释放时间相当快。

▸ **Clip（削波）Reset（重置）**：位于顶部的一个红色削波 LED❻ 一旦点亮会一直亮着，你可以 `click` 它将其复位。

▸ **Unit（单位）**：表显示的单位是 dBFS（满度电平）。

➡️ 耳机电平

以下是有关耳机电平表的详细介绍。

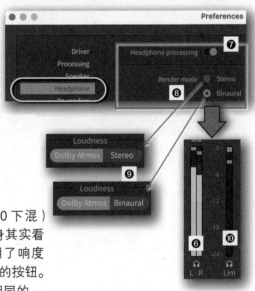

▸ **渲染器输出**：耳机渲染器的两路输出通道使用单独的柱状表显示 ❻，下方有个耳机图标用于识别。

▸ **显示/隐藏**：只有当开启了 Preferences（首选项）> Headphone（耳机）❼ 中的 Headphone processing（耳机处理）时，才会显示这个表。

▸ **立体声/双耳音频**：首选项里还允许你选择耳机渲染器输出 ❽ 的是标准立体声信号（2.0 下混）还是双耳音频渲染的信号。从耳机电平表本身其实看不出其所显示的内容是什么，但如果你启用了响度表，则可以看到显示"立体声"或"双耳"❾ 的按钮。

▸ **表的特性**：耳机表的特性与扬声器电平表是相同的。

▸ **Binaural Limiter（双耳音频限制器）**：双耳音频渲染器输出端的限制器始终处于开启状态，无论位于 Preferences（首选项）> Processing（处理）的输出限制选项是否开启。这就是为什么当选择双耳音频渲染后会始终显示耳机的增益衰减表 ❿ 的原因。

限制器

杜比全景声渲染器中的限制器功能的实现非常复杂，你务必要注意哪些信号在其信号链路中加入了限制器。这里有很多开关、例外情况和各种非常复杂的条件。

➡ 杜比全景声和限制器

在杜比全景声中使用限制器的方法和角度与在基于声道的格式（如立体声或任何多声道格式）中是不同的，下面解释了这一原因。

⚫ 立体声或多声道

立体声或多声道通过对输出电平的设置，使其达到指定的峰值电平和响度电平。在输出总线上使用任何限制器都可以在保持这些电平的同时影响音质／动态范围的创作结果，因为这些都会被打包合成为最终的母版文件。

播放设备或传输渠道（如广播或流媒体平台）只会根据他们各自的环境条件（如响度标准化，传输线规格等）对电平进行调整。

⚫ 杜比全景声

杜比全景声混音的输出电平是不确定的，因为它没有固定的输出通道配置，而是 128 个音频信号源及其元数据。实际基于声道的输出信号是在消费者手中的播放设备的输出通道数量（可能是 9.1.6 或可能是 2.0）在回放过程中实时生成（渲染）的。当渲染到输出通道较少的较小系统时，这可能会导致潜在的多个对象的信号积聚。这就是为什么杜比全景声在其播放设备中都集成了限制器，用于避免出现任何削波。

杜比全景声渲染器允许你加载一个与杜比全景声播放设备内置的相同类型的限制器，这样你就可以仿真监听杜比全景声在最终用户那边播放时的声音效果了。

➡ 输出表后的限制器！

这里有一个非常重要的原则。即使输出电平表 ❶ 显示的是发送到扬声器和耳机 ❷ 的输出信号，但当启用限制器 ❸ 时，其实是被放置在输出表之后的。这意味着你（在表上）看到的不一定是你（通过扬声器）听到的。

例如，当你在输出表上看到削波，限制器其实会在信号到达扬声器之前对其进行软限幅，这样你其实不用担心听到削波。不过你还是可以利用这个功能，发现所有声音过大的输出通道，并对混音做相应的调整，避免触发限制器。

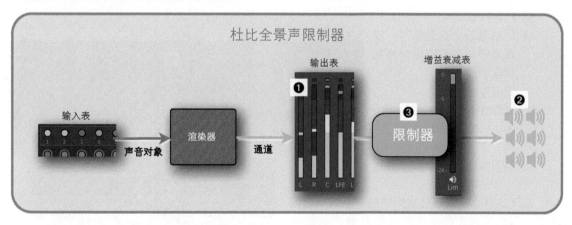

➡ 3 个限制器 " 区域 "

有 3 个区域可以加限制器。它们显示为 3 个独立的增益衰减表。

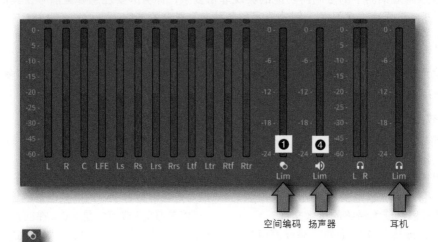

空间编码　扬声器　　　　耳机

⬤ 空间编码 <image name="Lim" />

　　当杜比全景声母版文件为交付 / 流媒体使用而（通过 Dolby Media Encoder 进行）编码，这将经过一个称为空间编码的过程。（我在本书中讨论过的）这一过程还包括一个内置的限制器，那就是空间编码限制器。

　　在杜比全景声渲染器中，你可以通过在 **Preferences**（首选项）**> Processing**（处理）中启用空间编码仿真 ❷ 来模拟该过程，这样你就可以听到杜比全景声作品在加载这一处理后的效果，这也是最终消费者听到你的作品时的效果。当你启用此仿真时，它将加入增益衰减表（0~–24dB）用于扬声器电平表旁边的限制器 ❶，这样你就可以看到限制器何时启动，并对你的混音做相应调整。

　　这个限制器是应用在空间编码输出之后，送给音箱之前。不过它不影响录制到母版文件中的信号，只对监听起作用。空间编码对双耳渲染输出也是不起作用的，而之后使用 AC4-IMS 编码，而不是 DD+JOC。

⬤ 扬声器，立体声耳机，再渲染（下混）

　　Preferences（首选项）**> Processing**（处理）有个开关可以打开 Output Limiting（输出限制器）❸ 的开关。当输出限制器打开（其实它默认也是打开的）时，会在输出表之后，渲染器输出给以下组件时，应用软削波限制器，限制器的增益衰减表显示在扬声器电平表旁边 ❹。

- ☑ **扬声器监听**；
- ☑ **耳机监听**（仅立体声，双耳音频渲染的输出始终启用限制器）；
- ☑ **再渲染（下混）** ［ LOUDNESS（响度）和 BIN（双耳渲染）的再渲染（下混）输出是始终启用限制器的 ］。

　　由于这两个限制器都会影响扬声器渲染器的输出，因此只有在启用扬声器处理 ❺ 后，增益衰减表才会出现在输出表旁边。

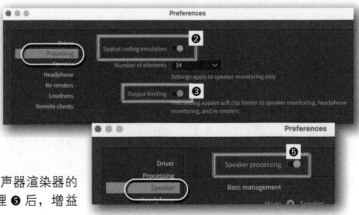

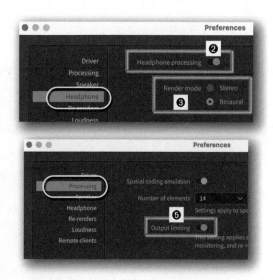

◯ 立体声 / 双耳音频渲染耳机

耳机渲染器的输出也有自己的限制器，但什么时候会出现以及限制器的触发条件也着实让人搞不懂。

▶ **耳机输出表**：首先，耳机渲染器有一个单独的双通道输出表 ❶ 显示在空间编码限制器和扬声器限制器旁边。

▶ **耳机处理**：当然，要显示耳机输出表和可选的耳机限制器，你必须在 Preferences（首选项）➤ Headphone（耳机）中启用耳机处理 ❷。

▶ **渲染模式**：在 Preferences（首选项）➤ Headphone（耳机）中的渲染器模式 ❸ 还允许你将耳机渲染器的输出设置为立体声（2.0 下混）或双耳音频渲染，这也决定了你在增益衰减表 ❹ 上看到的内容以及何时看到这些内容。

- **耳机立体声**：当渲染模式设置为立体声时，限制器将应用于耳机表 ❶ 后的立体声耳机输出。现在，仅当在 Preferences（首选项）➤ Processing（处理）中启用输出限制器 ❺ 时，增益衰减表才会出现。

- **耳机双耳音频**：当渲染模式设置为双耳音频时，限制器将应用于耳机表之后的双耳音频耳机输出。但是，即使在 Preferences（首选项）➤ Processing（处理）中禁用了输出限制器 ❺，增益衰减表 ❹ 也会一直保持可见，因为双耳音频渲染的输出始终带有限制器。

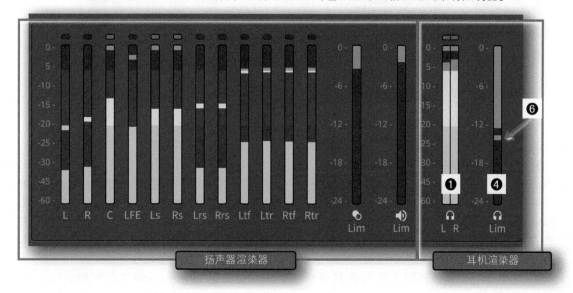

注意

▶ **合并限制**：限制器会被应用在所有输出通道合并后的所选监听配置。

▶ **LFE 不用限制器**：LFE 不会被限制器衰减。

▶ **重置保留峰值显示**：最大增益衰减值的 LED 能够保留峰值显示 ❻，当你 click 它时可以重置这一显示。

▶ **扬声器布局**：扬声器布局（5.1、2.0）中的通道数越少，由电平叠加而带来的限制就越多。在下面这个示意图中，大家可以看到要显示某个表或限制器，需要打开哪个开关。

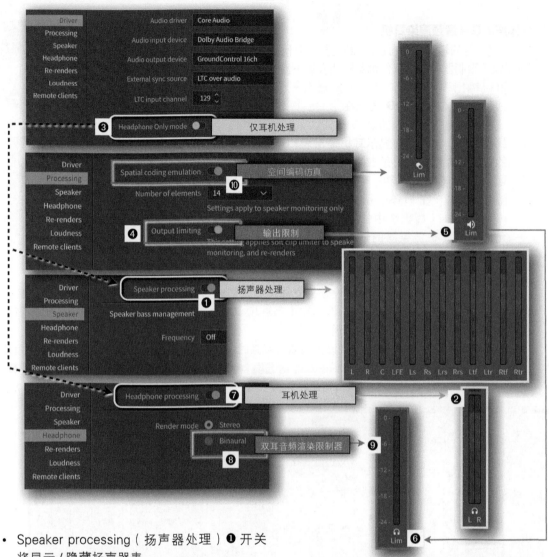

- Speaker processing（扬声器处理）❶ 开关
  将显示/隐藏扬声器表。
- Headphone processing（耳机处理）开关 ❷
  将显示/隐藏耳机表。
- Headphone Only mode（仅耳机模式）开关
  ❸ 隐藏扬声器表，只保留显示耳机表，且将
  覆盖当前所选的任何处理状态设置。
- Output limiting（输出限制）开关 ❹ 具有一
  些奇怪的设定：
  - 如果启用了 Speaker processing（扬声
    器处理），它将在扬声器表旁显示/隐藏
    Speaker Limiter（扬声器限制器）❺
  - 如果启用了 Headphone processing（耳机
    处理）❼（立体声），它将在耳机表旁边
    显示/隐藏 Headphone Limiter（耳机限制
    器）❻。

- 启用 Headphone processing（耳机处理）的
  Binaural（双耳音频渲染）时，会出现特殊情
  况。在这种情况下，即使禁用了输出限制开
  关，耳机限制器 ❾ 也是可见的，因为限制器
  始终应用于双耳渲染器输出。
- Spatial Coding emulation（空间编码仿真）开
  关 ❿ 将显示/隐藏 Speaker Output Meters
  （扬声器输出表）旁边的 Spatial Coding Limiter
  （空间编码限制器）。

➡ 信号流程图

此图显示了各个组件在信号链中的位置。

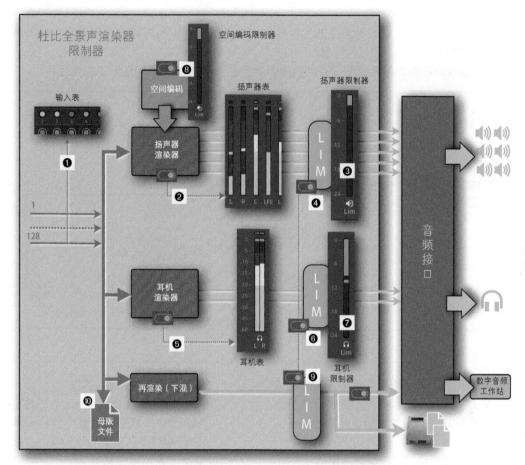

- 输入表 ❶ 测量杜比全景声渲染器（来自数字音频工作站或母版文件回放）的 128 个单独音频输入。
- 如果 Speaker Processing（扬声器处理）已启用 ❷，则每个扬声器输出通道均有对应的 Speaker Meter（扬声器表）。
- 可以使用 Preferences（首选项）＞ Processing（处理）中的 Output Limiting（输出限制）❹ 开关来启用显示在位于扬声器输出通道上限制器的增益衰减表 ❸。
- 如果启用了耳机处理 ❺，则会为这两个声道显示耳机表。
- Preferences（首选项）＞ Processing（处理）中相同的输出限制开关可在耳机输出通道（立体声）上启用限制器 ❻，显示单独的耳机增益衰减表 ❼。

- 当输出限制开关关闭但启用双耳音频渲染时，将显示相同的耳机增益衰减表。
- 如果你在 Preferences（首选项）＞ Processing（处理）中启用 Spatial Coding emulation（空间编码仿真）❽，则会为作为 Spatial Coding（空间编码）流程一部分的限制器将显示单独的增益衰减表。
- Preferences（首选项）＞ Processing（处理）中的 Output Limiting（输出限制）开关还可以对再渲染（下混）❾ 的输出启用限制器。使用此选项时，限制器会影响再渲染（下混）发送给任何目标的输出信号。BIN（双耳渲染）和 Loudness（响度）再渲染（下混）始终启用限制器。
- 当录制到杜比全景声母版文件 ❿ 时，限制器不会影响记录的信号。

响度表

➡️ 什么是响度归一化?

要了解如何看懂杜比全景声渲染器主窗口的"响度"部分中的各种表,你需要正确了解感知响度所涉及的内容和响度归一化的标准。

下图以信号流程图的形式说明了各种响度表的类型及基本功能,并显示了主要组件。

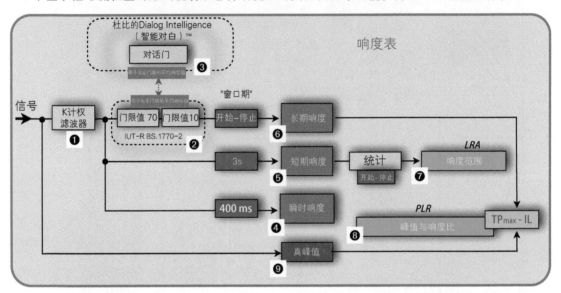

- **K- 滤波器 ❶**:响度表里的一个重要元素是 K 计权滤波器,它在测量信号之前会对其进行滤波。频率响应是基于人类听力的。

- **门限**:有两种门限控制方法使信号关闭,仅允许满足以下条件的信号通过并被测量。
  - 基于电平的门限 ❷:根据 ITU-R BS. 1770-2 规范,这两个门限设置为 -70dB 和 -10dB,通过他们来过滤掉空白和低电平信号后才进行测量。
  - 基于对白的门限 ❸:此方法基于杜比的 Dialog Intelligence ™(智能对白)算法,该算法仅允许在检测到语音内容时才允许测量信号通过。

- **Momentary Loudness(瞬时响度)[LUFS]❹**:这将测量 400ms 窗口内(无门限控制)的电平,类似于 VU 表或 RMS 表的特性。

- **Short-term Loudness(短期响度)[LUFS]❺**:这将使用 3s 窗口期(不设

门限控制)来测量电平。

- **Integrated Loudness(长期响度)[LUFS]❻**:这将测量整个节目长度或按下 START/STOP(启动/停止)之间的电平(带门限控制)。

- **Loudness Range(响度范围)[LU]❼**:这是一个经常被误解的表(LRA)。它根据开始到结束的短期响度(经过一些统计计算方法)获得节目动态范围的信息。

- **Peak to Loudness Ratio(峰值与响度比)[LU]❽**:它测量的值(PLR)类似于 Crest Factor(波峰因子),但它显示最大真峰值(True Peak)与长期响度(Integrated Loudness)之间的差值,而不是测量最大采样峰值(max Sample Peak)与 RMS 电平之间的差值。

- **True Peak(真峰值)[dBTP]❾**:True Peak(真峰值)测量表是一种采样峰值表,它拥有至少 4 倍过采样以捕获采样间的峰值。

我在 LogicProGEM 网站有一个链接,提供了不少关于响度标准化的信息。

杜比全景声和响度测量

下面是一些关于响度测量需要考虑的点。

电平与响度

电平表和响度表之间有什么区别？

- **电平表**：测量电平是指你对音频信号做一次"技术"测量。这类似于测量车辆的行驶速度或测量外部的温度。但是，对于音频信号，你需要了解测量工具的特性，例如 VU 表、RMS 表、采样峰值表。
- **响度表**：响度表意在测量感知到的响度，这意味着它是靠"感觉"去测量大小的。这类似于在测量温度时告诉你主观感受有多冷，例如，考虑风冷系数。或者，在 1980 年的 Honda Civic 赛车中以 100 英里 / 小时的速度驾驶可能比在 2021 年的劳斯莱斯赛车中以同样的速度驾驶感觉要快。

立体声 / 环绕声与杜比全景声对比

测量杜比全景声混音的响度是有挑战的。

- **基于声道**：测量立体声甚至环绕信号的响度很容易，因为这些都是基于声道的信号。你有 2 个或 6 个声道（5.1），将它们叠加就可以测量该信号的响度。
- **基于声音对象**：杜比全景声混音是基于对象的，而送给扬声器的基于声道的信号实际是由渲染器在播放过程的最后渲染得到的。杜比决定在渲染器渲染成基于声道的信号后测量，而不是测量多达 128 个输入信号的总和。但是，你使用哪一种进行测量？5.1？7.1.2？9.1.6？2.0？你并不知道最终用户收听时所用的扬声器布局是什么。

你测量的是什么？

杜比全景声渲染器允许你测量 3 种输出格式的响度。

- **杜比全景声**（5.1）❶：5.1 扬声器布局充当了所有其他扬声器布局的代表。因此，在三维声场中有大量信息的规模庞大的杜比全景声混音首先会被降级为传统的 2D 5.1 声场混音，然后软件再测量 5.1 混音的响度（不包括 .1）。
- **立体声**❷：立体声是在杜比全景声混音上执行的第二种响度测量。在这里，三维混音被降级为一维空间，然后测量这个 2.0 声道的混音的响度。
- **双耳音频**❸：双耳音频混音其实也是三维混音，只不过它是一个特别的渲染版本，杜比全景声渲染器将该信号作为测量响度的第 3 个选项。

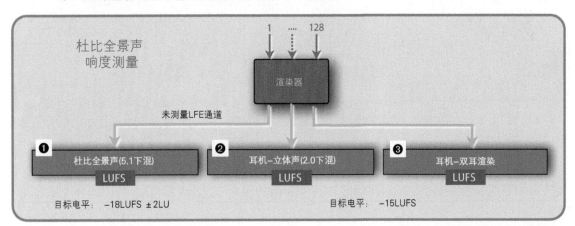

● 在哪里测量？

上图回答了你在杜比全景声渲染器（5.1，立体声，双声道）中测量时所遇到的关于测量的是什么的问题。在下面这张图中，我为你展示了在哪里测量响度的问题。如果你看到这张图后，认为在杜比全景声渲染器中实现响度测量似乎有点复杂，那么你可能是对的。你不仅可以在杜比全景声渲染器中测量 3 种不同的响度，且每个版本都有自己的一套规则、条件和特性。

最后，在了解了所有这些处理的背景后，你可以决定哪一种最适合你的工作流程。

下面是你可以测量响度的 3 种方式，我将在接下来的几页中详细介绍。

- ▶ ❶– **实时测量**：使用数字音频工作站输入或在杜比全景声渲染器中加载的母版文件，实时进行响度测量，并显示在渲染器的内置表头上。
- ▶ ❷– **再渲染（下混）测量**：使用数字音频工作站输入或杜比全景声渲染器上加载的母版文件，并使用它的再渲染（下混）功能在外部对导出的文件或连接的数字音频工作站执行响度测量。
- ▶ ❸– **离线测量**：在杜比全景声渲染器中加载母版文件并通过执行基于文件的离线分析测量其响度值，你可以将其导出为摘要或时间线文件。

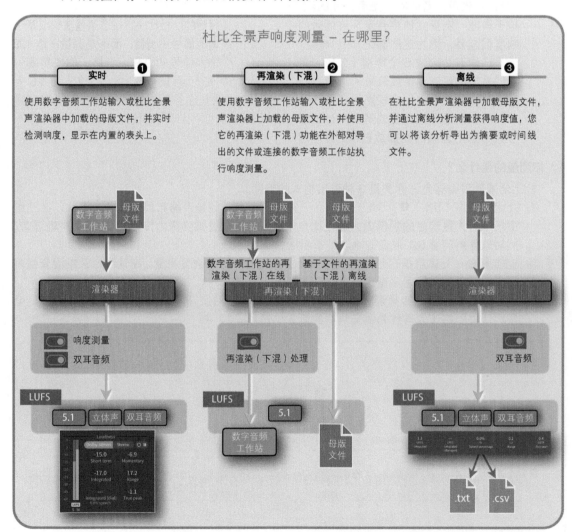

➡️ 1—响度测量：实时

使用主窗口上的内置响度表实时测量杜比全景声混音的响度是最快捷、最简单的方法。

以下是实时测量的图表，其中包含影响测量结果的所有因素，以及不影响测量的所有因素（后者和前者同样重要）。

☑ **Source（源）**：你可以选择 INPUT（输入）❶ 来测量来自数字音频工作站的实时信号源，或选择 MASTER 母版 ❷ 来测量加载在杜比全景声渲染器中的母版文件。

☑ **微调和下混**：这个功能其实很重要，但经常容易被忽视。Trim（微调）和 Downmix（下混）控制窗口 ❸（cmd T）为下混设定各种参数，由于响度是基于 5.1 和 2.0 下混结果测量的，而这些设置对音量有直接影响，因此对响度测量也有直接影响。

☑ **显示 / 隐藏显示**：Preferences（首选项）➤ Loudness（响度）页面有一个需要启用的开关：响度测量 ❹，打开后响度表显示在主窗口内。默认情况下，它是处于打开状态的。

☑ **输出类型**：响度表顶部有两个按钮，可

让你选择要显示的输出（杜比全景声，立体声，双耳渲染）。

☑ **双耳音频**：第一个按钮是选择 Dolby Atmos 杜比全景声 ❺（下混的 5.1）测量结果，但第二个按钮的工作方式有特别。

- Stereo（立体声）❻ 在禁用耳机处理后或启用并设置为立体声时显示。
- Binaural（双耳渲染）❼ 仅在启用耳机处理并设置为 Binaural（双耳渲染）❽ 时才会显示如此。

☐ **扬声器处理**：无需启用扬声器处理即可测量响度。

☐ **耳机处理**：当你仅要显示双耳渲染测量结果时，不必为立体声耳机测量启用耳机处理。

☐ **输出限制**：限制器仅模拟终端设备上的播放条件，不是实际信号响度测量的一部分。

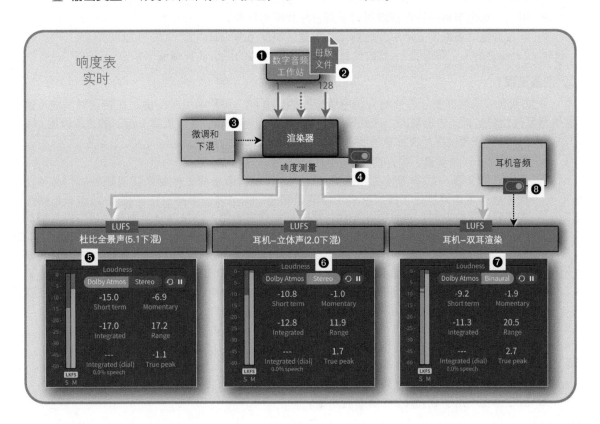

◯ **显示 / 隐藏响度表**

在 Preferences（首选项）> Loudness（响度）启用了响度测量开关 ❷ 时才显示响度表 ❶。

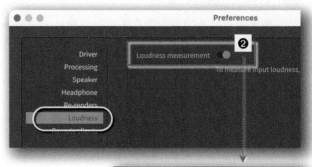

◯ **响度表显示**

响度表显示屏具有以下元素。

▶ **选择器 ❸**：按左侧的按钮（Dolby Atmos 杜比全景声）或右侧的按钮（Stereo 立体声或 Binaural）选择要测量的输出源。蓝色表示显示的值。

▶ **Reset（重置）❹**："重置" 按钮 ⟲ 将所有值归为 ——。

▶ **Pause（暂停）❹**：灰色按钮 ⏸ 表示当你按下它时测量将暂停。蓝色按钮 ⏸ 表示当你按下它时测量将恢复。

▶ **S❺**：垂直条形图显示短期响度。

▶ **M**：这一垂直条形图显示瞬时响度。

▶ **Short term（短期响度）❻**：这一值以 LUFS 为单位显示 Short Term Loudness（短期响度）。

▶ **Momentary（瞬时响度）**：这一值以 LUFS 为单位显示 Momentary Loudness（瞬时响度）。

▶ **Integrate（长期响度）**：长期响度（节目响度），单位为 LUFS。

▶ **Integrated（dial）长期响度（基于语言门限的）**：这一数值显示应用了基于杜比的语言检测算法（称为 Dialog Intelligence™，智能对白）的对白门控后的响度值。

▶ **语言**：这是节目中有语言段落时长所占总长度的比例。

▶ **响度范围**：该数值显示从开始到停止测量的响度范围（LRA），单位为 LU。

▶ **True peak（真峰值）**：此数值显示具有最高峰值的声道的真峰值（单位为 dBTP）。

◯ **测量流程**

正如我在 "响度测量" 部分的介绍中所提到的，长期响度和响度范围值是在特定时间段（通常是节目开始到结束）内测量的。这就是为什么常规表上不具备这些（重要）控制装置的原因。

以下是正确测量响度所需注意的步骤。

▶ **重置 ⟲**：开始测量之前，请按下 Reset（重置）按钮 ❹。

▶ **播放 / 同步 ▶ – 数字音频工作站输入**：当你测量数字音频工作站的实时输入时，必须让杜比全景声渲染器处于播放模式才能开始测量。你可以使用播放按钮 ▶，或者启动跟随数字音频工作站时，click 同步按钮，然后启动数字音频工作站以开始测量。当你停止播放时，测量也会暂停。

▶ **Start（开始）▶ –Master（母版）**：测量已加载好的母版文件时，按播放按钮 ▶ 开始测量响度。暂停或停止播放时，测量也会暂停。

▶ **Pause（暂停）⏸**：当你按下响度表显示屏上的 Pause（暂停）按钮 ❹ 时，该按钮会变为蓝色 ⏸，表示测量已暂停。再次按下会继续测量。

切记

● 5.1 和杜比全景声音乐内容的目标响度是：−18LUFS ± 2LU。

● 双耳音频 / 立体声杜比全景声音乐内容的等效目标响度约为 −15LUFS。

● LFE 通道不用于 5.1 和 2.0 的响度测量。

➡️ 2 —响度测量—再渲染（下混）

我将在第 7 章中详细介绍再渲染（下混）。以下是它与响度测量的关系。

你希望使用再渲染（下混）来测量杜比全景声混音的响度有几个原因。

☑ 在运行大工程时，由于缓存和其他 CPU 的限制，杜比全景声渲染器中的实时响度测量可能不那么精确。

☑ 再渲染（下混）❶ 有专用的响度 ❷ 选项，允许你将混音保存为 .wav 文件 ❸，以便使用其他应用程序或运行在其他数字音频工作站 ❹ 上的响度插件进行测量。

☑ 响度再渲染（下混）的选项会得到一个 5.1❺，类似于普通的 5.1 再渲染（下混），但它经过了一个一直启用的限制器，无论是否启用 Output Limiting（输出限制）❻ 选项。

☑ 所有再渲染（下混）（除 BIN 和 Loudness 之外）都有启用限制器 ❼ 的选项，以准确反映杜比编码解决方案中使用的响度测量结果。

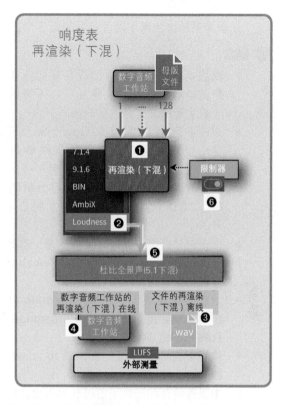

⭕ 流程

这些都是再渲染（下混）的基本步骤，但我在第 7 章中会详细解释这些步骤。

▸ **数字音频工作站的再渲染（下混）**：选择命令 Window（窗口）> Re-renders（再渲染，下混）❽（cmd R），然后选择 Loudness（响度）❾ 选项作为再渲染（下混）的格式。

▸ **基于文件的再渲染（下混）**：选择命令 File（文件）> Export Audio（导出音频）> Re-renders（再渲染，下混）❿（cmd E），然后选择先前设置的响度再渲染（下混）选项。

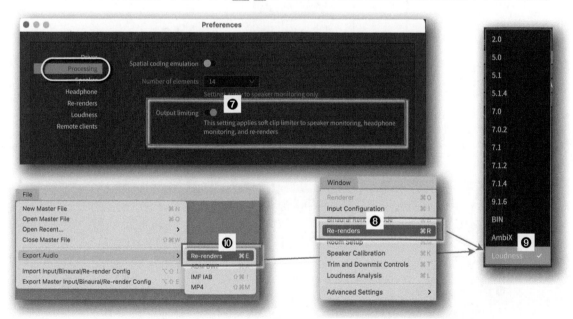

➡ 3—响度测量—离线

用于测量杜比全景声混音响度的第 3 个选项是杜比全景声渲染器内的离线运算。

⬤ 概念

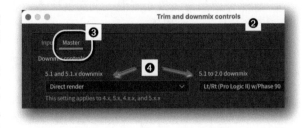

▸ 离线响度测量只能对加载在杜比全景声渲染器的母版文件 ❶ 执行，不可用于数字音频工作站的实时输入。

▸ 请注意 Trim（微调）和 Downmix（下混）控制 ❷ 窗口中的母版文件 ❸ 页面，它显示了已加载的母版文件中嵌入的参数 ❹。它们影响用于响度分析的 5.1 和 2.0 下混。禁用该页面上的 Overwrite master settings（覆盖模板中携带的设置）开关。

▸ 你可以分析整个文件或其中的某一部分 ❺。

▸ 只有在 **Preference（首选项）> Headphone（耳机）** 中启用双耳渲染 ❻ 时，才会开始对双耳渲染器输出的响度进行测量。

▸ 分析结果显示 5 个值 ❼：Integrated（长期响度），Intergrated（dialogue）（基于语言门限的长期响度），Speech Percentage（语言所占时长的百分比），Range（响度范围）和 True Peak（真峰值）。

▸ 你可以将结果以摘要形式导出为 .txt 文件 ❽ 或以时间线形式导出为 .csv 文件中的时间线 ❾。

▸ 由于有缓存和语言所占时长的百分比计算，离线测量始终比实时测量更准确。

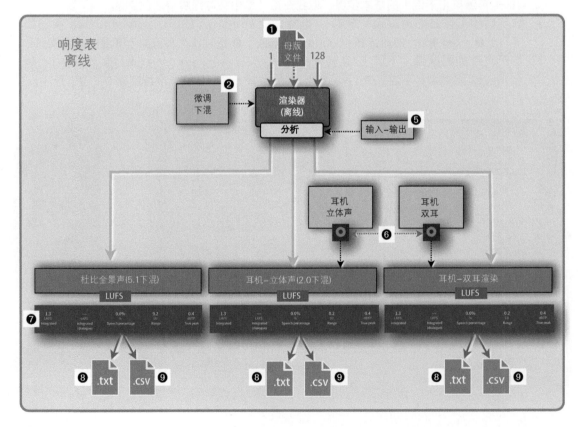

◯ 流程

以下是执行离线响度测量的步骤。

▶ **File（文件）**：在准备用于测量杜比全景声渲染器中加载的母版文件。

▶ **Command（命令）**：你可以通过以下两个命令之一来开始。

　　🔘 菜单命令 **Window（窗口）> Loudness Analysis（响度分析）❶**。

　　🔘 键盘命令 `cmd` `L`。

▶ **Loudness Analysis Window（响度分析窗口）**：该命令将打开 Loudness analysis（响度分析）窗口 **❷**，其中包含以下控件。

　　• 分析输入 / 输出 **❸**：如果要分析整个母版，请从单选按钮中选择相应的选项，或者选择手动设置，以便输入该文件的入出点，并指定分析该文件部入出点之间的区域。

　　• 开始分析 **❹**：离线分析在你 `click` Analyze loudness（分析响度）按钮时开始。

▶ **分析**：分析过程中将显示一个进度条 **❺**。你可以随时 `click` Cancel 按钮终止此过程。

请记住，离线分析独立于杜比全景声渲染器中的所有其他处理。这意味着你可以在 Preferences（首选项）中禁用 Speaker Processing（扬声器处理）、Headphone Processing（耳机处理）和测量，同时仍执行 Offline Loudness Measurements（离线响度测量）。

▶ **结果**：分析完成后，该窗口中将显示 5 个值 ❶。

- Integrated（长期响度值）[LUFS]：该值以 LUFS 为单位显示 Integrated Loudness（长期响度）或（响度）。
- Integrated（dialogue）长期响度值（基于语言门限）[LUFS]：此值显示基于杜比的语音检测算法（称为 Dialog Intelligence™）的基于语言门限的长期响度。
- Speech Percentage（语言所占时长的百分比）[%]：这是节目材料中语音（或人声对白）所占的百分比。
- Range（范围）[LU]：该值显示从开始到停止测量的响度范围（LRA）。
- True Peak（真峰值）[dBTP]：此值显示具有最高峰值的声道的真峰值电平。

▶ **两种测量**：分析始终测量两个输出信号，你可以在选项卡上 [click] ❷（显示的区域有蓝色下划线）上查看这些结果。

- ▶ 杜比全景声：这是对 5.1 下混（不含 LFE）的分析。
- ▶ 立体声与双耳渲染。第二个选项卡显示立体声下混或双耳渲染的响度值。分析和显示哪种模式取决于在 **Preferences（首选项）** ➤ **Headphone（耳机）** 中选择的渲染模式，即使禁用了耳机处理且立体声 ❸ 或双耳音频 ❹ 变暗。

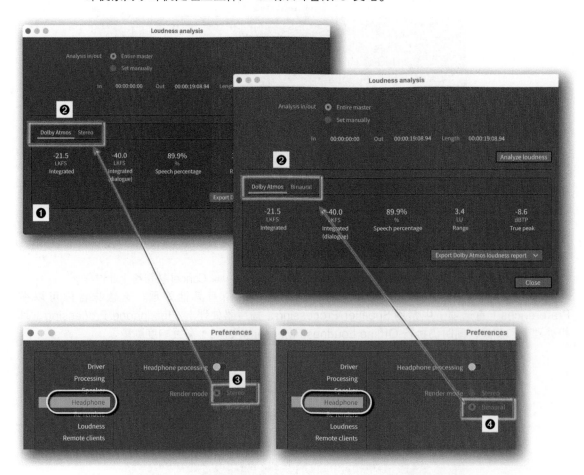

▶ **导出报告**：当你在 Export Dolby Atmos loudness report（导出杜比全景声响度报告）选择器 ❶ 上 `click` 时，将打开一个弹出菜单，其中包含两个选项 ❷，用于将报告保存到以下两种格式之一的文件中。

- 时间轴 ❸：`click` 此选项，Finder 窗口将打开，为你导航到要保存文件的位置。它以 .cvs 格式保存一个电子表格 ❹，标明母版每秒响度测量值的读数。这可让你检查可能已超出你尝试遵守的响度规范的目标电平值。
- 总结 ❺：`click` 此选项，Finder 窗口将打开，以导航到要保存文件的位置。它以 .txt 格式保存一个标准文本文件 ❻，其中包含音量信息的摘要。

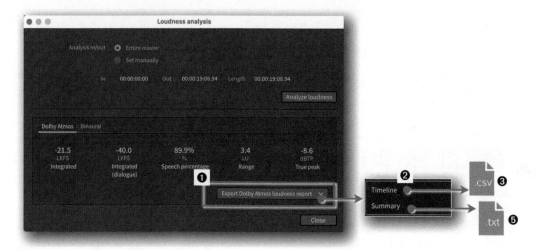

以下是两个导出文件的示例内容。

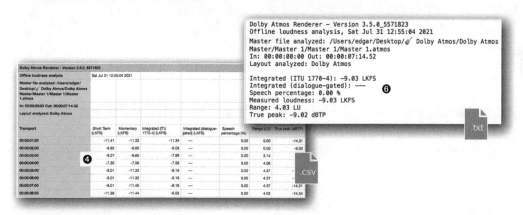

为什么要测量基于语言门限的响度？

最后也是最重要的一点，这里有两个使用基于语言门限的门控响度测量从而只测量包含有对话的段落的节目响度的原因。

☑ 内容创作者通常将对话设置在固定电平位置，并围绕它建立其他内容的混音。

☑ 观众通常会根据对话的可听性和清晰度来调节电视的音量。

True Peak 真峰值

TruePeak 测量对于杜比全景声来说很困难。尝试瞄准 −2dBTP 且不超过 −0.1dBTP。

对于具有严格 −2dBTP 规定的基于声道的格式的交付文件，可能需要再渲染（下混）到数字音频工作站并在工作站里测量和调整电平。

第6章　录音－母版文件

概念

在了解如何创建 Dolby Atmos Master（杜比全景声母版文件）之前，我想比较传统数字音频工作站混音和杜比全景声混音之间的输出文件的不同概念和工作流程。

一个文件全解决

下面的图表展示了基于对象的杜比全景声混音与传统基于声道的混音的主要优势之一。

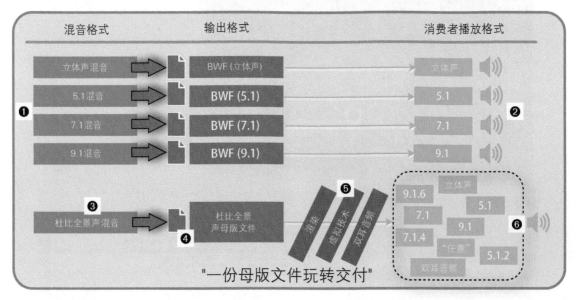

"一份母版文件玩转交付"

⬤ 传统基于声道的混音

如果你不只想把歌曲或电影以立体声格式发行，而是也想发行其他基于声道的格式，那么你只能重复整个过程 ❶。

- ☑ 创建单独的 5.1 混音。虽然你可能会想保留单个音轨上的处理，但必须分别进行路由和加载效果（如环绕混响）。
- ☑ 你必须将 5.1 混音生成为新的音频文件格式。
- ☑ 顾客必须拥有一套具有足够播放 5.1 格式的扬声器 ❷ 系统，才能成功播放这个混音。

⬤ 基于对象的杜比全景声混音

现在一切都变得如此简单。

- ☑ 你只需在沉浸式三维声音格式监听环境创建单一的杜比全景声混音 ❸ 即可。
- ☑ 你只要创建一个混音输出文件，即杜比全景声母版文件 ❹。
- ☑ 杜比全景声混音的编码和交付基础架构已经都集成到位，因此它可以一路传递到最终消费者手中。
- ☑ 其他辅助技术 ❺ 像扬声器渲染、扬声器虚拟化、双耳音频耳机渲染使几乎每个人都可以听到这个杜比全景声混音，无论他们的回放系统是什么 ❻。

整个交付过程从我们即将在这章学习到的创建杜比全景声母版文件开始。

工作流程

我认为比较传统混音（立体声或环绕声）和杜比全景声混音之间的不同工作流程很重要，因为如果你错误地以为杜比全景声工作流程和之前完全一样，只是多了几个扬声器，那么你可能会有一些"惊喜"，甚至更糟糕的是，会感到沮丧。

➡️ 基于声道的混音流程

传统的基于声道的工作流程，在使用 ITB（In The Box，单机式）工作时只需要数字音频工作站。

⚪ 工程

当你在使用数字音频工作站混音时，你在做一个工程（Session）或项目（Project）❶（术语不同，但其实是一件事）。而现在，在开始录制工程时，你会在数字音频工作站中创建一个工程。在混音过程中，你不断对这个工程做修改和保存来处理这个工程 ❷。你可以随时在数字音频工作站中打开 ❸ 该工程文件并继续处理或将其发送给和你一起工作的人，以便他们可以在工作室的数字音频工作站上打开该文件来继续。

你认为这是理所当然的，但要注意，在做杜比全景声混音时你可能没有这么"幸运"。

⚪ 专有工程文件格式

工程文件通常以所谓的"原生"文件格式保存，这些格式通常是专有的，只能由创建它的应用程序（如 Pro Tools 或 Logic Pro）打开。文件还包含工程中所使用的资源的路径 ❹，包括所有音频文件、视频文件以及该工程中使用的其他内容。

⚪ 媒体文件格式

要在标准媒体播放器（iTunes，QuickTime，Web 浏览器等）中收听最终混音，你必须在数字音频工作站中打开工程并把它"Bounce（生成）"❺ 为标准媒体文件格（WAV，AIFF，MP3，AAC 等）之一。这一过程有各种叫法，有时也称为"Export（导出）"。

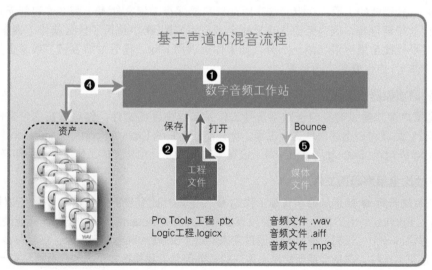

好的，这就是我们已经知道的所有内容。但是现在，当我们观察杜比全景声的混音工作流程时，我们必须学习和理解一些新的概念、工作流程和程序，这些可能初看起来有点奇怪，甚至有的与我们所期望的不同。

注意：如果你的数字音频工作站内置了杜比全景声渲染器，那么你的杜比全景声混音工作流程将与此前基于声道的工作流程完全相似，无需添加外挂的杜比全景声渲染器应用程序来"协作"。

⟹ 基于对象的混音工作流程（Dolby Atmos）

下面是杜比全景声混音图，重点介绍了流程中所涉及的各种类型的文件。

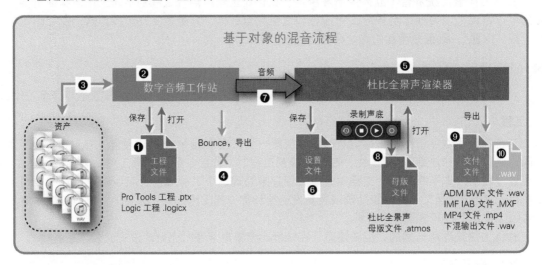

◉ 数字音频工作站工程

你仍然需要数字音频工作站的工程文件 ❶，因为这是你实际做混音 ❷ 的地方，而这一部分是相同的，包括工程文件链接的所有资产 ❸。混音过程中的所有编辑都会保存在数字音频工作站的工程文件中。但是，你必须注意两个重要事项。

▶ **不能 Bounce 成音频文件 ❹**：你无法将 Project Bounce 导出为音频文件，因为音轨不是路由到传统的 Pro Tools 输出总线的。如果你想解决这个问题，可能要使用到 Aux 送出轨。在电影混音中工作流程会更加复杂，你还会将杜比全景声渲染器输出的音频信号（再渲染的下混输出）送回给数字音频工作站（以满足各种交付要求）。

▶ **由两部分组成的工程**：在混音结束时如果只是保存工程文件 ❶，那么你可能无法重新调用杜比全景声混音，因为无论你在杜比全景声渲染器 ❺ 中执行了什么操作（请参阅下一页）这些是杜比全景声混音的一部分，如果你想调用 Mix（稍后继续混音，或拿去另外的混音棚工作），你也需要它的设置。

◉ 杜比全景声渲染器"工程"

杜比全景声渲染器没有类似于数字音频工作站工程文件的文件，你可以在这个文件中保存设置，以后打开它后就可以继续处理这个工程。你只能使用它的 Export/Import Configuration（导出 / 导入配置）或 Export/Import Settings（导出 / 导入设置）功能 ❻。一个奇怪的工作流程，但你必须得习惯。

◉ "录制"杜比全景声母版文件

因为所有的音频 ❼ 都是从数字音频工作站 ❷ 传送到杜比全景声渲染器 ❺ 的，所以你必须在那里完成混音的 Bounce 导出工作。然而，并没有通常意义上的 Bounce 导出功能，而只能使用杜比全景声渲染器中提供的一个"录制"❽ 功能，通过它来实现"Bounce 导出"到杜比全景声母版文件。这就像录制到磁带机上一样。这是个需要你用心关注的关键部分，我将在接下来的几页解释每一个步骤。

◉ 导出交付和媒体文件

数字音频工作站中常见的"Bounce 导出"功能在杜比全景声渲染器中也是有的，作为 Export❾ 功能的一部分，你可以创建杜比全景声混音的各种交付文件。但是，它们只能在你打开已经录制完成的母版文件后（离线）完成。如果你尚未创建和录制母版文件，则无法直接从混音（联机）导出得到这些文件。你还可以使用再渲染（下混）功能 Bounce 导出到标准媒体文件（.wav）。

杜比全景声母版文件包含什么？

这里作一个比较，以了解你从立体声或环绕声混音 ❶Bounce 或导出的一个标准的媒体文件里包含了什么；而在另一边，一个杜比全景声混音 ❷"录制"的杜比全景声母版文件中有什么。正如你所看到的，杜比全景声混音不仅包含多达 128 个音频通道 ❸，它还包含更多元数据 ❹，所有这些都是杜比全景声正常回放所必需的。这就是为什么你必须了解所有这些，他们是什么，他们是做什么的。

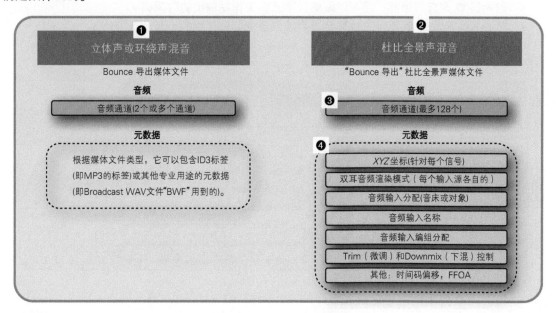

◉ 音频

杜比全景声混音上的音频通道是从数字音频工作站路由到杜比全景声渲染器的通道。在杜比全景声渲染器中，不会对这些独立的音频信号做任何其他处理。杜比全景声渲染器接收音频信号，并将其各自作为独立的音频通道存储在杜比全景声母版文件中。

▶ **音频通道**：尽管可以支持的音频通道多达 128 个，但只有当数字音频工作站的输出通道映射到杜比全景声渲染器的输入时，杜比全景声渲染器才会将这一路输入通道记录到母版文件中。这意味着你可以在杜比全景声渲染器的 Input Channel Status Indicator（输入通道状态指示灯）中看到来自数字音频工作站的输入信号，因为音频信号已经被路由到该输入通道。但是，如果数字音频工作站输出没有被映射到该输入通道（用于接收元数据），则该通道不会被记录到母版文件。

◉ 元数据

如你所见，杜比全景声母版文件包含的元数据比普通基于声道的音频文件多得多。

▶ **音床或声音对象**：用来显示音频通道是分配给音床、对象，还是未分配（未使用）。

▶ **XYZ 坐标**：这些是音频输入信号的定位信息。

▶ **Binaural Render Modes（双耳音频渲染模式）**：这是杜比全景声渲染器上唯一能够影响混音效果的设置，不过其实影响的只是双耳耳机渲染输出的效果。

▶ **输入名称**：128 个输入通道中的每一个都可以命名。

▶ **分组名称和指配**：虽然为声道分配的组名只是一个标签，但当日后创建基于声道的混音时，这一操作会带来不少方便。

▶ **Trim（微调）和 Downmix（下混）控制**：基于声道的下混有大量可配置的数据。

▶ **时间码**：各种时间码时间戳。

169

➡️ 内容来自何处？

下面是另一张图，显示了杜比全景声母版文件中获得的数据是哪里产生的：

- 音频文件 ❶ 存储在数字音频工作站中，仅"路过"一下渲染器而已。
- *XYZ* 空间位置信息 ❷ 也在数字音频工作站中创建。
- 双耳渲染模式 ❸ 虽然是在渲染器中设置的，但你其实也可以通过在数字音频工作站中的一个音轨上加载 Dolby Atmos Binaural Settings（杜比全景声双耳设置）插件，并在它这里完成设置。
- 时间码 ❹ 来自渲染器，但可以跟随数字音频工作站输出的时间码。
- 所有其他元数据 ❺ 都是在杜比全景声渲染器中创建得到的（有一些例外）。

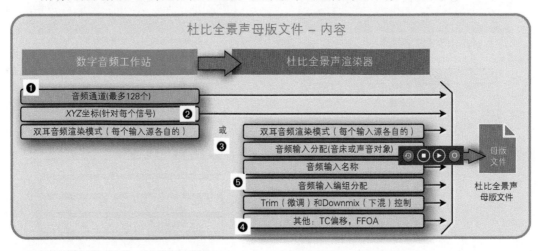

➡️ 编辑杜比全景声母版文件的内容

杜比全景声母版文件可以在杜比全景声渲染器中打开 ❻，并可以编辑某些内容。

⚪ 不可编辑的部分

- 音频通道类型，音床或声音对象被锁定。
- 分配给声道的名称是固定的。
- TC 偏移也是固定的。

⚪ 是可编辑的，但是

- 你只能在现有音频通道上 punch in/out（切入 / 切出）录音，但不能创建新的音频通道 ❼。
- 声像定位数据只能使用重新录制的音频进行编辑。

⚪ 是可编辑的 ❽

- 你可以更改每个音频通道的双耳渲染模式。这是一个大问题，因为这可以大大改变双耳渲染的耳机输出结果。
- 每个声音对象或音床所分配到的分组名称是可以被更改的。
- 所有 Trim（微调）和 Downmix（下混）控制可以被更改。这也是非常重要的，因为这些设置决定了 5.1 下混和立体声下混是如何从杜比全景声混音创建的。
- 你可以更改 FFOA（First Frame of Action，有效画面第一帧）。

走带控制和时间码

这是复杂的工作流程中另一个需要我们掌握的部分，我们必须在杜比全景声渲染器中实际开始录制母版文件之前讨论好。"走带控制"部分的功能和用途是什么？它与时间码和同步有何关系？

渲染器的走带控制

➡️ **控制**

主窗口的标题栏有一个包含以下组件的走带控制区域。

⚪ 时间码显示 ❶

屏幕将显示你当前暂停或回放所在位置的时间码。但这是暂停了什么，并回放了什么呢？没有可视时间线，没有像数字音频工作站上那样的播放光标。你看到的内容取决于上下文。

▸ **未同步** 🔘—无母版文件：这时它显示的是渲染器的时间码。

▸ **已同步** 🔘—无母版文件：这时它显示的是数字音频工作站的时间码。

▸ **没有加载母版文件**：这时它显示的是母版文件的时间码。

⚪ 帧速率 ❷

该数字显示了帧速率（单位为 fps），具体取决于所选的源。

▸ **Input（输入）**：这是在 Preferences（首选项）▸ Driver（驱动程序）中设置的帧速率。

▸ **Master（母版）**：这是当前加载的母版文件的帧速率。

⚪ Sync 按钮 ❸ 🔘 🔘

click 可在同步关闭（灰色）和同步打开（蓝色）之间切换

▸ **Off**：走带控制由启动 / 暂停按钮和停止按钮控制。

▸ **On**："开始"和"停止"按钮呈灰色显示，因为走带控制由来自数字音频工作站的外部同步控制。

⚪ 停止按钮 ❹ 🔘 🔘

停止按钮具有以下功能。

▸ **在停止模式下**：如果走带控制停在任何 0 以外的时间码位置上，在按钮上 click 将令时间码返回到 0。

▸ **在播放模式下**：在按钮上 click 会让走带控制停止播放并回到 0 的位置上。

⚪ 播放 / 暂停按钮 ❺ 🔘 🔘 🔘 🔘

该按钮可在"播放"和"暂停"之间切换，按钮外观会发生变化并指示当前按钮功能。

⚪ 录制按钮 ❻ 🔘 🔘 🔘 🔘 🔘

Record（录音）按钮有许多功能，可通过按钮的不同外观来指示。我会在本书中讨论。

⚪ 自动插录开 / 关 ❼ 🔘

click 可以在开启和关闭 Autopunch（自动插录）间切换。但是，如果即将被插录的母版文件处于被锁定的状态，则该开关将被禁用 🔒。你可以通过主窗口右上角的母版文件部分 ❯ 将其解锁 🔓。

⚪ 自动插录入 / 出点显示 ❽

上部时间码地址显示插录的入点时间码，下部显示插录的出点时间码。仅当启用自动插录功能并处于高亮显示状态时，你才可以编辑这里的时间码。

➡️ 这是什么意思?

为了更好地了解杜比全景声渲染器中的走带控制功能,让我们将其与数字音频工作站的该功能作一下比较。

⬤ 数字音频工作站

我想大家都很熟悉数字音频工作站的概念。

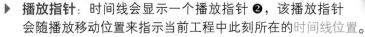

> ▸ **时间线**:所有数字音频工作站都有一条可视化的时间线 **❶**,由一条水平线表示,该水平线从左到右以线性模式显示经过的时间,并按指定的时间单位来显示刻度,例如 min:sec 或 frames:feet 或 SMPTE T 时间码。

> ▸ **播放指针**:时间线会显示一个播放指针 **❷**,该播放指针会随播放移动位置来指示当前工程中此刻所在的时间线位置。
> ▸ **数字时间码显示**:走带控制部分的数字时间码显示 **❸** 显示了当前播放指针的位置。
> ▸ **走带控制**:各种走带控制控件 **❹**,播放指针的位置和数字时码显示的内容是一致的。

⬤ 杜比全景声渲染器

你必须重新思考这一来自数字音频工作站的概念,因为杜比全景声渲染器中的实现方式有些不同。

杜比全景声渲染器

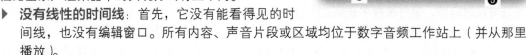

> ▸ **没有线性的时间线**:首先,它没有能看得见的时间线,也没有编辑窗口。所有内容、声音片段或区域均位于数字音频工作站上(并从那里播放)。
> ▸ **走带控制和数字显示**:我之前在本书中用和磁带机比较的方式来描述录制杜比全景声母版文件的功能。这一比较也适用于这里。磁带机也没有线性时间线显示,只有走带控制组件 **❺** 和数字显示 **❻**,告诉你播放时磁带所在的时间位置。
> ▸ **数字时间显示**:杜比全景声渲染器上的数字显示屏可以显示 3 个信号源的时间位置,这是你必须注意的地方,以了解你正在查看的内容。

⬤ 显示的时间源

你在数字时间显示 **❼** 上看到的时间码可能来自 3 个不同的来源。

> ▸ **输入,离线 ❽**:这是将 Source(源)设置为 Input(输入),Sync(同步)按钮为 Off(关)时的情况 🔘。现在,当你按下播放按钮时,数字时间显示屏将显示杜比全景声渲染器内部时钟。只有你在不跟随数字音频工作站(同步关闭)的情况下录制母版文件时,或者当你要在数字音频工作站上播放的同时测量内容响度时,此功能才有用。
> ▸ **输入,联机 ❾**:这是将源(Source)设置为 Input(输入)且 Sync(同步)按钮为 On(开)时的情况 🔘。现在,杜比全景声渲染器是跟随数字音频工作站的。这意味着,当你在数字音频工作站上开始播放时,它会将其时间码发送给杜比全景声渲染器(如果设置正确),并且数字显示屏上将显示该时间码。数字音频工作站和杜比全景声渲染器上的数字显示现在应显示相同的时间码位置。

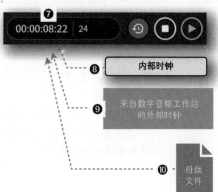

> ▸ **母版 ❿**:这是加载了杜比全景声母版文件时的情况。现在,数字显示屏在回放母版文件时会显示该母版文件的时间码位置[即使你将源设置为 INPUT(输入)]。

使用时间码录制

下面演示了在录制到杜比全景声母版文件时，按时间码的先后顺序进行的操作。

▸ **创建母版文件**：在杜比全景声渲染器中创建了一个新的杜比全景声母版文件❶，准备好录制。

▸ **同步打开**：启用走带控制部分中的 SYNC❷ 　，使渲染器跟随数字音频工作站。

▸ **数字音频工作站回放**：从工程起始的 0:00❸ 开始在数字音频工作站上播放。

▸ **渲染器读取数字音频工作站的时间码**：由于渲染器现在从数字音频工作站读取输入的时间码，因此其显示的数字时间码是和数字音频工作站显示的相同的时间码。

▸ **按下录音按钮**：在 1:00❹，按下渲染器上的 RECORD（录音）按钮，它便开始录制到母版文件。

▸ **时间码偏移**：当开始录制时，渲染器将输入的时间码"做了一个记录"❺，在本例中是 1:00。此时间码位置将作为"偏移量"存储在母版文件中。这是一个重要的数字，因为当你稍后从头播放该母版文件时，它不会从 0:00 开始，而是从算入偏移量后的位置开始显示时间码。在这种情况下，显示将从 1:00 开始计数。

▸ **音乐开始**：尽管数字音频工作站从 0:00 开始，录音从 1:00 开始，但实际音乐是从 3:00❻ 开始的，这被称为 FFOA，"First Frame of Action（有效画面第一帧）"。

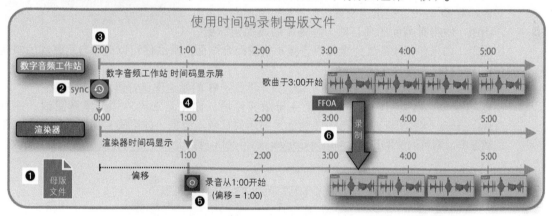

FFOA

　　FFOA 是视频制作中使用的缩写，表示"First Frame of Action（有效画面第一帧）"。它描述了视频中的 SMPTE 时间码中有效画面开始的位置，但这不一定是整个视频文件开始的位置。例如，可能有一个头，一个头板或画面从 0:00:08:00 开始（Acodemy start）。

　　杜比建议，杜比全景声母版文件应该保留头，特别是文件日后需要编码后发行用时。这意味着音乐应该稍晚起，晚于母版文件的开始位置。在这种情况下，FFOA 将指示音乐起点的位置。

　　在上面的例子中，母版文件的起始帧（称之为"偏移"）为 0:00:01:00，FFOA 为 0:00:03:00。请记住，FFOA 位置不是相对于绝对开始时间（也就是之后的 2s）测量的，而是相对于偏移位置的实际时间码位置。

　　通常情况下，你知道歌曲中的 FFOA，因为这是在数字音频工作站的"排列"窗口中歌曲的第一个音频块开始的位置。这是时间码，请记住，它与你在开始录音之前使用的头长度无关。

　　首次创建母版文件时，对话框里有一个字段，你可以在这里输入 FFOA❼，但你即便没有输入，日后也可以对它进行编辑，因为它只是元数据，是母版文件中的单独的条目。

➡ 帧速率

当我们谈论时间码时，我们谈论的其实是 SMPTE 时间码，这是被标准化组织 Society of Motion Picture and Television Engineers（SMPTE，电影与电视工程师学会）规范的标准。时间码有不同的"变体"，这取决于它们将每秒划分为多少帧，由单位 fps（每秒帧数）表示。

还有臭名昭著的 Drop-Frame（DF）变体，这是一个真正混乱的妥协计数机制，一些工程师在美国的黑白电视转换到彩色电视的过程中"在梦中发明的"，这让工程师的生活在未来几年变得更加悲惨。

虽然 SMPTE 时间码是基于胶片的，但音频制作其实也使用这一时间码标准，即使没有涉及视频（主要用于同步）。无论何时使用时间码，都必须定义好要使用的帧速率。

杜比全景声中的帧速率要遵从下面这些规则。

▶ **时间码要一致**：因为在杜比全景声中混音涉及数字音频工作站和杜比全景声渲染器，所以你必须确保两个应用使用相同的帧速率。

▶ **帧速率要一致**：如果数字音频工作站和渲染器设置了不同的帧速率，那么杜比全景声渲染器将弹出一个友好的提醒 ❶ ——这是错误设置

▶ **24fps**：做带有画面的项目时，帧速率由画面团队给出规定。如果你制作的杜比全景声音频不需要配合画面，那么你可以选择自己喜欢的帧速率，不过杜比推荐使用 24fps❷。

▶ 你可以在 Preferences（首选项）＞ Driver（驱动）❸ 的帧速率选择器中进行设置。

▶ **锁定帧速率**：设置好帧速率，并录完母版文件后，你将无法再对帧速率做更改，并且 Preferences（首选项）＞ Driver（驱动）显示为灰色。但是，如果确实需要更改母版文件的帧速率，则可以使用 Dolby Atmos Conversion Tool（杜比全景声格式转换工具）进行更改。

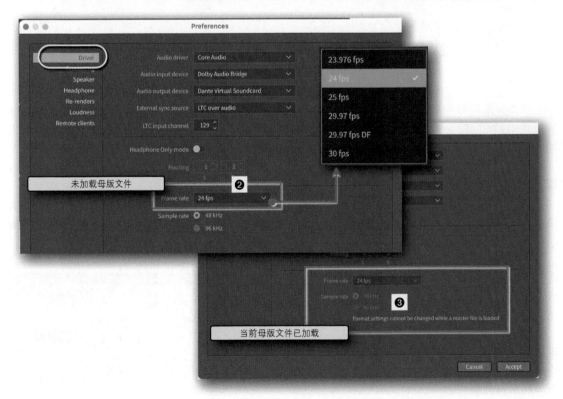

同步设置

将杜比全景声渲染器设置为同步跟随数字音频工作站的最不容易理解的部分是设置。杜比全景声渲染器只有在收到数字音频工作站的时间码时才能与数字音频工作站同步，而且路由配置可能有点困难。

➡ 杜比全景声渲染器的 3 个任务

请记住，杜比全景声渲染器可执行 3 个主要任务，即杜比全景声混音制作过程中的 3 个阶段。走带控制，尤其是同步按钮 🔘 的功能取决于你当前正在进行的任务。

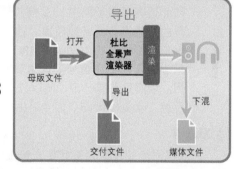

- **任务 1– 混音**：你正在通过杜比全景声渲染器播放来自数字音频工作站的内容。在杜比全景声渲染器上，你不需要使用任何走带控制，它只用于实时渲染播放来自工作站的音频。数字音频通过内部或外部字钟进行同步。好消息是，你还不需要配置时间码路由。

- **任务 2– 录制声底**：完成杜比全景声混音后，你将要继续执行下一个任务，录制杜比全景声母版文件声底，即本机 Bounce 得到的混音。这是唯一一个你必须准备同步设置的任务，因为杜比全景声渲染器的走带控制需要来自数字音频工作站的时间码带动。如果你只录一遍母版文件，你甚至不需要同步设置，但通常录制并不是录完一次就再也不用改的。你可以对母版文件覆盖录音，延长录音时长，或对其进行插录（punch in/out）修改。所有这些操作，杜比全景声渲染器都需要与数字音频工作站同步（从属于数字音频工作站同步）。

- **任务 3– 导出**：当你用杜比全景声渲染器播放杜比全景声母版文件时，不再用到数字音频工作站，因此也不需要同步。现在，杜比全景声渲染器回放，显示其自己的时间码以及嵌入母版文件中的时间偏移量。

这是我用文本编辑器打开的杜比全景声母版文件的内容。你可以看到 3 个值。

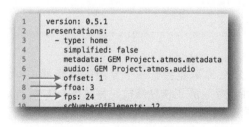

- **偏移量**：这是你开始录制该母版文件的时间码位置（以帧为单位）。如果回放母版文件，显示的时间码将以该偏移量作为起始位置。

- **FFOA**：这是你为母版文件输入（或后来编辑输入）的"第一帧有效画面"的时间码位置。

- **fps**：这是你在录制母版文件时设置的帧速率值。

关于如何将时间码从数字音频工作站送入杜比全景声渲染器，一共有 3 种不同的配置方法：LTC，MTC 和发送 / 返回同步。

➡️ 方法 1–LTC

LTC 表示 "线性时间码"（Linear Time Code），它是一种 SMPTE 标准，用于将正在运行的 SMPTE 时间码编码为可记录在音轨上的音频信号。这是同步磁带机的最常见方法，方法是将 LTC 信号记录在一个轨道上，该轨道将同步信号送给磁带机，并将控制信号送至磁带机的机械装置以远程控制（同步）它们。

⚪ 接收端

首先，必须配置杜比全景声渲染器来接收 LTC 信号。你可以在 **Preferences（首选项）> Driver（驱动）** 中完成此操作。

▸ **Audio Driver（音频驱动）❶**：选择 Core Audio。

▸ **Audio input device（音频输入设备）❷**：选择接收数字音频工作站通过其音频通道发送时间码的音频设备。当在同一台计算机上运行数字音频工作站和杜比全景声渲染器时，那将是虚拟音频设备 Dolby Audio Bridge，你可以用它将音频和元数据从数字音频工作站路由到杜比全景声渲染器。

▸ **外部同步源 ❸**：从 v3.7 开始，LTC over audio 是唯一的选项，并且显示会变为灰色。自 v3.7 起，弹出菜单 ❹ 不再可用。

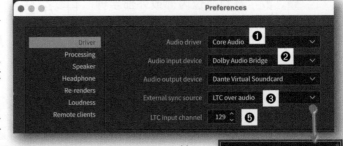

▸ **LTC 输入通道 ❺**：你可以在此处选择用于路由 LTC 信号的音频设备的音频通道。请记住，Dolby Audio Bridge（杜比虚拟音频接口桥）总共有 130 个音频通道，但只有 128 个通道用于混音的音频信号。这意味着通道 129 和 130 可以被自由使用。我们只需要一个，所以我们选择 129。你必须确保在数字音频工作站上设置了相同的声道，以便将其 LTC 信号路由给杜比全景声渲染器。

⚪ 发送端

时间码同步的发送端是数字音频工作站（主），它需要使用你在杜比全景声渲染器首选项中设置的音频输出设备上的同一通道，将 LTC 信号发送给杜比全景声渲染器（从）。同步有不同的版本。

Dolby LTC Generator Plugin 杜比时间码发生器插件

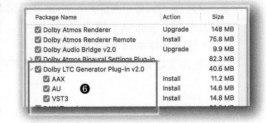

▸ **Dolby LTC Generator（杜比 LTC 发生器）**：杜比全景声渲染器安装程序 3.7 版现在包含 Dolby LTC Generator Plugin 2.0 版。该插件现在支持所有 3 种格式：AAX，AU 和 VST3 ❻。

▸ **MTC**：在杜比全景声渲染器 v3.7 中删除了通过 MTC（MIDI Timecode）❹ 建立同步的选项。

▸ **同步器**：如果你的工作室的系统配置更复杂，那么你可能会有一个专用的同步器（Pro Tools Sync HD 或 Pro Tools Sync X），在你使用数字音频工作站播放时会发出 LTC 信号。你必须确保将该音频信号路由给运行杜比全景声渲染器的计算机的音频接口。

● 杜比 LTC 发生器

Dolby LTC Generator 插件的概念非常简单。当你在音轨上加载插件时，每当你在数字音频工作站上播放内容时，它会根据数字音频工作站的内部计时自动生成 LTC SMPTE 时间码，并允许你使用 Dolby Audio Bridge（杜比虚拟音频接口桥）的第 129 路音频通道将该音频信号路由到杜比全景声渲染器。

 以下是 Pro Tools 中的设置步骤。

你可以加载一个在安装杜比全景声渲染器时附带的工程模板，例如 Dolby Atmos Renderer Dolby Audio Bridge Mono（杜比全景声渲染器杜比虚拟音频接口桥单声道）❶。并确保 I/O Setting（输入 / 输出设置）选择了 Dolby Atmos Renderer Dolby Audio Bridge Mono.pio❷。除了映射到 7.1.2 音床音轨 ❸ 和 118 个声音对象的 118 路单声道音轨外，工程还内置了一条预置好的 Audio Track 音轨，该 Audio Track 加载了 Dolby LTC Generator 插件 ❹ 并路由至第 129 路通道。

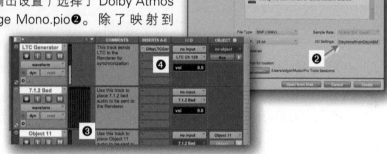

以下是手动设置的步骤（如果你想自己创建这一模板）。

- ☑ **创建 Aux（辅助音轨）**：创建新的 Aux 辅助音轨（Aux Input Track）❺（或任何其他可加载插件的音轨）。
- ☑ **加载 Dolby LTC Generator 插件**：在该音轨上的插入插槽上 click 可以打开插件菜单，然后选择 Dolby LTC Generator❻ 插件，该插件在 Dolby Laboratories 制造商文件夹或 Others 文件夹之中。
- ☑ **插件窗口**：当你打开插件窗口时，❼ 没有控件，只有 3 个显示。
  - 帧速率：这是你在 Pro Tools 的 Session Setup（Pro Tools 工程设置对话框）中选择的帧速率 ❽。
  - 开始时间：这是你在 Pro Tools 的 Session Setup（Pro Tools 工程设置对话框）中选择的 Session Start❾（工程起始）。
  - 输出：该时间码显示与 Pro Tools❿ 中的 SMPTE 主计数器显示的时间相同。

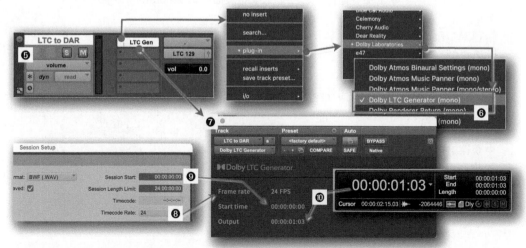

177

☑ **创建时间码信号**：每当你在 Pro Tools 上开始播放时，插件都会自动生成 LTC 信号。你将在音轨的 LED 电平表 ❶ 上看到信号指示。LTC 时间码的位置源自 Pro Tools 的输出。

☑ **输出路由**：唯一的额外步骤是在该音轨上设置输出路由。在辅助输入音轨的输出选择器上，你只需选择与杜比全景声渲染器上 LTC 输入相同的输出总线路径（即 LTC 129）❷。

☑ **没有映射到渲染器**：下面是一些路由细节。时间码总线必须被路由映射到输出路径（129）❸ 才能送给杜比全景声渲染器指定用于接收的输入通道上（Ch129）。I/O 设置对话框的总线页面中的复选框将不会被选中，该复选框用于将该路径映射到渲染器（以便它可以通过该通道发送元数据）❹，因为我们只发送音频（LTC 音频信号）而不发送声像定位元数据。即使你尝试勾选该复选框，你也会收到一条警告，指出你无法将其映射到对象（因为声音对象的最高通道编号为 128）。

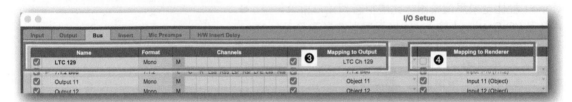

☑ **同步**：Pro Tools 开始播放后，你将在杜比全景声渲染器的 Timecode Display（时间码显示）❻ 上看到相同的进度时间码 ❺（按下 Sync 后现在呈灰色显示 🕐 ❼）。

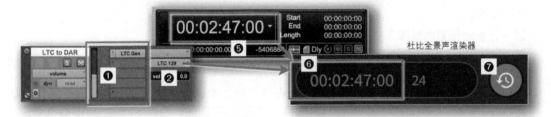

杜比全景声渲染器

使用 Logic Pro 时的设置

　　AU 和 VST2 版本的 Dolby LTC Generator 插件具有 3 套相同的显示，但对于 Logic 和 Ableton 来说，其中两个是活动控件，因为它们没有像 Pro Tools 那样做深度集成。

以下是 Logic Pro 的示例。

☑ **生成器插件**：你必须在软件 Instrument Track（乐器轨）的 Instrument Slot（乐器插槽）❽ 上加载插件。它位于生成器类插件（Generator Plugins）分组下。

☑ **帧速率**：Frame Rate（帧速率）❾ 提供了一个选择器，你必须在这里手动选择帧速率。

☑ **开始时间**：你还必须手动设置 SMPTE 开始时间 ❿，因为插件是无法自己从 Logic 的 Synchronization Project Settings（同步项目设置）中获得这一值的。

☑ **输出**：此字段的功能与 AAX 插件相同，都会读取 Logic 走带控制器的播放走带位置 ⓫。

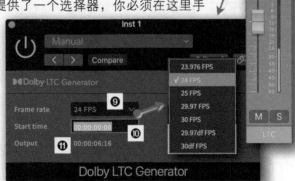

➡ 方法 2–MTC

在杜比全景声渲染器版本 3.7 中
删除了 MTC（MIDI Timecode 时间码）
的选项，因为杜比已经给 Dolby LTC
Generator 插件增加了 AU 和 VST3 格
式，这样一来就没必要再使用 MTC
这种过时的同步方法了。

以下是 Logic Pro 的示例。

- 在 Logic Pro 中，打开到
  Project Settings（项目设置）
  ➤ **Synchronization**
  （同步）➤ **MIDI**。
- 选择一个 IAC MIDI
  设备作为 MIDI 信息
  的接收端。
- 选中用 MTC 的复选框。
- 在杜比全景声渲染器

中，打开 **Prefernences**（首选项）➤ **Drivers**（驱动），然后选择 MTC 作为 External sync
source（外同步源），为 MTC MIDI 设备选择你在 Logic Pro 的工程设定中所选用的相同
的 IAC MIDI 设备。

◯ Audio MIDI Setup 实用程序

IAC 是 Inter–Application Communication（应用程序间通信）的简称，是 macOS 中的虚拟
MIDI 设备，允许你在应用程序之间发送 MIDI 消息。你可以在 Audio MIDI Setup 实用程序（存储
在 Applications 文件夹内的 Utilities 文件夹中）中进行设置。

- ☑ 启动 Audio MIDI Setup 实用程序。
- ☑ 打开 MIDI Studio 窗口（`cmd` `2`）。
- ☑ 在 IAC Device（IAC 设备）上 `double-click`。这将打开 IAC Properties（IAC 属性）窗口。
- ☑ 你可以在端口列表中看到所有可用的 IAC 设备，并可以在该列表中创建自定义的 IAC 设
  备。在本例中，我创建了名为 "From Logic
  Pro" 的 IAC 设备。该设备将显示在 Logic
  和杜比全景声渲染器中，并在 eIAC 设备名
  称中添加前缀 IAC。在本示例中为 "IAC-
  From Logic Pro"。

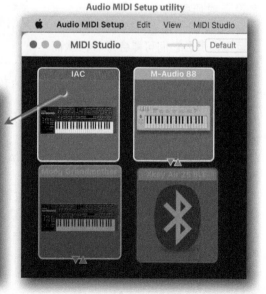

Audio MIDI Setup utility

➡ 方法 3—发送 / 返回同步

如果使用发送 / 返回插件（作为音频驱动 ❶），则可以通过从 Esternal sync source（外部同步源）选择器 ❷ 中选择 Send/Return Sync（发送 / 返回同步）来用这些路由插件同时发送 LTC 时间码。你无需启用同步按钮 🕐 ，因为每当你在数字音频工作站播放时，都会发送同步信号。

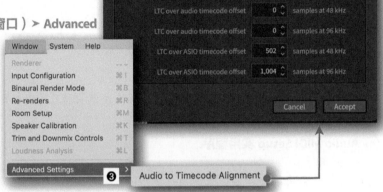

但是，这个发送 / 返回插件的路由设置过程是非常复杂的，而这在使用 Dolby Atmos Production Suite 搭配虚拟音频设备 Dolby Audio Bridge（杜比虚拟音频接口桥）使用时是用不上的。

➡ 音频与时间码对齐

进入命令菜单 Window（窗口）> Advanced Settings（高级设置）> Audio to Timecode Alignment（音频与时间码对齐）❸ 会打开一个具有相同名称和 6 个参数的窗口 ❹，如果你发现有任何延迟，可以在这里添加时间码信号的偏移值。

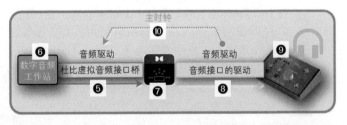

➡ Word Clock 字时钟同步

除时间码外，另一个需要注意的同步事项是在同时使用两个或多个数字设备时所需的 Word Clock（字时钟）。如果每个设备都在自己的时钟上运行，那么它们可能会漂移，从而导致出现"咔哒咔哒"的数字噪声。

在此设置中，Dolby Atmos Bridge❺ 的音频驱动是一个设备（通过它将数字音频从数字音频工作站 ❻ 接收到杜比全景声渲染器 ❼ 中），第二个设备是将数字音频信号从杜比全景声渲染器 ❼ 发送到音频接口 ❾ 的音频驱动程序 ❽，该接口用于 DAC（数模转换器），以便在扬声器 / 耳机上播放。

杜比全景声渲染器 v3.7 附带了 Dolby Audio Bridge v2。此版本 ❿ 会将 Dolby Audio Bridge 的时钟自动锁定在跟随输出硬件 ❾。

如果你仍然遇到音频接口时钟问题（或运行的是较早版本的 Dolby Audio Bridge），那么你可能必须在 Audio MIDI Setup 实用程序中创建 Aggregate Device（聚合设备），以便将多个音频驱动程序整合在一起，并确定哪个驱动程序作为时钟源 ❿［提供 Word Clock(字时钟)］，哪个驱动程序作为从属设备来跟随主时钟。

◯ 杜比虚拟音频接口桥（主时钟）>>> 音频接口

在此示例中，我创建了一个 Aggregate Device（聚合设备）"Atmos–Agg（DAB 时钟）"作为具有两个子设备 ❶ 的音频输出设备，音频接口（在本例中为两通道 SSL2，但你可以用任何其他接口替换它）和 Dolby Audio Bridge（杜比虚拟音频接口桥）。Dolby Audio Bridge（杜比虚拟音频接口桥）❷ 设置为 Clock Source（时钟源），SSL2 启用了 Drift Correction（漂移校正）❸ 以跟随 Clock Source（时钟源）。

在杜比全景声渲染器中，你选择 Aggregate Device（聚合设备）❹ 作为输出设备，以将渲染器信号发送到音频接口（同步跟随杜比虚拟音频接口桥）。

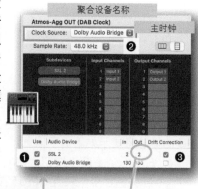

◯ 音频接口（主时钟）>>> 杜比虚拟音频接口桥

在下面的例子中，我将音频接口作为提供主时钟源的接口，而将杜比虚拟音频接口桥设置为从设备。为实现这一设置，我需要创建两个不同的聚合设备。

一个名为 Atmos–Agg Out（SSL Clock）❺ 的聚合设备，它使用音频接口（SSL2）和 Dolby Audio Bridge 作为子设备（注意先后顺序！）。但这次，我选择音频接口 ❻ 作为主时钟源，并为 Dolby Audio Bridge 启用 Drift Correction（偏移校正）❼。在杜比全景声渲染器首选项中，选择此聚合设备为音频输出设备 ❽。

第二个聚合设备 Atmos–Agg In（SSL Clock）❾ 将 Dolby Audio Bridge 和 SSL2 作为子设备（注意先后顺序！）。时钟源设置为 SSL2，并且无需启用 Drift Correction（偏移校正），因为已在其他聚合设备中开启了。选择该聚合设备为音频输入设备 ❿。

Pro Tools 中的播放引擎设置为 Dolby Audio Bridge ⓫。

如果你的音频接口有外部时钟，则你可以使用外部 Word Clock（字时钟）作为主时钟（如 Pro Tools Sync X），而音频接口和 Dolby Audio Bridge 都跟随这个时钟同步。

使用聚合设备时，杜比建议在启动渲染器之前一定要先启动好数字音频工作站。

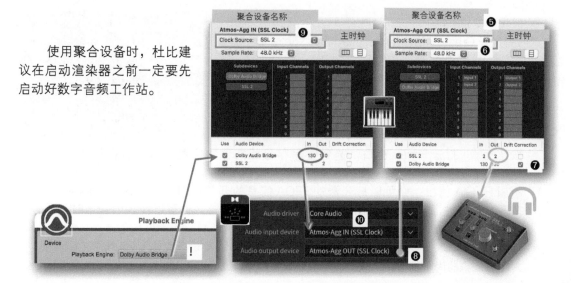

181

录制声底

录制流程

最后，让我们看看杜比全景声母版文件的逐步录制过程吧。

➡️ 默认

当你没有做任何母版文件的相关操作，如未开始录制或未导入母版时，杜比全景声渲染器主窗口的标题将显示如下提示信息。

▶ **Source（源）按钮**：MASTER❶ 按钮呈灰色显示，只有 INPUT 按钮 ❷ 处于激活状态（蓝色显示），表示你正在收听来自数字音频工作站的输入信号。

▶ **Record（录音）按钮**：Record（录音）按钮 ❸ 呈灰色显示，但所有其他导航控件 ❹ 和时间码显示 ❺ 均处于激活状态。

▶ **Record in/out（插录入 / 出点）**：自动插录入 / 出点 ❻ 的开关和显示呈灰色显示。

▶ **FFOA/Start/End（有效画面第一帧 / 开始 / 结束）**：Master File Section（母版文件部分）的 3 个位置字段 ❼，FFOA（第一帧有效画面）、Start（开始）和 End（结束）均为空。

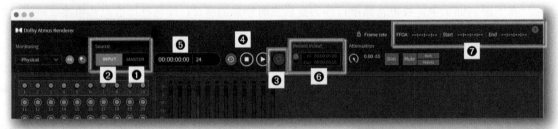

➡️ 第 1 步：创建新的母版文件

要创建新的杜比全景声母版文件，请使用以下两个命令之一。

🔘 菜单命令 **File（文件）＞ New Master File（新建母版文件）**❽。

🔘 键盘命令 `cmd` `N`。

此时将打开 Create new master file（创建新母版文件）对话框 ❾，其中包含以下控件。

▶ **母版文件命名**：输入母版文件的文件名。

▶ **选择保存路径**：在 Choose directory 按钮上 `click` 打开 Finder 窗口，选到要保存母版文件的位置。路径名将显示在 Choose directory（选择保存路径）按钮旁边 ❿。

▶ **添加 FFOA 信息**：你可以打开添加 FFOA 信息的开关，即"第一帧有效画面"。一旦打开这一属性，它旁边的 SMPTE 字段将变为激活状态，你可以在其中输入时间码位置（hh:mm:ss:ff）。

▶ **创建**：按 Create（创建）按钮，将不会创建 Master File（母版文件）。这时你必须注意，因为此时渲染器尚未在硬盘上创建任何文件。不过，已经完成了很多其他的"小事情"了。

➡ 第 2 步：发生什么事了？

按下 Create 按钮后杜比全景声渲染器并没有马上在我们的硬盘上创建出母版文件，而只是让杜比全景声渲染器做好了录制母版文件的准备工作。这一步骤类似于将开盘带安装在磁带机上准备开始录音的状态。

以下是按下 Create（创建）按钮后发生的情况。

☑ 你的硬盘上尚未创建母版文件。

☑ 右上角的母版文件部分已经出现变化了，现在那里显示出了（尚不存在的）母版文件的路径 ❶ 和 FFOA 位置信息 ❷（如果在创建时已经输入的话）。

☑ 其旁边的箭头按钮 ❸ 处于激活状态（呈蓝色 ）。 click 它，可以打开 Master File Options（母版文件选项）❹。

   ▸ **Lock/Unlock（锁定 / 解锁）**：此开关允许你在锁定和解锁之间切换母版文件的状态 。

   ▸ **FFOA**：如果在上面提到的 Create 创建页面中没有添加或编辑 FFOA，你还可以在这里添加或编辑 FFOA。请注意，如果你在输入的 FFOA 时间码位置之后开始录制母版，则之前输入的 FFOA 值将被删除。

☑ 之前呈灰色显示的 Record（录音）按钮 现在变为激活状态了 ❺ ，可以单击这一按钮将其设置为录音（Record）或录音预备（Record-enable）模式。

☑ 在 File（文件）菜单中，Export Input/ Binaural/Re-render Config［导出输入 / 双耳渲染 / 再渲染（下混）配置］菜单命令已更改为 Export Master Input/Binaural/ Re-render Config❻［导出母版输入 / 双耳渲染 / 再渲染（下混）配置］。

☑ 如 果 已 分 配 给 对 象［ 在 Input configuration(输入配置) 窗口中]，但未映射到数字音频工作站上的任何输入通道，则音频输入状态指示灯将显示带有黄色环 ❼ 的音频输入通道，或者映射到未分配给对象或音床的输入通道。你仍可能会在输入状态指示器上看到信号指示，但只有将其映射到数字音频工作站通道后，它才能通过此音频通道接收元数据，否则该通道不会被记录在母版文件中。此外，会在位于底部的 Input Status Indicators（输入状态指示器）区域显示以下文字：Input configuration is defined by the master（现在的输入配置是根据母版文件中的输入配置定义的）。

☑ Input configuration（输入配置）窗口现在已启用 Master 母版 ❽ 选项卡，并且该页面已选定。这里显示一条警告：The input configuration cannot be edited after a master file has been created（一旦创建母版文件后，将无法对输入配置做更改了）。

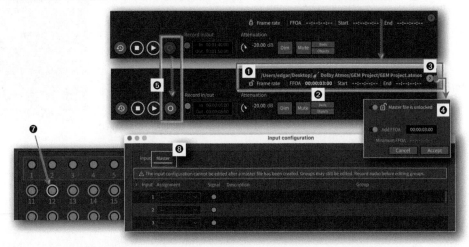

➡️ 第 3 步：录制

有两个录制过程，带有可以启用 Autopunch（自动插录）功能的附加选项。所以你最终得到了多达 4 种（这么多种！）如何录制（"print"）杜比全景声母版文件的方法组合，所以你一定要仔细看好下面的内容，不要被搞晕。

▶ **离线（杜比全景声渲染器母版 TC）**：你可以先启动数字音频工作站回放，然后按杜比全景声渲染器上的 Record 按钮，或者先在杜比全景声渲染器上开始录音，然后再在数字音频工作站上开始回放。需要非常注意杜比全景声渲染器的时间码显示 ❶ 上当前显示的时间码位置。当你按下录音按钮时，它将记录下录制的起始时间码位置，该位置不必为 0:00。

▶ **在线（跟随其他数字音频工作站的时间码）**：启用 Sync（同步）按钮（使其变为蓝色）后，杜比全景声渲染器将跟随数字音频工作站，时间码也自然是从数字音频工作站发给杜比全景声渲染器的。

- ☑ 启用杜比全景声渲染器中的 Sync（同步）按钮 ❷ 。

- ☑ 播放按钮和停止按钮 ❸ 变为灰色，表示它们已被禁用。杜比全景声渲染器的走带控制现在由数字音频工作站控制。

- ☑ 时间码显示 ❹ 现在也呈灰色显示，但灰暗的颜色仅表示它同步到的外部时间码位置，即杜比全景声渲染器当前正在接收的数字音频工作站发出的时间码信息。

- ☑ 同样，你可以通过两种方式开始录制。数字音频工作站开始播放（你将看到变暗的时间码显示开始走了 ❹，显示数字音频工作站的时间码），然后随时按下杜比全景声渲染器中的 Record（录制）按钮。或者，先按下杜比全景声渲染器中的 Record（录制）按钮（使其做好录制准备），然后在数字音频工作站上开始播放，这将立即开始录制母版文件。

- ☑ 你只能通过在数字音频工作站中停止播放来停止母版文件的录制。你不能使用杜比全景声渲染器上的开始和停止按钮，因为它们呈灰色显示 ❸，但你可以取消选中"同步"按钮 或"录制"按钮。

作为在线和离线两种录制流程都可以用到的一个方法，你可以启用 Autopunch（自动插录），这样，无论是离线还是在线录制，都可以在事先定好的时间码位置插入和插出。

▶ **Autopunch（自动插录）**：以下是自动插录的必要步骤。

- ☑ 默认情况下，自动插录是被禁用的。开关为灰色 ❺，插入和插出位置的两个时间码字段也呈灰色显示 ❻。

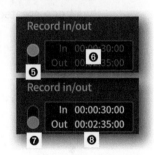

- ☑ 要启用自动插录，打开录制插入 / 插出部分的开关并 `click`，使其变为蓝色 ❼ 。"插入"和"插出"字段现在变为激活状态 ❽。

- ☑ 你可以正常输入时间码位置。

  - 在字段（将高亮显示）上 `click` 输入时间码位置，并使用 `.` 键作为分隔符。例如 `2` `.` `3` `0` `.` `enter`，结果为 00:02:30:00。

  - 按 `delete` 键重置显示屏。

  - 高亮显示后，你还可以在某个位置 `click`（小时，分钟，秒，帧）输入该值，方法是在键盘上输入数字，或使用 `↑` `↓` 按钮递增或递减数字。

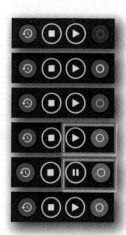

◯ "Chameleon（变矩器）"录制按钮

熟悉"录制"按钮的不同外观及其含义，以了解它们所表达的内容。

- ▣ 母版文件当前未被加载或已被锁定 🔒。母版文件状态会用位于 DAR（杜比全景声渲染器）右上角的母版文件部分中的挂锁图标表示。
- ◉ 按钮如果处于激活状态则表示你可以录制到母版文件。
- ◉ 当你将鼠标移动到该按钮上时，该按钮将变为蓝色。
- ▶ ◉ 纯红色录制按钮旁边如果是个"播放"按钮，则表示"已启动录制预备"。
- ⏸ ◉ 纯红色录制按钮旁边如果是个"暂停"按钮，则表示"当前正在录音"。请记住，"播放"按钮实际上是一个"播放/暂停"按钮。
- ◉ 如果录制按钮的颜色在红色和粉红色之间交替显示，则表示已启用自动插录并已准备好录制。走到插录点开始插录后，按钮会变为红色。

◯ 更多走带控制惯例

还有一些关于走带控制的约定。

- 你可以按 spacebar 切换播放 ▶ 和暂停 ⏸ 。
- 在录制过程中，你可以按 spacebar 停止录制。
- "停止"和"暂停"之间存在差异。

  ▣ 当处于停止模式时，停止按钮会将时间码显示复位为 0；当处于播放模式时，停止按钮会停止播放并将时间码显示复位为零。请注意，如果已加载母版文件，则时间码显示将返回到偏移值的时间位置（如果它不是 0）！

  ▶ ⏸ 按播放按钮开始播放，并将该按钮的外观更改为暂停按钮。当你按下"暂停"按钮时，播放将停止，按钮的外观将改回"播放"按钮，时间码显示屏在当前位置停止。按下播放按钮（或 spacebar ）时，将从该位置开始继续播放。

- 如果你的数字音频工作站上没有音频通道映射到杜比全景声渲染器上的任何输入通道，或者插录点无效 ❶，则不能按下录制按钮。

➡ 第 4 步：录制完成后

录制完母版文件后，以下内容发生了变化。

- 母版文件部分现在显示出了所录制的母版文件的相关信息。
- 母版文件的 Start（开始）和 End❷（结束）的时间码位置信息。
- 如果之前输入了 FFOA❸ 的时间码位置，则也会显示出该位置信息。
- 还会显示母版文件的帧速率 ❹。
- 此时文件仍处于解锁状态 🔓，因此你可以对该母版文件上进行覆盖录制或修改其元数据信息。

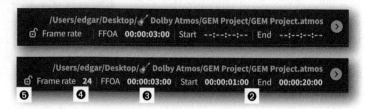

⬤ Master File Options Window（母版文件选项窗口）

创建或加载母版文件后，右上角的向右指的箭头 ❶  将变为蓝色，可以单击。它将打开 Master File Options Window（母版文件选项窗口）❷，其中包含以下控件。

▶ **已锁定 / 已解锁 ❸** 🔒 🔓：将母版文件锁定可以防止其被再次录制。如果你尝试编辑母版文件的任何元数据，例如双耳渲染模式，此时如果母版文件已被锁定，你将看到一条提示 ❹。其他母版文件格式（如 ADM BWF 和 IMF IAB）都是不能被解锁的，因为它们都是只读的。

▶ **FFOA 开关 ❺**：你可以启用或禁用 FFOA 设置。禁用后，母版文件部分中的时间码字段将被重置。

▶ **FFOA 的值 ❻**：如果在创建新的母版文件时在"创建"对话框中输入了 FFOA 值，则该值将出现在时间码显示中。如果你更改了该值，并单击 Accept（接受）按钮，将直接保存并写入存储在硬盘上的母版文件 ❼（.atmos）中，不需要任何其他保存命令！

▶ **最小 FFOA**：此处显示的时间码位置是母版文件开始时间（也就是偏移值）位置。这是你开始录制时的时间码位置，它以偏移值 ❼ 的形式存储在母版文件中。当然，母版文件开始的时间码位置是"有效画面"开始处可以存在的最早时间码位置。

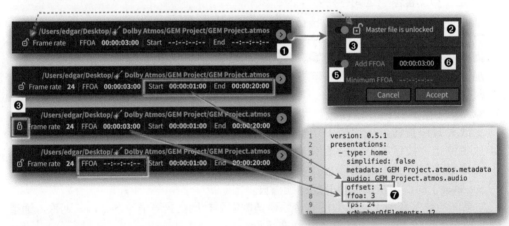

⬤ Input Configuration（输入配置）

如果你打开 Input Configuration（输入配置）窗口，在 Input 输入页面上进行更改后，Master 母版 ❽ 页面将显示一个按钮 Copy settings from master to input（将设置从母版复制给输入）❾，这意味着 Input（输入）和 Master（母版）这两个页面如果有不同的设置，底部的这些按钮可帮你在它们之间复制这些设置。

只有当 Input（输入）页面有不一样的分组名称设置时，Copy settings from input to master（将输入复制到母版文件）

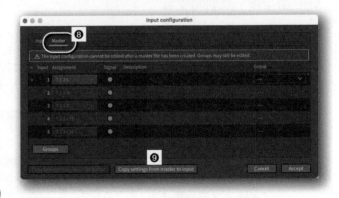

这一按钮才变为可用状态，因为你只能在已加载的母版文件上编辑这些组名称。

第 5 步（可选的重新录制）

请记住，不要将录制母版文件的过程视为将杜比全景声混音"Bouncing（导出）"为母版文件的方式，这与你将立体声（或环绕声混音）Bounce（导出）到 WAV 文件是不同的。这可能会导致在试图理解各种程序时产生混淆，尤其是重新录制功能。

录制到磁带机的概念与创建 / 录制母版文件的概念更加相似。

- ☑ 将磁带放在磁带机上时，磁带其实还是空的，只是准备在上面开始录制。与创建母版文件类似，在你实际开始录制之前，都不会创建任何文件。
- ☑ 把磁带机想象成一台 128 轨的录音机。
- ☑ 当录制到磁带机时，磁带机可以离线或联机运行（跟随外部时间码）。
- ☑ 用数字音频工作站中基于声道的常规工作流程，当将立体声或环绕声混音转换为 WAV 文件时，你无法在该文件上通过重新录制替换某一部分或延长录制。使用杜比全景声母版文件，这将可以实现这一类似于磁带机的功能。你的磁带仍然挂在磁带机上，因此你只需在磁带上重新录制，延长录制或覆盖录制其中的某一部分即可。

重新录制时的规则

- 🔒 **在线**：当然，只有在在线模式下，这一操作才会更有意义。因为这样在重新录制时，可与数字音频工作站保持同步。
- 🔒 **替换**：你可以从头开始重新录制以替换整个录音。
- 🔒 **延长**：你可以在现有录音的任意位置插录以延长录音。插录的入点必须在当前记录的结束时间码位置之前。当你延长母版文件的长度时，显示在杜比全景声渲染器母版文件部分右上角的母版文件的结束位置会自动更新。
- 🔒 **插入 – 插出录音**：你可以使用 Record 按钮或使用 Autopunch（自动插录）功能手动完成对任何区域的插入 – 插出录音。
- 🔒 **Input（输入）按钮**：在录制过程中，Source（源）按钮会自动切换到 INPUT（输入），然后在你停止录制时切换回 MASTER（母版）。
- 🔒 **全部重写式录音（Overwrite），而不是选择性分层式录音（Overdub）**：在对现有母版文件进行插入插出录音操作时，请将该过程视为整体的覆盖，而不是分层的录音。通常，使用 Overdub 的方式你可以选择要覆盖的特定音轨，这不会影响其他音轨。但对母版文件来说，你始终是在对（当前已分配的）所有输入轨道同时录音。

因此，我更偏向术语"Overwrite"，这是为了避免任何可能的误解。

- 🔒 **限制**：例如，你不能编辑输入配置来对混音添加新对象。加载母版后，Input Configuration（输入配置）将被锁定 ❶。
- 🔒 **没有快进（FF）或快退（REW）**：杜比全景声渲染器上没有 FastForward（快进）或 Rewind（快退）按钮来将走带控制器定位到某个你想要做覆盖录音的位置（但你可以在时间窗口中 click 用数字键输入时间码位置）。这是有道理的，因为任何覆盖式录音几乎都是在跟随数字音频工作站下完成的，所以你其实会用数字音频工作站来定位并让杜比全景声渲染器跟随。
- 🔒 **下次再录制**：你可以关闭数字音频工作站的工程和杜比全景声渲染器，以后通过打开数字音频工作站中的工程和杜比全景声渲染器中的母版文件来继续完成录制。但是，它们必须与输入配置匹配（保存杜比全景声渲染器配置）。并确保先解锁🔓母版文件，因为如果你在杜比全景声渲染器中加载现有母版文件，默认情况下它是处于被锁定保护的状态的🔒。

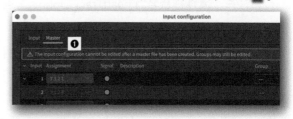

Dolby Atmos Master File（杜比全景声母版文件）

让我们来看看实际的杜比全景声母版文件，以更好地理解我们在录制杜比全景声母版文件"包"（也称为 DAMF）时创建了什么。

➡ Dolby Atmos Master File Set：杜比全景声母版文件"包"

首先，我们创建的不是一个文件，而是几个文件、一组文件。这就是为什么杜比全景声母版文件（Dolby Atmos Master File）也被称为杜比全景声母版文件"包"（Dolby Atmos Master File Set）的原因。

下面是你选择创建/录制杜比全景声母版文件时实际触发的操作。

- ☑ **文件夹**：杜比全景声渲染器使用你在 Create（创建）窗口 ❷ 中输入的名称创建母版文件的文件夹 ❶。它会在该文件夹中创建 3 个文件，它们名称相同，但扩展名不同。

- ☑ **杜比全景声母版文件 ❸**：这是带有 .atmos 文件扩展名的母版文件，包含主元数据。

- ☑ **Audio 音频文件 ❹**：此文件包含所有音频通道的音频数据。它具有 .atmos.audio 文件扩展名，是 Core Audio 音频格式（CAF）的交错多声道 PCM 音频文件。

- ☑ **Metadata 元数据文件 ❺**：此文件包含声像定位元数据，扩展名为 .atmos.metadata。

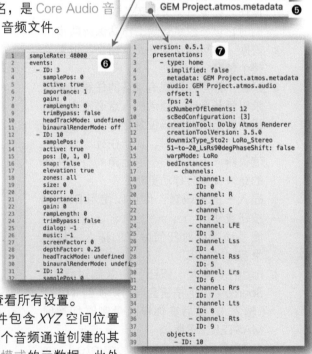

⬤ 数据内容

你可以使用文本编辑器打开 atmos 文件和元数据文件并读取其内容。通过这种方法，你可以了解这个文件的内部结构和用法。

- ▶ **杜比全景声母版文件 ❻**：此文件包含母版文件的主要配置，如声道配置，命名和分组配置，时间码偏移量，FFOA 时间码和 fps 帧速率值。你还可以从 Trim（微调）和 Downmix（下混）控制窗口中查看所有设置。

- ▶ **Metadata 元数据文件 ❼**：此文件包含 *XYZ* 空间位置元数据和由环绕声声像定位器为每个音频通道创建的其他数据，以及每个通道的双耳渲染模式的元数据。此处列出了一个声像定位参数的每一个自动化控制点以及相应的时间戳。

一个属性被命名为 headTrackMode，它提示在杜比全景声中尚未加入头部追踪功能。

⬤ 删除杜比全景声母版文件

你不能从杜比全景声渲染器内删除母版文件，如果不再需要，你必须在 Finder 中删除该文件夹。

设置和配置

　　杜比全景声渲染器中的设置和配置的相关话题很容易被忽视，这可能会导致一些意外甚至挫折。通常，软件应用程序有一个 Preferences（首选项）窗口，其中保存了重要的配置信息，也许你可以管理某些针对项目的设置机制。

　　杜比全景声渲染器具有所有这些功能，还有一种特殊的方式实现这些功能。这就是我们必须更仔细地了解这些并避免意外的地方。

概念

　　除了你可以像往常一样从应用程序菜单 Dolby Atmos Renderer（杜比全景声渲染器）> Preferences（首选项）❶（cmd ,）访问首选项之外，杜比全景声渲染器中的所有其他设置都在 Window❷ 菜单下列出的各种窗口中进行配置。

　　为了更好地了解杜比全景声渲染器如何管理这些窗口中的设置，我们先根据工作流程的因素对它们进行分组。

⬤ Preferences（首选项）

这些就是 "Prerences（首选项）" 窗口 7 个页面上提供的所有设置。

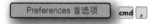

⬤ 渲染器界面

这些是主窗口（称为渲染器窗口）上的一些设置，例如 DIM 衰减设置或 3D 对象视图设置。

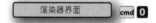

⬤ 房间配置

这些是有关你的混录棚配置的所有设置，包括扬声器设置和校准。

⬤ 杜比全景声混音设置

这些设置只适用于你正在使用或加载在杜比全景声渲染器中的当前的杜比全景声混音。

⬤ 再渲染（下混）配置

窗口中有些设置非常复杂，它们是创建各种杜比全景声的下混和分层用的。

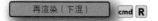

189

➡️ 多层配置

所有这些设置都可以保存／导出到一个文件，在需要为不同工作流程创建不同类型配置，或者想将配置移动到另外的混录棚／计算机上时，可以导入这些设置，就不用重做所有配置了。

将实施视为 4 个层。

⚪ 第 1 层—Factory Settings（出厂设置）

命令 Reset to Factory Default（重置为出厂默认值）❶ 是最强大的命令，因此也是最危险的命令。它会删除杜比全景声渲染器中的所有配置并将它们重置为默认值。这就是为什么你必须在警告对话框 ❷ 上确认此操作的原因。

此外，此命令还执行两项操作。

- ☑ 关闭当前打开的母版文件。
- ☑ 清除最近打开的文件列表。我觉得这有点烦人，因为如果我想删除所有最近打开的母版文件的列表，明明有一个单独的 Clear List（清除列表）❸ 命令可以使用。

⚪ 第 2 层—Import/Export Settings（导入／导出设置）

下一层是设置文件。

- ▶ **导出设置**：Export Settings（导出设置）❹ 命令可让你将杜比全景声渲染器中的所有当前设置保存 ❺ 到单独的文件中。
  - 菜单命令 **System（系统）➤ Export Settings（导出设置）**。
  - 键盘命令 `opt` `cmd` `E`。
- ▶ **导入设置**：Import Settings（导入设置）❻ 命令可让你加载先前导出的设置文件，并使用存储在设置文件中的设置覆盖杜比全景声渲染器中的所有设置。
  - 菜单命令 **System（系统）➤ Import Settings（导入设置）**。
  - 键盘命令 `opt` `cmd` `I`。
- ▶ **文件扩展名**：Settings File（设置文件）的扩展名为 .atmoscfg❼。

设置文件中不会保存 Main window（主窗口）（渲染器 UI）上的所有配置。例如，它保存降低音量（DIM）的值，但不保存 3D Object View（3D 对象视图）设置。

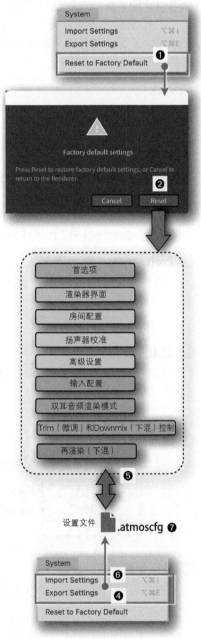

◯ 第 3 层—Import/Export Configurations（导入 / 导出配置）

Configurations File（配置文件）❶ 的功能类似于 Settings File（设置文件），但它只导出 / 导入 3 个窗口的设置。

▸ **受影响的设置**：文件会导出 / 导入 3 个窗口 ❷——Input Configuration（输入配置），双耳渲染模式和再渲染（下混）的设置。

▸ **Export Configuration（导出配置）**：导出配置 ❸ 命令可让你将设置保存到单独的文件中。

- 主菜单 **File（文件）＞ Export Input/Binaural/ Re-rend Config（导出输入 / 双耳音频 / 再渲染配置）**。
- 键盘命令 shift opt E 。

导出命令的名称中有额外的 "Master（母版）" ❹，表示你当前导出的是所加载的母版文件的设置。

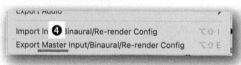

▸ **Import Configuration（导入配置）**：Import Configuration（导入配置）命令可让你加载先前导出的配置文件，并用存储在该配置文件中的设置覆盖这 3 个窗口中当前的设置。

- 菜单命令 **File（文件）＞ Import Input/Binaural/Re-rend Config（导入输入 / 双耳音频 / 再渲染配置）**。
- 键盘命令 shift opt I 。

当你使用 Import（导入）命令时，会首先打开一个对话框 ❺，你可以在其中选择要导入的 3 种配置中的哪一种：Input（输入），Binaural（双耳音频渲染模式）和再渲染（下混）。

▸ **文件扩展名**：配置文件的文件扩展名为 .atmosIR❻。

◯ 第 4 层—Import/Export Dolby Atmos Master File（导入 / 导出杜比全景声母版文件）

这是一种隐藏的设置文件，你必须注意。

▸ **保存的设置**：每当你创建新的杜比全景声母版文件时，3 个窗口的当前设置都会保存到该母版文件中。
- Input Configuration（输入配置）。
- Binaural Render Modes(双耳音频渲染模式)。
- Trim（微调）和 Downmix（下混）控制。

▸ **导入的设置**：无论何时加载杜比全景声母版文件（.atmos）或其他格式的母版文件（如 ADM BWF, IMF IAB），你都必须注意 3 个窗口的设置会被保存在母版文件中的设置覆盖。但是，一旦你关闭母版文件，设置将恢复到以前的设置。

▸ **更新母版文件设置**：无论何时在这 3 个窗口中的任何一个中做任何更改，只要你使用 Accept（接受）按钮关闭窗口，这些更改就会写入到母版文件中。

Configuration File 配置文件　.atmosIR ❻

❷
- 输入配置
- 双耳音频渲染模式
- 再渲染（下混）

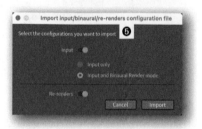

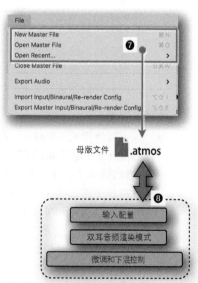

母版文件　.atmos

❽
- 输入配置
- 双耳音频渲染模式
- 微调和下混控制

放眼展望

下面的图显示了设置实现的整体情况。

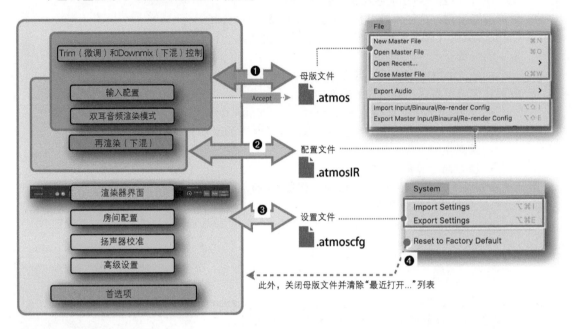

● 母版文件 ❶

- 当你保存母版文件时，它将包括 3 个窗口的当前设置：Input Configuration（输入配置），Binaural Render Mode（双耳音频渲染模式）和 Trim（微调）/Downmix（下混）控制。

- 你在这 3 个窗口中所做的任何更改（文件必须处于解锁状态 🔓！）将在你使用 Accept（接受）按钮关闭母版文件窗口后直接写入母版文件。

- 关闭母版文件时，所有这些设置都将恢复为打开母版文件之前的设置。

● 配置文件 ❷

- 你可以使用 File Menu（文件菜单）下的 Export Input/Binaural/Re-render Config（导出输入 / 双耳音频 / 再渲染配置）命令将 3 个窗口的 Input Configuration（输入配置）、Binaural Rendering Mode（双音频渲染模式）和 Re-rends［再渲染（下混）］设置保存到硬盘驱动器上的文件。

- 该文件具有 .atmosIR 文件扩展名，可以使用任何文本编辑器打开，你可以在

其中查看各个设置。

- 你可以通过导入配置文件来加载这些设置。通过对话框，你可以选择要加载的设置［Input（输入），Binaural（双耳音频），Re-Renders（再渲染）］。如果当前已加载（甚至未锁定）了母版文件，那么只有处于激活状态的再渲染（下混）才能被导入。

● 设置文件 ❸

- 你可以使用 System（系统）菜单下的 Export Settings（导出设置）命令将所有当前设置（包括首选项）保存到硬盘上的文件中。

- 该文件 的扩展名为 .atmoscfg。

- 你可以打开任何设置文件来加载这些设置。请注意，导入命令将关闭任何当前打开的母版文件。

● Factory Settings（出厂设置）❹

此重置命令会将每个参数恢复到出厂设置。它还会卸载任何打开的母版并清除"最近打开 ..."列表。

第 7 章 媒体文件和编解码

在本章中，我们将遇到许多文件格式和交付机制，这些都是在混音完成后涉及的事情。为了避免迷失在这里涉及的各种缩写词中，我想从制作端到消费端的各个步骤的图表开始，并将传统立体声制作和杜比全景声制作作一个比较。绿色表示基于声道的格式，红色表示基于对象的格式。

以下是 3 个关键区别：

🎙 在实际制作过程中用到的渲染器 ❶ 是二者主要的区别；

🎙 杜比全景声母版文件（DAMF）❷ 的功能是杜比全景声制作所独有的；

🎙 播放设备必须配备渲染器 ❸ 才能播放基于对象的文件格式。

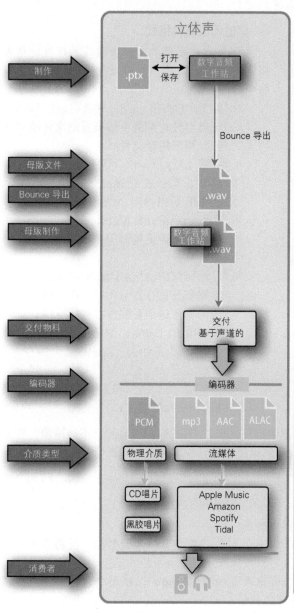
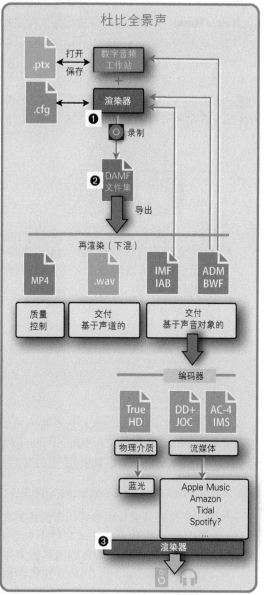

杜比全景声母版文件

概念

我已经在录制声底部分介绍了杜比全景声母版文件集，但其实还有更多的内容，所以让我们来深入了解一下。

➡️ 术语

Dolby Atmos Master File（杜比全景声母版文件）只是杜比全景声混音的一种母版文件格式。这就是术语容易混淆的地方，因为它的使用很随意。

⚫ Native Master File Format（原生母版文件格式）

Dolby Atmos 只有一种"Native Master File Format（原生母版文件格式）"，这是你在杜比全景声渲染器中创建和录制的文件格式。我们已经知道，这不是一个单独的文件。它是一个文件集，一个包含 3 个（有时是 4 个）文件的文件夹。

杜比全景声母版文件设置

▸ **杜比全景声母版文件** [.atmos]：这是杜比全景声渲染器的原生文件，也称为以下名称：
  - 母版文件
  - Dolby Atmos Master File（杜比全景声母版文件）
  - DAMF 文件集
  - 杜比全景声母版文件集

⚫ 其他母版文件格式

还有其他类型的文件也被认为是杜比全景声混音的母版文件，你可以在杜比全景声渲染器中打开它们。

▸ **ADM BWF**[.wav]：这是可以从 DAMS 导出到杜比全景声渲染器的文件格式之一，用于内容交付。

▸ **IMF IAB** [.mxf]：这是另一种文件格式，可以在杜比全景声渲染器中从 DAMF 导出得到，也可用于内容交付。

▸ **Cinema Print Master** [.rpl]：是使用杜比全景声渲染器的电影院版创建的母版文件。

▸ **Digital Cinema Package，DCP（数字电影母版）** [.mxf]：DCP 是用于将电影内容传送到影院播放的标准格式。

▸ **pmsitch** [.xml]：这是一种格式（更像是描述性文件），它提供了使用 Dolby Atmos Conversion Tool（杜比全景声格式转换工具）将多个母版文件"拼接"在一起的能力。

虽然其他母版文件可以在杜比全景声渲染器中打开，但它们是被锁定🔒的，不能编辑。它们首先需要在 Dolby Atmos Conversion Tool（杜比全景声格式转换工具）中转换成 DAMF。只有原生文件，即 DAMF，才可以解锁🔓编辑其部分内容。

➡️ DAMF-Dolby Atmos Master File Set：杜比全景声母版文件（集）

杜比全景声母版文件由包含以下文件的文件夹表示。

- **.atmos**：这是一个文本文件（也称为"清单文件"），它包含常规元数据，并将系统定向到此 DAMF 文件集中用到的其他文件。
- **.atmos.audio**：此 CAF 文件包含每个音床声道的音频通道，以及每个通过声像定位器分配给声音对象的音频通道（即使是无声的音轨）。
- **.atmos.metadata**：此文本文件包含每个对象的初始和动态（自动化的）声像定位信息的所有元数据。

- **.atmos.dbmd**：此文件包含下混信息，是使用较早版本的杜比全景声渲染器创建的，但仍然是通过 Dolby Atmos Conversion Tools 创建的。

● 几个事实

以下是有关杜比全景声母版文件的事实摘要。

- ▶ **原生文件格式**：Dolby Atmos Master File 是杜比全景声渲染器应用程序的原生文件格式。
- ▶ **Export（导出）**：你需要在杜比全景声渲染器中打开 DAMF 并将其保存为一种交付格式。
- ▶ **Proprietary（专有）**：它是 Dolby 专有的文件格式。
- ▶ **Sample Rate（采样率）**：它支持 48kHz 和 96kHz 采样率。96kHz 不受任何交付格式支持，但保留 96kHz DAMF 为未来的拓展性提供可能。
- ▶ **文件大小**：没有文件大小限制。使用全部 128 个音频通道的 2 个多小时的电影的 DAMF 大约有几百 GB。
- ▶ **文件集**：杜比全景声母版文件不是单个文件，当你在杜比全景声渲染器中创建一个新的 DAMF 时，会在一个文件夹内创建一组 3 个文件。
- ▶ **Lead（前置）**：DAMF 应该在音频开始前至少有 1s 的前置时间 [有效画面第一帧，FFOA（开始位置）]，以提供足够的时间让杜比全景声渲染器和数字音频工作站同步。导出为交付格式时，可以把前置时间裁掉。
- ▶ **编码**：虽然有些编码器可以直接导入 DAMF 来创建各种杜比全景声的交付格式，但你通常会在杜比全景声渲染器中将 DAMF 导出为内容提供商所需的格式之一。

➡ 录制 / 编辑 DAMF

● 录制 DAMF

我在录制声底这部分中解释了关于创建 DAMF 的所有细节。这里只涉及基本的步骤。

- **两步**：建立 DAMF 是一个分两步进行的过程。首先，你要先创建文件（名称和路径），然后才能够录制 DAMF。
- **磁带录音机**：你是在录制 DAMF，而不是 Bounce（导出）你的杜比全景声混音。这更像是在一台多轨录音机上开启所有音轨同时实时录制的过程。
- **内容**：除了作为数字音频记录到 DAMF 上的实际音频信号外，它还保存了许多元数据，如各自独立的 *XYZ* 空间元数据和双耳音频渲染模式数据以及其他配置。

● 编辑 DAMF

在常规立体声制作中，当你在数字音频工作站通过 Bounce（导出）到 .wav 文件创建母版文件时，从技术上讲，这是一个你无法编辑的只读文件。在杜比全景声渲染器中创建杜比全景声母版文件与 Bounce（导出）你的工程类似，但是，DAMF 不是只读文件，它是可以被编辑的。

- ▶ **覆盖和延长音频**：完成录制过程后，你仍然可以在母版之上进行扩展录制或替换录制某一段。从技术上讲，你可以稍后重新录制某一部分，但数字音频工作站和杜比全景声渲染器设置必须相同。
- ▶ **编辑元数据**：通过在杜比全景声渲染器中打开文件并在相应的窗口中进行必要的更改（无需专用的文件保存命令），可以编辑存储在 DAMS 中的一些元数据。例如，更改双耳渲染模式、通道分组名称的分配，以及 Downmix 和 Trim 窗口的配置。

➡ DAMF 的内容

下面是我之前使用的一个图表，它显示了记录在杜比全景声母版文件的各种数据的来源。

▸ **数字音频工作站❶**：多达 128 个通道的音频信号从数字音频工作站传过来，包括其各自独立的 *XYZ* 空间位置元数据。

▸ **数字音频工作站或渲染❷**：128 个通道的双耳渲染模式均可以在杜比全景声渲染器或数字音频工作站中使用各自轨道上的插件进行独立的设置。

▸ **渲染器❸**：所有其他元数据在杜比全景声渲染器中生成（和编辑）。

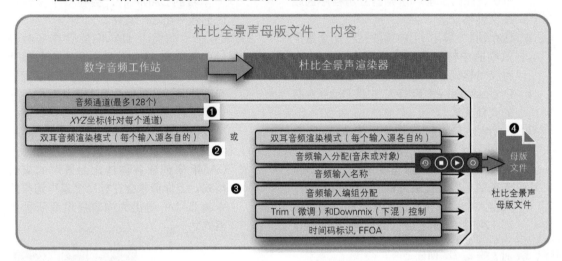

➡ 从 DAMF 导出

在杜比全景声渲染器中加载杜比全景声母版文件❹（或其他格式的母版文件）后，可以将杜比全景声母版导出为不同的格式：一种基于声道的格式和 3 种基于对象的格式。从 **File（文件）> Export Audio（导出音频）> ❺** 子菜单中进行选择。

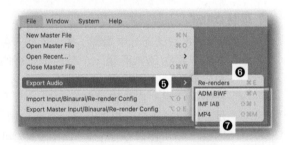

⬤ 导出为基于声道的文件格式 ❻

☑ **再渲染（下混）**：你可以选择任何预配置好的再渲染（下混），以不同声道宽度创建 .wav 文件格式的多声道音频文件。我将在下一节的所有详细信息中介绍再渲染（下混）功能。

⬤ 导出为不同的基于对象的文件格式 ❼

有 3 种可创建的基于对象的文件格式类型（仅限 48kHz！）。

☑ **ADM BWF**：这是一种单个文件的杜比全景声"中间件"母版，一些内容服务平台（如 Netflix，Apple，Amazon）要求以此格式作为交付文件。此文件也可以通过 **Import（导入） > Session Data（工程数据）** 命令（将对象和元数据）导入到 Pro Tool（以及其他可以支持的数字音频工作站，如 Nuendo 和 DaVinci）中。

☑ **IMF IAB**：这是另一种单个文件，基于帧的杜比全景声"中间件"母版，用于交付给内容服务平台（如 Netflix）。

☑ **MP4**：这将导出一个使用杜比全景声编码音频的视频文件。它主要用于质量监控，以便快速检查混音在消费端杜比全景声播放设备上开启杜比全景声播放后的效果。

DAMF 的内容

你不仅要知道杜比全景声母版文件中存储了什么内容（数据和元数据），还必须知道当你在杜比全景声渲染器中加载杜比全景声母版文件但没有数字音频工作站可用时，哪些数据可以编辑。

➡️ 编辑内容

⦿ 不可编辑的信息

- ▸ **音频输入分配❶**：不能在 Input Configuration（输入配置）窗口（`cmd` `I`）中更改输入配置，即 Beds（音床）、Object（声音对象）或 "未分配"。
- ▸ **音频输入名称❷**：之前你在 Input Configuration（输入配置）窗口的 Description（说明）字段中为每个音频输入通道输入的名称是不能再更改的。

⦿ 录制（覆盖 / 插入 - 插出录音）

音频和声像定位信息只能在加载并连接到原本的数字音频工作站工程时才能做更新录制。你无法选择 / 只开启某些通道的录音。你可以同时在所有音频通道上录制或插入 – 插出录音，录制音频数据和声像定位元数据。

- ▸ **音频通道❸**。
- ▸ **声像定位信息❹**。

⦿ 可编辑的

可以编辑以下数据。当你单击 Accept（接受）按钮关闭相应窗口时，这些值直接保存到 .atmos 文件中。

- ▸ **音频输入组名称分配❺**：在 Input Configuration（输入配置）窗口（`cmd` `I`）中只能更改为每个输入声道设置的组名称。
- ▸ **双耳渲染模式❻**：双耳渲染模式窗口（`cmd` `B`）允许你为每个输入通道（LFE 通道除外）选择渲染模式。如果你想在创建杜比全景声母版文件后优化混音的双耳版本，可以调整这些参数，这确实很有帮助。
- ▸ **Trim（微调）和 Downmix（下混）控制❼**：在你最初录制母版文件时，将会把来自 Trim（微调）和 Downmix（下混）控制窗口（`cmd` `T`）的所有当前设置随文件一起存储在 Dolby Atmos Master File（杜比全景声母版文件）中。当你打开母版文件时，所有这些随之存储的参数都将被导入回该窗口。更改该窗口中的任何参数将直接让这些更新保存回母版文件。这些下混和微调设置在编码传输文件时会被用到，因此会影响最终消费者在杜比播放设备渲染混音的方式。能够编辑这些值可提供额外的质量控制步骤，因为你可以使用应用的各种设置监控混音物的声音方式。

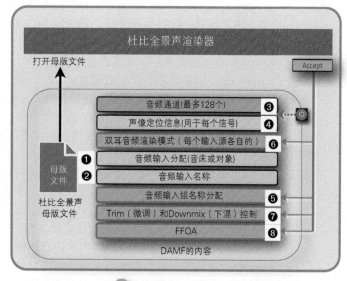

- ▸ **FFOA❽**：可以在母版文件部分右上角的选择器 上 `click`，在主窗口中编辑有效画面第一帧的时码位置（FFOA）。

➡ 文件内容

如果你有兴趣的话，这里有一个小窍门。

可以用文本编辑器打开文件夹中的杜比全景声母版文件夹中的 3 个文件的每一个。

⬤ .atmos 文件（程序元数据）

.atmos文件

.atmos 文件的内容如下。

▸ **对其他两个文件的引用**

- metadata：相应元数据文件的名称；
- audio：相应音频文件的名称。

▸ **时间码相关的设置**

- offset：以秒为单位记录的 SMPTE 时码的起始；
- ffoa：以秒为单位记录的"有效画面第一帧"的时间码值；
- fps：帧速率。

▸ **空间编码**

这是 Preferences（首选项）>Processing（处理）中的设置。

- scNumberOfElements：空间编码设置中的 Number of Elements（元素数量）值。但是，当你加载母版文件时，这个值不会被加载到杜比全景声渲染器设置中。

▸ **下混和微调控制**

这些都是存储在 Trim（微调）和 Downmix（下混）控制窗口中的设定（cmd T）。

- downmixType_5to2：这是可选的 5.1 至 2.0 下混算法。
- 51-to-20_LsRs90degPhaseShift：这是一个（真/假）标记，标识是否选择了 Phase 90（相位旋转 90°）。
- warpMode：这是 5.1 下混算法的选项。
- trimMode：以下是修改长度的设置。
  - SomeSurroundNoHeights：这些是为 5.1 和 2.0 设置的值。
  - SomeSurroundSomeHeights：这些是为 5.1.2 设置的值。
  - ManySurroundNoHeights：这些是为 7.1 设置的值。

▸ **输入通道**

以下是 Input Configuration（输入配置）窗口（cmd I）中的设置。

- bedInstances：以下是 Input configuration（输入配置）窗口中的条目。
  - description：这是在 Description（描述）字段中输入的名称。
  - groupName：这是为音床选择的组名称。
  - channel：这是每个音床 ID 的声道标识符。
  - ID：这是输入通道的编号（从 ID0 开始编号）。
- Objects：仅列出从数字音频工作站映射的对象。
  - description：这是在 Description（描述）字段中输入的名称。
  - groupName：这是为音床选择的组名称。
  - ID：这是输入通道的编号（从 ID0 开始编号）。

```
1   version: 0.5.1
2   presentations:
3   - type: home
4     simplified: false
5     metadata: GEM Project 2.atmos.metadata
6     audio: GEM Project 2.atmos.audio
7     offset: 3.36
8     ffoa: 5
9     fps: 24
10    scNumberOfElements: 16
11    scBedConfiguration: [3]
12    creationTool: Dolby Atmos Renderer
13    creationToolVersion: 3.5.0
14    downmixType_5to2: LtRt_PLII
15    51-to-20_LsRs90degPhaseShift: true
16    warpMode: ProLogicIIx
17    trimMode:
18      SomeSurroundsNoHeights:
19        surroundTrim: -0.75
20        heightTrim: -10.5
21      SomeSurroundsSomeHeights:
22        surroundTrim: -2.25
23        heightTrim: -2.25
24        frontBackBalanceOverheadFloor: 0.3125
25        frontBackBalanceListener: 0.125
26      ManySurroundsNoHeights:
27        surroundTrim: -1.5
28        heightTrim: -1.5
29        frontBackBalanceOverheadFloor: -0.125
30        frontBackBalanceListener: 0.1875
31    bedInstances:
32    - description: Reverb
33      groupName: _REVERB_
34      channels:
35      - channel: L
36        ID: 0
37      - channel: R
38        ID: 1
39      - channel: C
40        ID: 2
41      - channel: LFE
42        ID: 3
43      - channel: Ls
44        ID: 4
45      - channel: Rs
46        ID: 5
47    objects:
48    - description: Synth
49      groupName: _KEYS_
50      ID: 10
51    - description: Vocals
52      groupName: _VX_
53      ID: 11
54    - description: Drums  -L
55      groupName: _PERC_
56      ID: 12
57    - description: Drumx -R
58      groupName: _PERC_
59      ID: 13
60    - ID: 14
61    - ID: 15
```

◉ .atmos.audio

此文件包含杜比全景声混音的所有输入通道的数字音频。在文本编辑器中打开文件没有意义，因为那样只会看到一堆乱码。但有一个有趣的事。

> ▶ **文件类型**：正如你在第一行中看到的，音频文件存储为 CAF 格式，这是苹果在 2005 年开发的 Core Audio Format（核心音频格式）。这是一个 64 位的数据文件，所以有足够的空间来使用全部 128 个通道存储 96kHz 的杜比全景声版本的泰坦尼克号电影的混音。

.atmos.audio文件

◉ .atmos.metadata（声像定位相关元数据）

可以在文本编辑器中打开此文件以查看其内部的内容。包含有两部分。

> ▶ **默认设置**。

每个 ID（即通道编号）最多列出 18 个值。下面是几个例子。

- ID：这是下面的参数所属的音频通道编号。
- samplePos：这是用采样计数指示的下面的参数在时间线上的位置。0 标记第一个采样位置的起始点。
- pos：包含 3 个数值，即到目前为止，我在本书中所提到的 *XYZ* 空间位置坐标。
- HeadTrackMode：这可能暗示了杜比全景声技术中会包含头部追踪的功能。
- BinauralRenderMode：这是在双耳渲染模式窗口中设置的双耳渲染模式［off（关闭），near（近），mid（中），far（远）］（**cmd** **B**）。

> ▶ **声像定位自动化**。

Default Settings（默认设置）之后的部分是 3 个参数一组，不断重复。

- ID：这是下面的参数所属的音频通道编号。
- samplePos：这是用采样计数指示的下面的参数在时间线上的位置。
- pos：这包含 3 个数值，即到目前为止，我在本书中所提到的 *XYZ* 空间位置坐标。
- 其他：此处将列出属于此时间戳的所有其他声像定位的自动化参数。

因此，.atmos.metadata 文件基本上是所有 128 个通道的 Pan Automation（声像定位自动化）事件列表。

.atmos.metadata文件

199

再渲染（下混）

"再渲染（下混）"是杜比全景声渲染器中使用的一个表示特定功能的术语。如前所述，术语"渲染"本身用于获取多达 128 个音频通道及其杜比全景声混音的元数据，并处理这些数据以创建基于通道的输出或双耳渲染输出。

概念

杜比全景声渲染器有 3 个渲染器组件。下面是根据前面的内容改进的图，以显示这 3 个渲染器的用途。

▸ **扬声器渲染器 ❶**：该组件根据 Room Setup（房间设置）窗口中配置的扬声器数量和扬声器布局，将杜比全景声混音渲染为基于声道的输出（ cmd M ）。

▸ **耳机渲染 ❷**：此组件将杜比全景声混音转换为立体声（2.0 下混音）或双耳渲染的双声道耳机信号。

▸ **再渲染（下混）❸**：此组件将杜比全景声混音渲染为两种基于声道的输出。

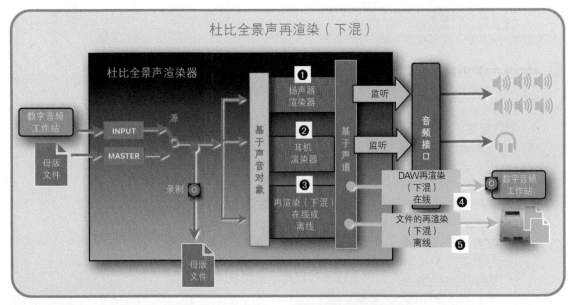

⬤ 数字音频工作站录制的再渲染（下混）❹

官方的术语是 Live Re-renders（实时再渲染）。然而，我更喜欢"数字音频工作站录制的再渲染（下混）"这种说法，因为它更具体，更好地描述了功能和目标。

它将杜比全景声混音的 128 个声道渲染为基于声道的针对特定扬声器布局（2.0，5.1，7.1 等）的输出，并将其路由到所连接音频接口的输出声道。你可以从那里（内部或外部）将其路由给数字音频工作站并录下这些音频信号。使用实时一词是因为你播放的数字音频工作站被路由到杜比全景声渲染器或被加载的母版文件，这时你在数字音频工作站上可以实时录制渲染版本。

⬤ 基于文件的再渲染（下混）❺

官方的术语是 Offline Re-Renders（离线再渲染）。但是，我更喜欢"文件再渲染（下混）"这种说法，因为它更具体，更好地描述了功能和目标。

它将杜比全景声混音的 128 个声道渲染为基于声道的针对特定扬声器布局（2.0，5.1，7.1 等）的输出，并将其保存为音频文件。

文件再渲染（下混）过程仅适用于已加载的母版文件，并且在从数字音频工作站播放杜比全景声混音时无法使用。因此被称为"离线"。

📥 详细信息

下面是另一张图（在这张图里信号流是从上至下的），它仅侧重于再渲染（下混）组件以及你在使用该功能时必须注意的各种相关元素。

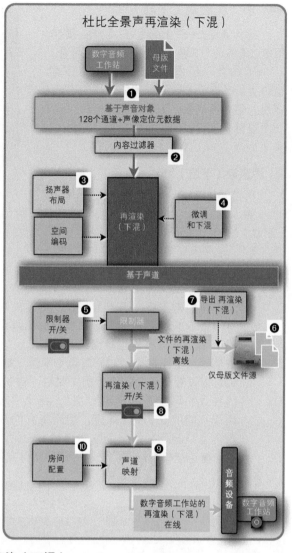

- ▶ **再渲染（下混）窗口**：杜比全景声渲染器有一个专用的再渲染（下混）窗口（ cmd R ），可让你设置主配置。它有 3 个参数，我用黄色框来表示。

- ▶ **Source（源）**：像往常一样，杜比全景声渲染器中的源 ❶ 有数字音频工作站或母版文件两种选择。它们以基于对象的格式表示杜比全景声混音，具有多达 128 个音频通道和各自独立的声像定位信息。

- ▶ **内容过滤器 ❷**：在杜比全景声混音进入再渲染（下混）之前，你可以过滤掉某些内容。例如，仅使用对象，或仅使用音床，或仅过滤掉分配给特定组的音频通道（例如，对话、音乐等）。这可以让你快速创建特定分层的再渲染（下混）。

- ▶ **扬声器布局**：再渲染（下混）窗口告诉渲染器它生成时所用的扬声器布局 ❸（即 7.1，5.1，2.0 等）。

- ▶ **Trim & Downmix（微调和下混）**：我们在本章中讨论过的 Trim（微调）和 Downmix（下混）控制窗口 ❹ 录制声底，如果"扬声器布局"为 7.1、5.1.2、5.1 或 2.0，也会影响它们的再渲染（下混）。

- ▶ **限制器 ❺**：再渲染（下混）的基于声道的输出通过可在 Preferences（首选项）> Processing（处理）中切换开关的软限制器。我们已经讨论过该功能，但请记住，与母版文件不同，此处的限制器会影响再渲染（下混）的信号。Loudness（响度）和 BIN（双耳渲染）的再渲染（下混）的限制器始终处于开启状态。

- ▶ **文件再渲染（下混）❻**：限制器后的信号可以保存到音频文件中，并且在导出再渲染（下混）窗口 ❼（ cmd E ）中提供了更多的配置参数。请记住，仅当杜比全景声渲染器中的源设置为母版文件时，此文件再渲染（下混）功能才可用。它不可用于实时输入。

- ▶ **再渲染（下混）开 / 关 ❽**：如图所示，再渲染（下混）的切换开 / 关 [Preferences（首选项）> Re-renders（再渲染 / 下混）] 放置在 File（文件）Re-renders［再渲染（下混）］之后，这是因为它只影响数字音频工作站录制的再渲染（下混）。

- ▶ **Channel Mapping（通道映射）❾**：再渲染（下混）窗口中的一个参数是 Channel Mapping（声道映射）。它决定了音频接口的输出通道，用于将基于声道的再渲染（下混）路由到数字音频工作站（内部或外部）。Room Setup（房间设置）❿ 窗口（ cmd M ）决定数字音频工作站可用于再渲染（下混）的输出通道的范围（哪些通道编号可用）。

➡️ 多个再渲染（下混）"条"

在你消化上一页上的图后，我们必须带你再深入再渲染（下混）功能的另一层来看看。

正如我已经提到的，再渲染（下混）窗口提供了 3 个参数来配置再渲染（下混）。但是，每个再渲染（下混）配置不仅仅只有一个设置，你可以创建多个配置，称为再渲染（下混）"条" ❶。

⬤ 再渲染（下混）"条"

再渲染（下混）的配置（包含内容过滤器 ❷、扬声器布局 ❸ 和通道映射 ❹）被称为再渲染（下混）"条"，你可以在该再渲染（下混）窗口中创建多个"条"。这带来了重大的工作流程优势。

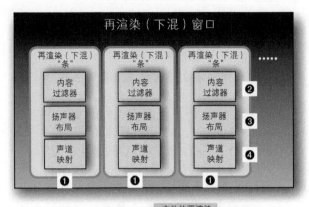

▶ **基于文件的再渲染（下混）❺**：例如，你可以为不同的输出文件（立体声，5.1，7.1 等）设置五个不同的再渲染（下混）"条"，然后只需在导出再渲染（下混）窗口中选择要导出的再渲染（下混）"条"即可一次性导出这些"条"。

▶ **数字音频工作站录制的再渲染（下混）❻**：例如，你可以设置仅包含特定分层（对白，音乐，效果）的独立的再渲染（下混）"条"，每个"条"分别用于不同的 5.1 和立体声，然后将它们从杜比全景声渲染器录制到一个数字音频工作站，一次接收所有这些单个通道。这将为创建交付文件节省大量时间。

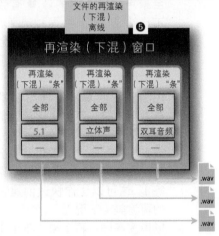

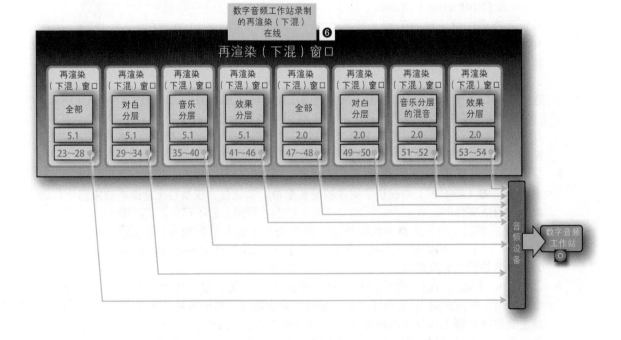

再渲染（下混）窗口

现在，让我们从再渲染（下混）窗口开始，了解杜比全景声渲染器中的各种设置。

➡ 概述

使用下面这两种命令均可以打开再渲染（下混）窗口。

🔹 菜单命令 **Window（窗口）> Re-renders［再渲染（下混）］**;

🔹 快捷键组合命令 **cmd R**。

你可以通过拖动窗口的边角来调整窗口的大小。

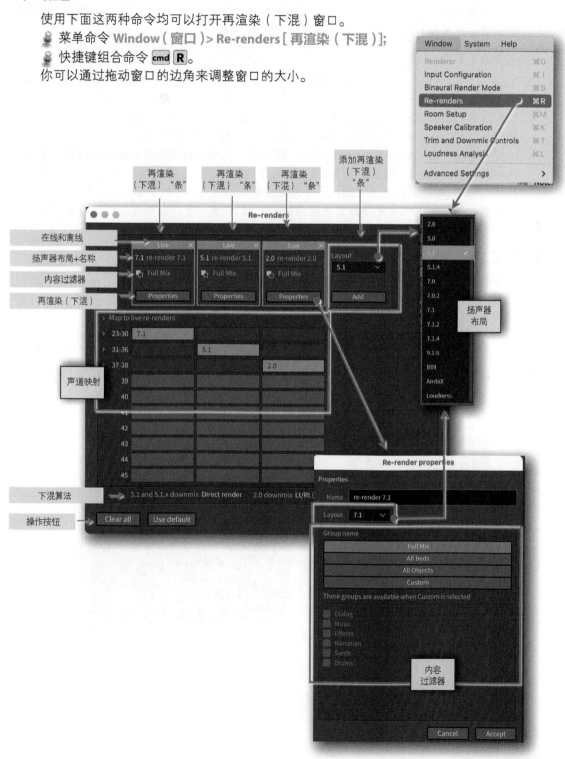

➡️ 创建再渲染（下混）"条"

再渲染（下混）窗口已默认创建了 3 个再渲染（下混）"条"。但是，要介绍各种控件和配置步骤，我想从头开始。因此，我从左下角的两个按钮开始。

- ▶ **Clear all（全部清除）❶**：这将删除所有再渲染（下混）"条"，只剩下 3 个控件。
- ▶ **Use default（使用默认设置）❷**：这将删除所有再渲染（下混）"条"，并创建 3 个默认的再渲染（下混）"条"，即你在上一页上看到的"条"。

⚪ 添加再渲染（下混）"条"

在再渲染（下混）窗口中没有新建的再渲染（下混）"条"之前，只能看到两个控件。让我们将此部分称为"Add Re-Renders Strip"［添加再渲染（下混）"条"］❸。

- ▶ **Layout（布局）❹**：此选择器允许你为此再渲染（下混）"条"选择扬声器布局。默认情况下是以 5.1 布局的，但你可以 click，在弹出菜单 ❺ 中的 13 个选项中进行选择。
- ▶ **Add（添加）❻**：当你 click Add（添加）按钮后，将使用选定的扬声器布局创建一个新的 Re-Rendering Strip［再渲染（下混）"条"］❼，"Add Re-Renders Strip［添加再渲染（下混）"条"］" ❽ 此时已移至右侧，于是你现在可以添加另一个再渲染（下混）"条"了。这似乎意味着你可以创建无限数量的再渲染（下混）"条"了。我确实试过，至少 100 多个不是问题。

⚪ 再渲染（下混）"条"

新的再渲染（下混）"条"有以下控件 / 部分 ❾。

- ▶ **Offline/Live（离线 / 实时）**；
- ▶ **Remove Strip（删除"条"）**；
- ▶ **Channel Layout + Name（通道布局 + 名称）**；
- ▶ **Content Filter（内容过滤器）**；
- ▶ 属性按钮；
- ▶ 输出路由按钮。

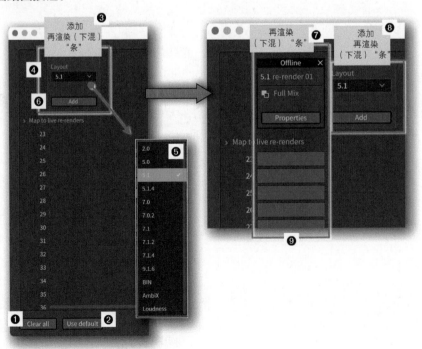

➡️ 再渲染（下混）"条"参数

以下是再渲染（下混）"条"上的各种参数（我将按另一种顺序来介绍它们）。

⬤ Remove Strip（删除"条"）

右上角的 X 是 Remove Re-render Strip［删除再渲染（下混）"条"］按钮（此操作不可撤销）。

⬤ 属性按钮

在 Properties（属性）❶ 按钮上 click，打开 Re-render properties［再渲染（下混）属性］❷ 对话框，在这里你可以编辑 3 个参数。

> ▸ Re-render Strip Name［再渲染（下混）"条"名称］❸；
> ▸ Speaker Layout（扬声器布局）❹；
> ▸ Content Filter（内容过滤器）❺。

⬤ 扬声器布局和再渲染（下混）"条"名称

此字段显示以下两个信息。

> ▸ Speaker Layout（扬声器布局）❻：白色字体显示此"条"扬声器布局的名称。你可以在对话框中选择不同的布局 ❹。
> ▸ Re-render Strip Name［再渲染（下混）"条"名称］❼：蓝色字体显示此"条"的名称。默认情况下，"条"按顺序编号，如 re-render 01、re-render 02 等，你可以在 Name 对话框中 ❸ 更改名称。

⬤ 内容过滤器

此部分显示内容过滤器 ❽，表示仅这些输入通道被用于该再渲染（下混）。你可以在对话框中对其进行更改 ❺，在该对话框中，你可以在 Group name（组名称）部分中的 4 个大按钮所代表的 4 个选项中进行选择。

> ▸ Full Name（全名）：这是默认设置，未加任何过滤器。杜比全景声混音的所有输入通道都用于再渲染（下混）。
> ▸ All Beds（所有音床）：仅使用在 Input Configuration（输入配置）窗口（cmd I）中被指定为 Bed（音床）的输入通道。
> ▸ All Objects（所有声音对象）：仅使用在 Input Configuration（输入配置）窗口中指定为 Objects（声音对象）的输入通道。
> ▸ Custom（自定义）：选择 Custom（自定义）按钮将启用下面的 Group Names（组名称）❾ 及其复选框。这里有 4 个默认标准组名称以及你在 Input Configuration（输入配置）窗口的 Groups（组）❿ 对话框中定义的任何其他名称。你选择包括在此再渲染（下混）"条"中的任何组名称都将列在内容过滤器字段 ❽ 中。只有分配给选中的组的声道才会参与渲染。

◉ **数字音频工作站录制的再渲染（下混）与基于文件生成的再渲染（下混）**

再渲染（下混）"条"顶部的第一个字段可能显得有点奇怪。它就像每个"条"里代表着两种条件的一个标题。请参阅前几页的图，它指出了两者的区别（我是这样认为的）：数字音频工作站录制的再渲染（下混）和基于文件的再渲染（下混）。

▶ **Offline（离线）❶**：标题为黑色，标签为 Offline（离线）。这意味着此再渲染（下混）只能用于基于文件的再渲染（下混），即将已加载好的母版文件再渲染（下混）保存为音频文件。

▶ **Live（实时）❷**：标题为蓝色，标有 Live（实时）标签，参数周围有个蓝色框。这意味着这个再渲染（下混）也可用于输出给数字音频工作站录制再渲染（下混），这些再渲染（下混）的输出将路由到杜比全景声渲染器的输出通道，然后该通道连接/路由到数字音频工作站的输入（无论是否在同一台计算机上）。这就是为什么我说这个程序其实也是数字音频工作站录制的再渲染（下混）的原因。

请注意可能混淆的要点。

• 离线是意味着只能基于文件做再渲染（下混）[Offline（离线）]，而不能将再渲染（下混）信号送给数字音频工作站[Live（实时）]。

• 实时则意味着两种方式都是可能的，既可以基于文件离线生成再渲染（下混）[Offline（离线）]，也可以将再渲染（下混）信号送给数字音频工作站[Live（实时）]录制。

输出声道指配

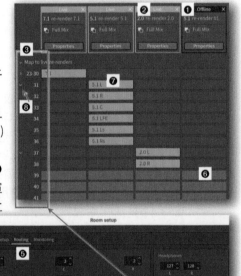

在离线和实时之间切换有点不一样。

• 默认情况下，新创建的再渲染（下混）"条"处于离线模式。

• 也没有切换到启用实时模式的开关。不过，一旦你给这个"条"分配了输出通道，再渲染（下混）"条"便会自动切换到实时模式。

• Map to live re-renders（映射给实时再渲染）❸部分的功能类似于矩阵，其中行代表杜比全景渲染器音频驱动程序的输出通道，列代表每个独立的再渲染（下混）"条"。

• 最多保留 64 个输出通道用于再渲染（下混）。

• 默认情况下，起始声道编号为 23，但当你选择 Routin（路由）❺选项卡时，你可以在Room setup（房间设置）❹窗口（ cmd M ）中更改该编号。杜比全景声渲染器中的最大扬声器输出通道数为 22，但如果使用较少的扬声器，则可以留给再渲染（下混）更多的输出通道，从更低的编号开始输出再渲染（下混）信号。

• 当你在灰色的 **Channel Box（声道组合）**（可用的输出通道）上 click 时，它将把该输出通道和扬声器布局所需输出通道按次序映射到接下来的输出通道上，如 5.1 布局 ❼ 的 6 个通道。

• 所有已存在映射的输出通道均为蓝色，它们不能用于任何其他再渲染（下混）"条"了。

• 单击左侧用于展开显示的三角形 ❽ [图标] 可折叠/展开属于该布局的 Channel Boxes（声道组合）。位于顶部的 Map to live re-renders（映射给实时再渲染）旁边的三角形，可以折叠/扩展所有映射。

• 单击任意映射的输出，都会取消将其所归属的再渲染（下混）"条"的整个通道映射，并将其恢复到离线模式。

- 在杜比全景声渲染器的 **Preferences（首选项）＞ Driver（驱动）** 中将 Send/Return plug-in（发送 / 返回插件）设为音频驱动时，Routing（路由）页面为空。然后，再渲染（下混）窗口中映射通道的编号会变为 1 ~ 64。

➡️ **其他信息**

下面是一些关于再渲染的信息。

◯ **声道数量限制**

实时渲染［输出给数字音频工作站录制的再渲染（下混）］的数量取决于音频设备驱动。如果你只有 16 个音频输出通道，并且已将 10 个用于扬声器（7.1.2），那么你只有 6 个通道可用于输出给数字音频工作站录制的再渲染（下混）。MADI 这种支持通道数量多的音频接口比较昂贵，而网络音频解决方案，如 Dante 或 Ravenna 可能是不错的选择。

◯ **Dolby Audio Bridge（杜比虚拟音频接口桥）**

根据需要用到的音轨数量，如果在 Room setup（房间设置）窗口（⌘ Ｍ）中全部用完了，那么默认的再渲染（下混）配置为：

☑ 再渲染（下混）使用通道 23 ~ 30 输出全部内容的 7.1 混音；
☑ 再渲染（下混）使用通道 31 ~ 36 输出全部内容的 5.1 混音；
☑ 再渲染（下混）使用通道 37 ~ 38 输出全部内容的 2.0 混音。

◯ **Send/Return（发送 / 返回）插件驱动**

使用发送 / 返回插件驱动时，你可以根据需要配置随意个数的再渲染（下混），但最多使用 64 个通道输出送给数字音频工作站录制再渲染（下混）。

再渲染（下混）矩阵在默认情况下会使用以下配置：

☑ 通道 1 ~ 8 用于 7.1 混音；
☑ 通道 9 ~ 14 用于 5.1 混音；
☑ 通道 15 ~ 16 用于 2.0 混音。

◯ **映射冲突**

正如我前面提到的，每个输出通道只能给一条再渲染（下混），不能合并，这意味着多个再渲染（下混）无法路由给同一输出通道。如果你尝试这样操作，系统将弹出一个"警告"对话框❶。

◯ **支持的扬声器布局**

有 13 种支持的再渲染（下混）扬声器布局。

▶ **不带顶环通道**：2.0，5.0，5.1，7.0，7.1。
▶ **带顶环通道**：5.1.4，7.0.2，7.1.2，7.1.4，9.1.6。
▶ **双耳渲染**：这是两通道双耳渲染输出。
▶ **AmbiX**：这是 Ambisonics 的 B 格式。
▶ **响度**：它实际上是一个 5.1 下混，专门用于通过外部程序或设备测量杜比全景声混音的响度。

◯ **保存 / 调用再渲染（下混）配置**

没有仅保存再渲染（下混）窗口中的配置到文件以供以后导入的命令。不过，你可以用 File（文件）菜单下的 Export/Import（导出 / 导入命令）❷ 来一次保存这 3 个窗口中的所有配置：Input Configuration（输入配置）窗口，Binaural Render Mode（双耳渲染模式）窗口和 Re-renders

［再渲染（下混）］窗口。它们被保存到一个 .atmosIR 文件中。

或者，你也可以使用 Window（窗口）菜单中的 Save Settings（保存设置）命令 ❸，该命令保存杜比全景声渲染器的所有设置，包括在再渲染（下混）窗口中的配置。

我在录制声底部分介绍了这些细节。

数字音频工作站录制的再渲染（下混）（实时）

下面是使用数字音频工作站录制再渲染（下混）的步骤。需要注意很多的配置、路由和同步步骤，只要错了哪怕只是一点，将直接导致全面失败。

➡ #1- 启用再渲染（下混）处理

必须在 Preferences（首选项）➤ Re-renders（再渲染（下混））❷ 中启用 Re-render processing［再渲染（下混）］处理 ❶。如果再渲染（下混）处理被禁用 ❸，再渲染（下混）窗口将在顶部显示一条警告消息。请记住，这只对数字音频工作站录制的再渲染（下混）是必要的，对基于文件的再渲染（下混）不是必要的。

在没有用到再渲染（下混）功能时，可以关闭该开关以节省计算机的处理能力。

➡ #2 - 配置再渲染（下混）"条"

确保已正确配置再渲染（下混）"条"，并检查这些输出通道是否"到达"你正在录制的数字音频工作站上的正确输入通道。

另外，请注意声道顺序。杜比全景声渲染器对 5.0 和更高规格的格式使用 SMPTE 标准的声道排序（即 L–R–C–LFE–Ls–Rs），如果你的数字音频工作站使用胶片标准的声道排序（即 L–C–R–Ls–Rs–LFE），你可能需要先更改一下路由通道顺序。7.0.2 和 7.1.2 是交错格式的，以便与 Pro Tools 兼容。

➡ #3- 同步配置

根据你所使用的软硬件，你必须注意两个重要的同步设置。

▸ **Word Clock（字时钟）**：如果数字音频工作站和杜比全景声渲染器在同一台计算机上运行，它们使用同一虚拟音频设备（Dolby Audio Bridge）时，那么它们是在同一个字时钟下运行的。在任何其他配置中，应检查 Audio MIDI Setup（音频 MIDI 设置）实用程序。是否已正确设置有关时钟源的所有内容 (/Applications/Utilities/Audio MIDI Setup.app)。

▸ **Timecode（时间码）同步**：如果你希望杜比全景声渲染器和数字音频工作站的时间码同步，那么必须按照我在第 6 章中解释的那样在杜比全景声渲染器中配置时间码路由。在这种情况下，数字音频工作站作为主设备运行，杜比全景声渲染器作为从设备运行。如果你有两个数字音频工作站的设置，那么你必须将第二个数字音频工作站设置为第一个数字音频工作站的从。

➡ #4- 录制声底

与仅使用加载的母版文件的基于文件的再渲染不同，数字音频工作站的再渲染可以通过加载的母版文件（母版）或来自数字音频工作站的杜比全景声混音的实时输入（输入）来获得。

以下是你可以加载到杜比全景声渲染器获得再渲染（下混）的文件格式：

☑ .atmos：杜比全景声母版文件；

☑ .wav：ADM BWF 文件；

☑ .rpl：电影版声底（Cinema Print Master）；

☑ .mxf：编码后的文件；

☑ pmstich .xml。

◯ Source（源）：母版

这是你在杜比全景声渲染器中加载母版文件并再渲染（下混）送给数字音频工作站录制的设置。加载文件后，将 Source（源）设置为 MASTER（母版），之后可以在线录制也可以离线录制。

▸ 离线：按数字音频工作站上的 Record 按钮◉。然后，在杜比全景声渲染器上，首先按下"停止"按钮◉，以确保其回到起始位置（不一定是 0:00:00:00，具体取决于 Offset 偏移值）。你也可以在时间显示中 click，输入起始时间码的值。现在，按播放按钮◉ 开始播放文件，同时将再渲染（下混）传送到录制用的数字音频工作站。到达结尾后，可以停止在数字音频工作站上的录制。

▸ 在线：首先，按下杜比全景声渲染器上的 Sync 按钮◉，使其与数字音频工作站送来的时间码保持同步。然后在数字音频工作站上按播放和录制按钮。杜比全景声渲染器将同步播放内容，并将其再渲染（下混）的信号输出到录制用的数字音频工作站。确保在母版文件起始时码位置以前启动数字音频工作站。现在，我来解释一下声音信号在母版文件的第一帧（FFOA，有效画面第一帧）之后进入的优势。

◯ Source（源）：输入

在这一状态中，你可以从数字音频工作站实时播放杜比全景声混音（Dolby Atmos Mix）。杜比全景声渲染器接收输入信号并通过再渲染（下混）的输出将（每个独立的下混）发送到数字音频工作站。这可以是同一台数字音频工作站，也可以是另一台计算机上运行的第二台数字音频工作站。由于杜比全景声渲染器接收的音频信号是被实时传送给录制输出信号的数字音频工作站的，因此你不需要在杜比全景声渲染器上操作任何走带控制，也无须设置同步。

▸ **在同一台数字音频工作站上播放和录制**：按数字音频工作站上的 Record（录制）按钮◉，使其在回放送给杜比全景声渲染器的音轨的同时被路由回数字音频工作站的再渲染（下混）通道。

▸ **独立的数字音频工作站**：按下第二台数字音频工作站（录制设备）上的 Record（录制）按钮◉，然后按下第一台数字音频工作站（播放设备）上的 Play（播放）按钮◉。

小心

实时再渲染（下混）大量音轨时可能会对录制用的数字音频工作站的磁盘分配管理和 CPU 有比较高的要求。如果你遇到任何瓶颈，可以尝试使用离线再渲染（下混）后再将文件导入数字音频工作站的方式。

以下是各种再渲染（下混）输出使用的声道顺序。

扬声器布局	频声道顺序
2.0	L, R
5.0	L, R, C, Ls, Rs
5.1	L, R, C, LFE, Ls, Rs
5.1.4	L, R, C, LFE, Ls, Rs, Ltf, Rtf, Ltr, Rtr
7.0	L, R, C, Lss, Rss, Lrs, Rrs
7.0.2	L, R, C, Lss, Rss, Lrs, Rrs, Ltm, Rtm
7.1	L, R, C, LFE, Lss, Rss, Lrs, Rrs
7.1.2	L, R, C, LFE, Lss, Rss, Lrs, Rrs, Ltm, Rtm
7.1.4	L, R, C, LFE, Lss, Rss, Lrs, Rrs, Ltf, Rtf, Ltr, Rtr
9.1.6	L, R, C, LFE, Lss, Rss, Lrs, Rrs, Lw, Rw, Ltf, Rtf, Ltm, Rtm, Ltr, Rtr
双耳渲染	L, R
AmbiX	bfmt0, bfmt1, bfmt3, bfmt4
响度	L, R, C, LFE, Ls, Rs

➡ #5 - 还有一件事

在你开始在数字音频工作站上录制再渲染（下混）前，你必须确保它采用了正确的下混算法。我在前面的相关章节中已经介绍了这一内容。

以下是再渲染的重要步骤。

Trim（微调）和Downmix（下混）控制窗口

主窗口

▶ **Input（输入）/Master（母版）Settings（设置）**: Trim（微调）和 Downmix（下混）控制窗口（cmd T）有两个页面，Input（输入）❶ 和 Master（母版）❷，你可以在其中为 Input（输入）（数字音频工作站）进行配置，也可以在其中为 Master File（母版文件）进行配置。

▶ **Input（输入）/Mater（母版）源**: 当你使用实时再渲染（下混）时，可以选择通过 Source Selection（源选择）部分上的 Input（输入）❸ 按钮来渲染（来自数字音频工作站的）输入信号，或者 Master（母版）❹ 按钮来渲染加载的母版文件。

▶ **Source（来源）> Setting（设置）**: 根据 Source Selection（源选择），Input（输入）❸ 或 Master（母版）❹，再渲染（下混）过程会自动从 Input（输入）❶ 页面或 Master（母版）❷ 页面选择相应的下混算法！

▶ **下混显示**: 再渲染（下混）窗口（cmd R）底部显示了两种下混算法（5.1 下混和 2.0 下混）❺，以指示送给数字音频工作站的再渲染（下混）所使用的算法。注意：当前在 Source Selection（源选择）部分选中的是 Input（输入）❸ 还是 Master（母版）❹，决定了是 Trim（微调）和 Downmix（下混）控件窗口中的 Input（输入）❶ 页的设置还是 Master（母版）❷ 页的设置正在起着作用。

▶ **覆盖母版**: 如果你在 Source Selection（源选择）部分选中了 Master（母版）❹ 按钮，并且在 Trim（微调）和 Downmix（下混）控件窗口的 Master（母版）❷ 页面中已启用了 Overwrite master downmix（覆盖母版中的下混算法选项）❻ 开关，那么，算法名称旁边将出现一个黄色警告图标 ❼ ⚠️，表示此算法 ❽ 不同于母版文件中的设定 ❾。如果 Overwrite master downmix（覆盖母版中的下混算法选项）已启用，但该下混设定与 Master（母版）中的设定一致 ❿，则不会出现警告图标。

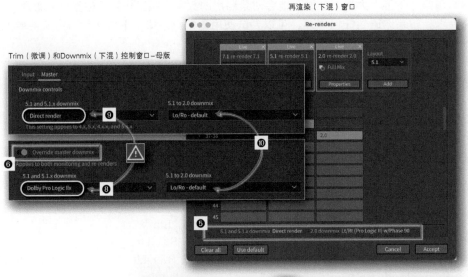

再渲染（下混）窗口

Trim（微调）和Downmix（下混）控制窗口 – 母版

基于文件的再渲染（离线）

➡ 开始之前

以下是基于文件的再渲染（离线）过程中的主要差异。

- ☑ 无 需 在 Preferences（ 首选项 ）➤ Re-renders 再渲染（下混）中启用再渲染（下混）处理。
- ☑ 此过程不需要占用任何输出通道（和昂贵的多声道数音频接口）。
- ☑ 再渲染（下混）将直接生成音频文件，类似于导出或 Bounce 的过程。
- ☑ 不像输出给数字音频工作站录制的再渲染（下混）那样将所有正在使用的做过输出映射的再渲染（下混）"条"都送给输出，使用基于文件的再渲染（下混）可以随意选择任何再渲染（下混）"条"。
- ☑ 所有选定的再渲染（下混）"条"均会被一次性导出。
- ☑ 具有输出映射（标记为 Live）的再渲染（下混）"条"也可同时用作基于文件的再渲染（下混）。
- ☑ 基于文件的再渲染（下混）使用另一个窗口，即 Export re-renders［导出再渲染（下混）］窗口，在这里你可以进一步配置导出。

➡ 程序

这些是配置再渲染（下混）"条"后基于文件的再渲染（下混）的步骤。

- ☑ 在杜比全景声渲染器中加载要再渲染（下混）的母版文件 ❶。可以加载以下这些文件格式中的任何一种。
  - .atmos：杜比全景声母版文件设置；
  - .wav：ADM BWF；
  - .rpl：电影版声底；
  - .mxf：IMF IAB；
  - .xml：pmstich。
- ☑ Source（源）按钮自动设置为 MASTER（母版）❷。
- ☑ 选择 再渲染（下混）命令 ❸：
  - 🕹 菜单命令 File（文件）➤ Export Audio（导出音频）➤ Re-renders［再渲染（下混）］;
  - 🕹 键盘命令 `cmd` `E`。
- ☑ 该命令将打开 Export re-renders［导出再渲染（下混）］❹ 窗口，你可以在其中配置导出的各种参数并启动导出过程。

➡️ Export re-renders（导出再渲染）窗口

Export re-renders（导出再渲染）窗口具有以下参数和控件。

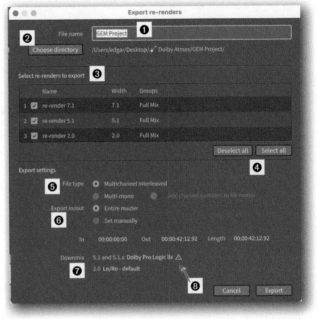

▸ **Filenme（文件名）❶**：将显示加载文件的名称，但你可以对其进行重命名。这将用作文件名。

▸ **Choose directory（选择目录）❷**：用于打开 Finder 窗口并导航至要保存文件的位置的按钮。

▸ **Select re-renders to export [选择再渲染（下混）以导出]❸**：该列表显示你在再渲染（下混）窗口中配置的每个再渲染（下混）"条"的条目。

 • **#**：这些顺序编号如何显示在再渲染（下混）窗口中。

 • **Checkbox（复选框）**：启用复选框以在导出中包括再渲染（下混）。

 • **Name（名称）**：再渲染（下混）"条"的名称。你可以为其指定自定义的名称，该名称会被添加到新创建文件的文件名中。

 • **Width（宽度）**：这是指所选再渲染（下混）"条"的扬声器布局。

 • **Groups（编组）**：这表示了内容过滤器所列出的再渲染窗口中的设置信息。此标签不会成为文件名的一部分，因此你可能会希望将其包含在自定义再渲染（下混）"条"的名称中。

▸ **取消选择 / 全选 ❹**：`click` 可快速打开或关闭所有复选框。

▸ **文件类型 ❺**：你可以从两个选项中选择如何将再渲染（下混）的多个输出另存为音频文件。

 ● **Multichannel interleaved（多声道交错格式）**：每个再渲染（下混）"条"都导出到一个 .wav 文件，该文件中嵌入了其所有音频声道。文件名的格式为 "filename"_"Re-renderStripName".wav"。

 ● **Multi-mono（多单声道）**：这将创建一个名为 "FileName"_"Re-renderStripName" 的文件夹，并在内部使用以下命名约定 "FileName"_"Re-renderStripName"、"ChannelIdentifier".wav 为再渲染（下混）"条"的每个音频通道创建单独的 .wav 文件。

  • **Add channel numbers to the names（将通道编号添加到文件名）**：此开关跟随 Multi-mono（多单声道）选项启用。它使用以下命名约定为每个文件名添加一个两位数的序列号。"FileName"_"Re-renderStripName"_"nn". ChannelIdentifier".wav。这可确保在 Finder 窗口中显示文件并按名称排序时保留通道顺序。但是，某些数字音频工作站要求多单声道文件的名称必须与通道标识符相同。在这种情况下，最好关闭此开关。

▸ **Export in/out 导出的入 / 出点 ❻**：你可以在两个选项中进行选择，以确定导出音频文件的长度。

 ● **Entire master（整个母版）**：新创建的音频文件的长度与母版文件相同。以下 3 个字段是只读字段，显示文件的 In（入）和 Out（出）点的时间码以及对应的时长。

 ● **Setmanually（手动设置）**：选中此选项将启用下面的 In（入）和 Out（出）字段，以便如果你需要导出母版文件的一部分或剪掉开始的 2-pop 头板时可以定义新的起始和结束时间。Length（长度）字段显示导出文件的时长。

▶ Downmix❼：这里会显示应用于再渲染（下混）的两种混音算法。这是你在 Trim（微调）和 Downmix（下混）控制窗口（ cmd T ）中 Master（母版）页面中所选择的。如果在该窗口中打开了 Overwrite master downmix（覆盖母版中的下混）开关，则算法名称旁边将出现一个黄色警告图标 ❽ ⚠，表示该算法与母版文件中的设置不同。

按下 Export（导出）按钮后，渲染过程将显示以下两个窗口：

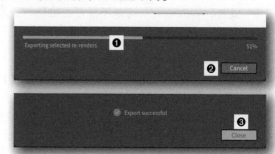

- ☑ 进度条 ❶ 按百分比显示导出时间，并允许你用 Cancel（取消）❷ 按钮中断程序执行；
- ☑ 成功完成导出后，将显示另一条消息 ❸，提示你关闭窗口继续。

➡️ **其他信息**

以下是有关基于文件的再渲染（下混）的一些更多信息。

⬤ 基于声道

所有再渲染（下混）都是基于声道的交付文件格式，其中基于对象的杜比全景声混音将被渲染为基于一般声道的 .wav 文件。

⬤ 时间戳

导出的音频文件具有 .wav 扩展名和编码为 Broadcast WAV（广播用 WAV 格式）（BWF）标准，可存储除音频数据之外的各种元数据。其中一个元数据是时间码偏移量。再渲染（下混）使用该处存储的入点 SMPTE 时间码地址。这样你就可以将其导入数字音频工作站并使其自动摆放到正确的时间线位置。

⬤ 交错声道顺序

再渲染（下混）使用 SMPTE 标准（而不是 Film 标准）的声道顺序，因此在以后将文件导入数字音频工作站时要小心，以确保它们未使用 Film 标准，或者至少确保它们被正确分配。7.0.2 和 7.1.2 是交错格式的，以便与 Pro Tools 兼容。

我之前列出过声道顺序表。

⬤ 空间编码

除 9.1.6、BIN、Ambix 之外的所有再渲染（下混），都是在应用空间编码后完成渲染的。

⬤ 限制

如果在 **Preferences（首选项）** ＞ **Processing（处理）** ❺ 中启用了 Output Limiting（输出限制）❹，则在创建这些再渲染（下混）时，将对输出信号应用软削波限制器，用于给流媒体服务准备杜比全景声混音时使用的编码工具中，与（你收听到的）渲染器输出中使用的限制器是相同的。

BIN（双耳渲染）和 Loudness（响度）再渲染（下混）的限制器始终处于启用状态。

⬤ -2dBTP 限制

在再渲染（下混）过程中应用软削波限制器来避免因电平叠加而出现的削波，它将限制在 0dB。但是，如果交付要求是 -2dBTP，这可能是一个问题。再渲染（下混）没有对顶环的限制器参数设置能将其控制在 -2dBTP。你可能需要将再渲染（下混）重新导入数字音频工作站做电平调整。

◎ 响度测量

再渲染（下混）"条"的 Loudness（响度）扬声器布局格式，实际上是一份 5.1 再渲染（下混）。虽然杜比全景声渲染器中内置了响度测量，你依然可以使用此选项将 5.1 下混导入数字音频工作站，并使用任何具有更多响度测量功能的第三方响度表插件（如 Nugen VisLM，LM-Correct 等）。

此外，实时响度表可能不是那么准确，这取决于你的工程里正在进行的其他操作以及 CPU 的工作强度，系统可能会借用缓存来影响测量结果。

◎ Trim & Downmix（微调和下混控制）

请记住，Trim（微调）和 Downmix（下混）控制窗口（ cmd T ）中的配置适用于格式为 5.1 或 2.0 的再渲染（下混）"条"。你可以在杜比全景声渲染器中更改 Monitoring（监听）❶ 设置，以收听这些特定格式的 Speaker Rendering（扬声器渲染），这样你就可以听到实时再渲染（下混）的内容，例如限制器的效果。

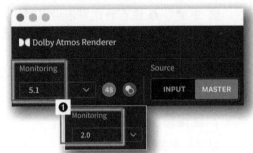

◎ 用于数字音频工作站录制的再渲染（下混）的延时

请注意，由于渲染器的传输延迟，当数字音频工作站录制的再渲染（下混）被送回到数字音频工作站录制时会出现轻微延时。要确保录制后的同步，请在录制母版和录制实时再渲染（下混）输出时录入 2-pops（头板）。

◎ BIN（双耳渲染）

这里有一些 BIN（双耳渲染）再渲染（下混）的注意事项。

*   BIN（双耳渲染）再渲染（下混）使用耳机渲染器的两声道双耳音频输出。
*   无论是否启用输出限制选项，双耳渲染的再渲染（下混）将始终在其输出上开启软削波限制器。
*   双耳渲染器输出会将 LFE 声道提升 5.5dB 后加入 L/R 通道中。这可能会影响整体电平，并因此触发限制器。
*   音频文件的扩展名为 .BIN。
*   此再渲染（下混）可用于创建标准的双声道音频文件（用双耳渲染的音频编码），你可以在任何音频播放器（如 Apple Music）中播放或上传到视频网站。

◎ AmbiX

即使将 AmbiX 再渲染（下混）输出的文件格式设置为 Multi-mono，它依然会生成一个交错文件格式的再渲染（下混）文件。AmbiX 再渲染（下混）是 B 格式的 4 个声道（W, Y, Z, X）。

◎ 7.1.4

增加了 7.1.4 再渲染（下混）功能，以便为游戏中的过场动画和预告片添加沉浸式内容。

◎ Dolby Audio Bridge（杜比虚拟音频接口桥）的正反馈

杜比虚拟音频接口桥是一个单向的音频路由，用于将来自数字音频工作站的音频信号发送到渲染器。在使用数字音频工作站录制再渲染（下混）时，如果将音频桥用作杜比全景声渲染器的输出设备，将再渲染（下混）路由回数字音频工作站，可能会导致正反馈。使用其他虚拟音频设备（如 BlackHole 或 GroundControl❷）用于送给数字音频工作站的返回信号将解决该问题。当然，这需要一些"创意"来借助 Audio MIDI Setup 实用程序中的 Aggregate Devices（聚合设备）来绕过 Pro Tools Playback Engine（播放引擎）的限制。

媒体文件格式

杜比全景声母版文件（DAMF）

杜比全景声母版文件（DAMF）集是杜比全景声混音的原生文件格式。虽然它可以作为交付用于编码传输的目标文件格式，但通常使用其他媒体文件格式（ADM BWF 和 IMF IAB）交付给内容提供商用于编码。

我已经在本章开头介绍了杜比全景声母版文件（DAMF）。

再渲染（下混）(.wav)

再渲染（下混）是使用杜比全景声渲染器创建基于声道的媒体文件格式的唯一方法（即 .wav）。

我已经在本章的上一节中介绍了再渲染（下混）的内容。

ADM BWF（多声道 .wav + 元数据）

➡️ 什么是 ADM BWF

ADM BWF 是最常用的文件格式，用于将你的 Dolby Atmos 混音传送给分发平台，以便在其系统（如 Netflix，Apple Music 等）内进行进一步编码。但首先，我们必须解决一些技术性问题。这里又遇到了一堆首字母缩略语。这并不是杜比全景声特有的，它是一种已经存在的标准文件格式。

⚪ BWF

BWF（1997 年问世）是一个国际标准，是 **B**roadcast **W**ave **F**ormat 的缩写，有时也被称为 BWAV（广播 WAV）。

BWF 是标准 .wav 文件的"扩展名"，它在数字音频数据之前的文件头中增加了元数据。这就是为什么 BWF 向前兼容 WAV 的原因。较旧的音频播放器只会忽略该文件头。它还支持大于 4GB 大小的文件。

你可以在维基百科上阅读更多关于这一切的内容。

⚪ ADM

ADM 全称为 **A**udio **D**efinition **M**odel。
- ☑ 它由 EBU（Tech 3364）作为开放标准开发，于 2014 年发布，并于 2017 年被国际电信联盟（ITU）采纳为国际标准。
- ☑ ADM 是 XML（或其他语言）形式的元数据。
- ☑ 元数据可用于描述基于对象的音频、基于场景的音频和基于声道的音频，以提供音频文件中的音频内容以及 BWF 文件中的音频内容的相关信息。
- ☑ ADM 元数据作为 BWF 文件的扩展添加在文件末尾。
- ☑ 有不同的"Profile（配置）"描述特定的 wav 文件，例如**杜比全景声 ADM 配置**。

现在，如果我们将这两个术语连在一起，我们就会得到这一新的 ADM BWF 文件格式，它正成为用于广播、分发、制作并支持杜比全景声的新一代音频（Next Generation Audio）(NGA) 的文件格式标准。它仍然具有相同的文件扩展名 .wav。

⬤ ADM BWF 文件

以下是有关杜比全景声渲染器创建的 ADM BWF 文件的重要事实。

- ☑ 从杜比全景声渲染器导出的 ADM BWF 文件 ❶ 包含所有 48kHz/24bit 格式的音频通道的 PCM 音频数据。包含在杜比全景声母版文件（DAMF）中的所有元数据存储为 XML 元数据块 ❷，保存在音频数据 ❸ 之后。

- ☑ 96kHz 的杜比全景声母版文件集必须先使用 Dolby Atmos Conversion Tool（杜比全景声格式转换工具）转换为 48kHz，然后才能导出到 ADM BWF。

- ☑ ADM BWF 不是一组 3 个文件，而是在一个文件中包含了 DAMF 的所有信息。

- ☑ 与原生杜比全景声母版文件类似，杜比全景声混音的 ADM BWF 是基于对象的格式，这意味着它可以传送单个（多达 128 个）音频信号和渲染器所需的元数据描述，以便将基于对象的格式转换为基于声道的格式，再通过扬声器或耳机播放。

- ☑ ADM BWF 是大多数 OTT（Over-the-Top）内容点播服务平台（如 Amazon，Netflix 和 Apple Music）的交付格式，也是用于交付给蓝光母版制作公司编码 ❹ 的文件格式。

- ☑ 导出的 ADM BWF 文件包含杜比全景声块（Dolby Atmos Profile），杜比全景声编码器需要该文件才能创建最终的编码文件格式 ❺，例如 Dolby TrueHD、DD+JOC 或 AC4-IMS。

- ☑ ADM BWF 还可以作为杜比全景声"交换格式"（或"中间"格式），可以导入 Pro Tools 和其他数字音频工作站 ❻，直接在数字音频工作站中打开杜比全景声混音。

- ☑ ADM BWF 文件可以在杜比全景声渲染器 ❼ 中打开（回放）但不能编辑。它是锁定和只读的。

- ☑ 不要将 ADM 与使用相同首字母缩写的"Appel Digital Masters"混淆了，后者是一组向 Apple Music 平台交付内容的规范。

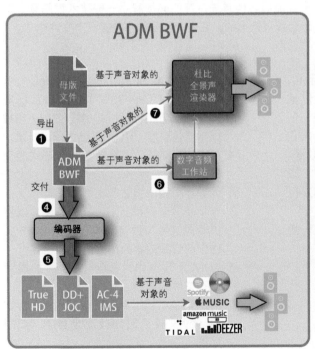

以下是 ADM 部分可以描述的两个示例。

- ▶ 在一个带有两个音轨的简单立体声文件中，ADM 可以描述左右声道是什么。

- ▶ 对于基于对象的复杂音频文件（如 Dolby Atmos 混音），这些说明可以包括嵌入在杜比全景声母版文件中的所有元数据信息（*XYZ* 数据，渲染模式，下混描述等）。

➡️ 导出 ADM BWF

用杜比全景声渲染器导出 ADM BWF 文件。

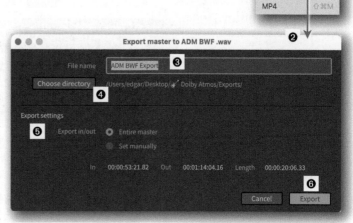

☑️ 加载任何格式的母版文件。母版文件必须为 48kHz。
目前尚不支持导出 96kHz 的母版文件为 ADM BWF。

☑️ 使用以下任一命令 ❶：

🕹️ 菜单命令 **File（文件）> Export Audio（导出音频）> ADM BWF**；

🕹️ 键盘命令 cmd A。

☑️ Export master to ADM BWF.
wav（将母版导出为 ADM BWF
.wav）❷ 窗口打开，其中包
含以下控件。

* Filename（文件名）❸：该
文件名包含了已输入母版
文件的名称，但你可以将
它更改为任何其他名称。

* Choose Directory（选择目
录）❹：在按钮上 click，
并在 Finder 窗口中导航
到要保存文件的位置。

* Export Settings（导出设置）❺：你可以导出 Entire master
（整个母版）或选择 Set manually（手动设置），然后输
入入出点来定义要导出的范围。

* Export（导出）❻：click 按钮用于启动导出程序。

⚪ ADM BWF 文件

当你在 Finder 中打开 ADM BWF 文件的 Get Info（获取信息）
窗口时，你会注意到以下信息。

▶️ Kind（种类）❼：文件被标识为 Waveform audio（波形
音频）。

▶️ Audio channels❽：不像你看到立体声文件的 2 个声道或
5.1 环绕混音的 6 个声道，它显示的音频声道数量要多得
多。这是杜比全景声混音的所有的 Input Channels（输入通
道），在本例中为全部 128 路。

▶️ Extensions（扩展名）❾：并没
有用 ADM 和 BWF 作为扩展名，
该文件依旧使用 .wav 作为其文
件扩展名。

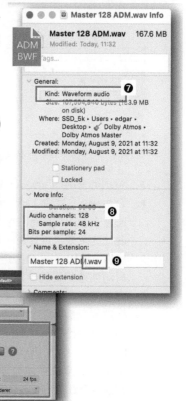

这意味着，从"表面"你无法分辨
ADM BWF。

⚪ 从 Pro Tools 导出 ADM BWF

像 Pro Tools 这种数字音频工作站还提供了将工程直接 Bounce 导出 ❿ 为杜比全景声 ADM
BWF 文件的选项。

➡️ 将 ADM BWF 导入 Pro Tools

在 Pro Tools 中，你可以使用命令 **File**（文件）> **Import**（导入）> **Session Data...**（工程数据 ...）（**shift** **opt** **I**）并找到 ADM BWF 文件。单击 Import 导入时，将打开 Import Session Data（导入工程数据）对话框。我想在"导入工程数据"对话框的屏幕截图中指出一些与杜比全景声相关的设置。

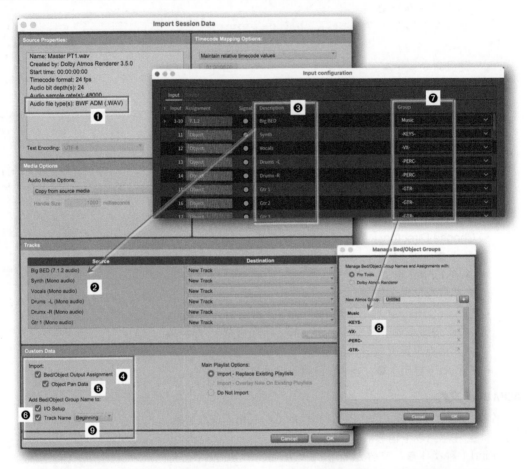

- ▶ **Audio File Type**（音频文件类型）❶：它列出了 ADM BWF 文件类型。
- ▶ **Tracks**（音轨）–**Source**（来源）❷：Tracks（音轨）列表将杜比全景声文件的每个输入通道（音床和声音对象）显示为单独的行，可以作为新音轨导入。列出的名称 ❸ 是你在创建此杜比全景声混音时在 Description（描述）字段中输入的名称。通道宽度显示在括号中。
- ▶ **音床 / 输出分配** ❹：启用此复选框可在 I/O Setup Dialog（IO 设置对话框）中为单个声道自动创建相应的音床 / 声音对象输出分配。
- ▶ **声音对象的声像定位数据** ❺：启用此复选框可将 ADM BWF 文件中存储的每个音轨的声像定位元数据都导入为声像定位自动化。
- ▶ **Add Bed/Object Name to I/O Setup**（将音床 / 声音对象名称添加到 I/O 设置）❻：Pro Tools 中的 I/O Setup（I/O 设置）对话框有一个选项可用于在 Pro Tools 中创建组名称或从杜比全景声渲染器的 Input configuration（输入配置）❼ 窗口获取它们。启用此复选框后，Pro Tools 将使用 ADM BWF 文件中的组名称，并将它们添加到其自己的 Manage Bed/Object Groups（管理音床 / 对象组）❽ 列表中。
- ▶ **Add Bed/Object Name to Track Name**（将音床 / 对象名称添加到音轨名称）❾：在杜比全景声渲染器中分配给该混音的每个输入通道的组名称 ❼ 可以添加到曲目名称的开头或结尾。

IMF IAB（多声道 .mxf）

接下来我们要学习更多描述新数字音频时代音频文件格式的缩写词了。这一次，我们有 "IMF IAB"，它是 "Interoperable Master Format（交互用母版文件）" "Immersive Audio Bitstream（沉浸式音频码流）" 的缩写。它是杜比全景声的另一种交付格式，也是 Netflix 要求的视频内容交付格式。

⬤ IMF

"**I**nteroperable **M**aster **F**ormat" 是一个 SMPTE 标准，于 2013 年推出，定义了 "可交互的、基于文件的框架，旨在促进管理和处理同一高质量的成品的多个版本"。

⬤ IAB

"**I**mmersive **A**udio **B**itstream"。以帧为单位的音频码流，包括音频声道和 / 或音频对象以及元数据。"码流"一词描述了数字音频是如何以比特为单位，从设备传输到设备的。

⬤ MXF

"**M**aterial e**X**change **F**ormat" 是一种通用的封装格式，用于传输和存储不同类型的内容，例如音频、视频、数据或元数据。它是 2004 年以来发展的一套 SMPTE 标准。

MXF 目前支持各种压缩和编码格式，如有需要，其规范还可以扩展支持新的主流格式。

➡ 几个事实

以下是一些基本事实。

▶ **以帧为单位的**：IMF IAB 是以帧为单位的、以单个文件形式存储的、包含 PCM 音频的杜比全景声母版文件集的文件。

▶ **音频 + 视频**：IMF IAB 文件是嵌入了音频（Dolby Atmos）和视频（Dolby Vision）内容的交付容器，而 ADM BWF 是一种纯音频格式。

▶ **中间件**：IMF IAB 被认为是中间件格式而不是母版格式，因为元数据在其中已经被量化了（编码在视频帧里）。

▶ **MXF**：IMF IAB 文件的扩展名为 .mxf。

▶ **采样率**：母版文件必须为 48kHz，因为 IMF IAB 不支持 96kHz。

▶ **采样帧率**：不支持 29.97 NDF（non-drop frame，不掉帧）的帧速率。

▶ **起始时间**：默认情况下，IMF IAB .mxf 的起始时间为 0。

▶ **Export（导出）**：杜比全景声渲染器中的 Export（导出）对话框 ❶ 与 ADM BWF 文件中带有额外 Primary language（主要语言）的 Export（导出）对话框 ❷ 字段相同。

▶ **只读**：IMF IAB 文件可以加载到杜比全景声渲染器，但它是被锁定的，只能回放。

▶ **不适用于纯音频**：音乐流媒体服务不使用 IMF IAB 作为交付格式，而是使用只含有音频的 ADM BWF 作为交付格式。

MP4

➡ 关于 MP4

以下是有关 MP4 标准的一些基础知识。

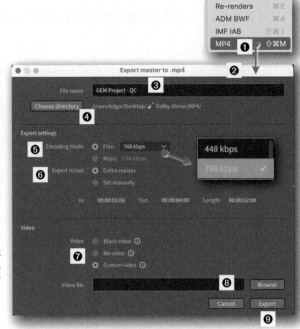

☑ MP4 于 2001 年推出，是一种数字多媒体封装格式（"包装文件"），用于音频、视频和其他数据。

☑ 它使用 .mp4 作为文件扩展名。

☑ 另外还有一些其他变体的文件扩展名，被用来指示包装文件中的内容类型。例如，.m4a 用于表示音频文件，.m4p 用于表示有保护的音频文件，.m4v 用于表示视频内容，.m4r 用于表示铃声。

☑ mp4 文件中的音频和视频数据可以使用各种编码格式。从杜比全景声渲染器导出的 MP4 文件使用 DD+JOC 作为音频编码，使用 H.264 作为视频编码。

➡ 导出 MP4

以下是如何将杜比全景声渲染器中的母版文件导出为 MP4 文件。

☑ 加载任意类型的杜比全景声母版文件。母版文件必须为 48kHz。

☑ 使用以下任一命令 ❶：

🔘 菜单命令 **File 文件** ➤ **Export Audio 导出音频** ➤ **MP4**；

🔘 键盘命令 shift cmd M。

☑ Export master to .mp4（导出母版文件到 .mp4）❷ 窗口将弹出，其中包含以下控件。

▸ **Filename（文件名）❸**：该文件包含了已输入的母版文件的名称，但你可以将它更改为任何其他名称。

▸ **Choose directory（选择路径）❹**：单击按钮，在 Finder 窗口导航到要保存文件的位置。

▸ **Encoding mode（编码模式）❺**：你可以从两种模式中选择。

- Film（电影）：可以选择 448kbit/s 或 768kbit/s 的码率。此选项通过语言分析确定对白电平值。它使用 Film Light（电影，轻型）动态范围控制配置文件。

- Music（音乐）：此选项使用长期响度测量，始终使用 768kbit/s 码率进行编码。它使用 Music Light（音乐，轻型）动态范围控制配置文件。

▸ **Encoding in/out（编码入 / 出点）❻**：你可以导出 Entire master（整个母版）或选择 Set manually（手动设置），然后输入入出点来定义要导出的范围。

▸ **Video 视频 ❼**：确定了 MP4 文件的视频内容。

- Black video（黑场视频）：仅创建一个黑场帧（720x1280，24fps）。在蓝光播放器或 AV 功放等消费类设备上播放文件时需要这种文件。

- No Video（无视频）：这将创建仅有音频的 MP4 文件。例如，在 iOS 上播放。

- Custom video（自定义视频）：选择此选项时，将出现一个新的视频文件 ❽ 字段，并带有 Browse（浏览）按钮。这使你可以加载自己的 MP4 视频文件（以 H.264 编码的）并包含在 MP4 文件中。视频的长度和你的杜比全景声混音应匹配。如果不匹配，生成的新的 MP4 文件的时长将与较长的一方等长。

▸ **导出 ❾**：用于启动导出程序的按钮。

➡ 关于杜比全景声 MP4

以下是有关导出的 MP4 文件的一些事实。

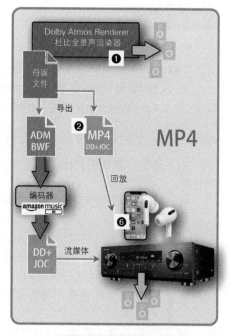

○ 目的

在配备（至少）7.1.4 扬声器系统的演播室中创建杜比全景声混音 ❶ 时，在杜比全景声渲染器中无法通过消费类杜比全景声设备，无法使用码流编码的杜比全景声混音，即消费者通过流接收混音的方式收听你的作品。

为了实现这一点，你可以将你的混音导出到 MP4 文件 ❷ 作为 Quality Control（QC）质检步骤，然后在消费设备上播放，虽然这可能听上去有点冒险。

○ 内容

MP4 文件是一个包含视频和音频的"包裹"。

▶ **视频**：视频部分取决于你的导出设置 ❸。
▶ **音频**：音频部分包含以 DD+（Dolby Digital Plus）❹ 编码的杜比全景声混音。

○ 音频编码

流媒体杜比全景声内容的其中一种交付方法是码率为 448kbit/s 或 768kbit/s 的 DD+（Dolby Digital Plus）。该编码格式涉及了几种不同的术语：带有 Dolby Atmos 的 Dolby Digital Plus，Dolby Digital JOC 或 DD+JOC。

"JOC" 是 "Joint Object Coding（联合对象编码）" 的缩写，它描述了杜比全景声解码器接收到 DD+（Dolby Digital Plus）后，会接收到传统的 5.1 混音（即 6 个音频通道 ❺）和边带元数据，然后通过它们还原杜比全景声混音的过程。

音乐模式下将采用长期响度测量，与交付前在云中进行音乐编码时应用的过程相同。

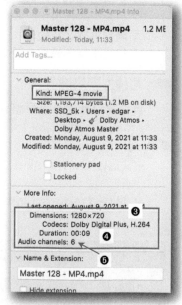

○ 回放

以下是有关如何播放 mp4 文件的一些步骤。

▶ **iPhone**：通过 AirDrop 或 iCloud 将 MP4 文件移动到 iPhone 上，再从 iPhone 上 ❻ 的 Files（文件）程序播放，在 AirPods Pro 上收听。必须在 iPhone 上启用 Spatial Audio 空间音频。
▶ **U 盘**：将 MP4 文件加载到 exFAT 格式的 U 盘中。如果支持杜比的播放设备（例如蓝光播放器或 AV 功放）具有 USB 插槽，则可以使用这套系统来播放混音。
▶ **Plex**：经 HDMI 连接支持杜比全景声的 AV 功放的 AppleTV 4K 上的 Plex Player 应用程序播放存储在 Mac 或 Windows 计算机上 Plex 服务器应用程序内的文件。
▶ **HLS**：通过 Safari 浏览器从打包为 Apple HLS 的 AWS 存储中进行流式传输，并使用 Airplay 将其"推送"到 AppleTV 4K，再通过 HDMI 连接送到支持杜比全景声的 AV 功放。
▶ **HLS 浏览器**：从配置为 HTTP 服务器的 Mac 或 Windows 计算机使用流传输，使用 Airplay 通过 Safari 浏览器"推送"HLS 打包的 .m3u8 给 AppleTV 4K 回放。
▶ **还有一种方式**：将 MPEG-Dash 打包的 .mpd 从 VLC 应用程序送到 Google Chromecast Ultra4k，再通过 HDMI 连接送给支持杜比全景声的 AV 功放。

转换工具

Dolby Atmos Conversion Tool（杜比全景声格式转换工具）❶ 是一个单独的应用程序，可从杜比网站免费下载。

安装程序会将新文件夹 " Dolby Atmos Conversion Tool" 放入 Applications 文件夹内的 Dolby 文件夹 ❷。

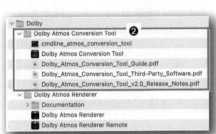

➡ 它是一把杜比全景声"瑞士军刀"

以下是你可以使用杜比全景声格式转换工具完成的几项任务。

- ☑ 你可以加载任何杜比全景声母版文件（母版文件集，ADM BWF，IMF IAB 等）。
- ☑ 执行各种格式转换，如将 ADM BWF 文件或 IMF IAB 文件转换为 .atmos 格式的杜比全景声母版文件集（Dolby Atmos Master File Set）。
- ☑ 对 .atmos 文件执行复杂的编辑操作。
- ☑ 在院线版杜比全景声母版文件格式（.rpl，.mxf）和家庭版杜比全景声母版文件格式之间进行转换。
- ☑ 帧速率转换（声调 / 时长变化）。
- ☑ 将多个文件接在一起。
- ☑ 编辑母版文件。
- ☑ 执行采样率转换（SRC），从 96kHz 母版文件到 48kHz 母版文件。

➡ 两种主要用途

当你启动杜比全景声格式转换工具时（**/Applications/Dolby/Dolby Atmos Conversion Tool/ Dolby Atmos Conversion Tool.app**），会弹出一个窗口，其中只有两个按钮可供你选择要执行的操作。

- ☑ **New Conversion（新建转换）❸**：这里用于转换母版文件的文件格式、帧速率或 FFOA。
- ☑ **New Composition（新拼接合成）❹**：这里用于编辑、组合或转换多个母版文件之一。

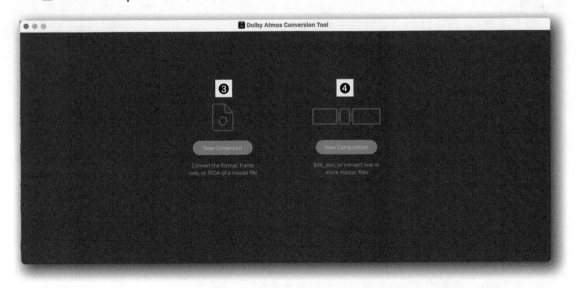

转换

选择 New Conversion（新建转换）按钮将打开空白 Conversion（转换）窗口 ❶。

使用以下任一命令打开母版文件。

- 🔖 drag 将母版文件从 Finder 拖拽到图标上；
- 🔖 在浏览链接上 click 打开"打开"对话框，找到要打开的母版文件；
- 🔖 使用菜单命令 **File（文件）> Import Master File...（打开母版文件 ...）** ❷；
- 🔖 使用键盘命令 cmd I 。

窗口中将显示已加载母版文件的数据。

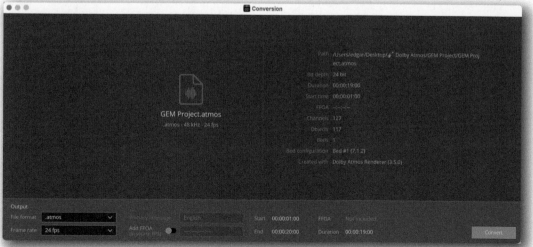

➡️ 转换程序

转换过程非常简单。

⬤ 文件信息

右侧区域显示了当前加载的母版文件的文件信息 **❶**。左边的部分 **❷** 显示了已加载母版的名称、格式、帧速率和采样率。

⬤ 输出部分

❸ 底部的控件提供了新文件的各种设置。

▶ **文件格式**：选择器将打开一个有着 4 个选项 **❹** 的弹出菜单。
- .atmos：杜比全景声母版文件设置；
- .rpl：电影版声底（Cinema Print Master）；
- .wav（ADM BWF）：交错 ADM BWF 文件；
- MXF（IMF IAB）：交错 IMF IAB 文件。

▶ **采样率**：选择器将打开一个弹出菜单，可以在有 6 个帧速率 **❺** 的列表中选任意一个。

▶ **主要语言**：此选项仅适用于 IMF IAB 母版文件。

▶ **添加 FFOA 信息**：你可以通过打开该开关，并在旁边输入时间码地址来添加有效画面第一帧，或更改现有 FFOA 地址。

▶ **时间码字段（只读）**：这 4 个时间码地址是只读的，分别显示了你要转换的文件的开始、结束、时长和可选的 FFOA 地址。

▶ **Sample Rate（采样率）**：但是，如果加载 96kHz 母版文件集（.atmos），并将其转换为 ADM BWF 或 IMF IAB，它将不需要单独的采样频率选项，而自动转换为 48kHz。

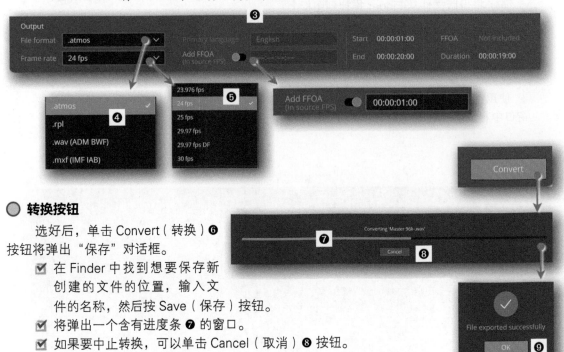

⬤ 转换按钮

选好后，单击 Convert（转换）**❻** 按钮将弹出"保存"对话框。

☑ 在 Finder 中找到想要保存新创建的文件的位置，输入文件的名称，然后按 Save（保存）按钮。

☑ 将弹出一个含有进度条 **❼** 的窗口。

☑ 如果要中止转换，可以单击 Cancel（取消）**❽** 按钮。

☑ 弹出一条 File Exported Successfully（文件导出成功）的消息后，你便可以单击关闭离开 **❾**。

☑ 如果要转换另一个母版文件，只需将其拖动到 Conversion 转换窗口的左侧 **❷** 或通过其他步骤导入即可。

拼接合成

Composition（拼接合成）窗口在你选择后开始是空的 **❶**。

正如你可以在下面的屏幕截图 **❷** 中看到的，这是一个功能更强大的窗口，允许你对母版文件进行更复杂的编辑。我不会在本书中介绍这些任务，但你可以参阅软件自带的 pdf 说明，该说明与安装的应用程序放置在同一文件夹中。

下面是一个简短的概述。

- ☑ 你可以加载一个或多个母版文件并编辑它们各自的开始和结束时间。
- ☑ 使用多个文件，截断文件，移动文件，甚至在单个文件之间添加空白。
- ☑ 编辑工具非常容易上手使用，使用方法也遵循基本的编辑工作流程惯例。
- ☑ 如果你想同时完成格式转换，还可以在"输出"部分设置特定参数。

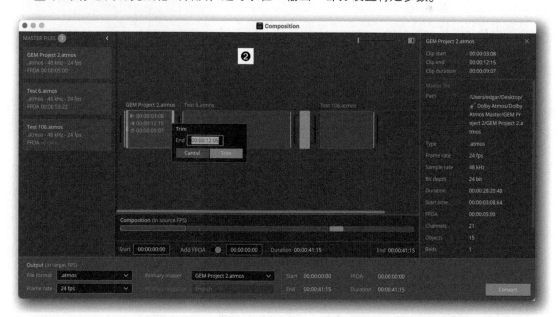

Composition（拼接合成）窗口提供了一种快速简便的方法来处理已完成的母版文件，无需在杜比全景声渲染器中打开它们；将排列好顺序的多个杜比全景声母版生成一个单个的母版文件；或者给现有的母版文件的开头前贴一段内容（如宣传片或预告片）。

交付编码

概述

我们之前已经接触到很多有关文件格式的缩略词，但随着我们来到向最终用户提供杜比全景声混音的各种编码，这里还会遇到更多。此外，也会变得非常复杂。

我只想简单介绍一下这些编码的知识，让你有个概念，这样你会知道完成杜比全景声混音后将会发生什么。这一步可能很重要，因为它会影响最终用户收听杜比全景声时的效果。

➡️ 另一种类型的"编码"

这里提到很多正在进行的不同的"编码"，但请确保不要混淆以下两个编码过程。

⚪ 空间编码 ❶

导出交付格式 ADM BWF 或导出至双耳音频时，还没有经过"空间编码"。这是编码过程中的一个额外的步骤（即，DD+JOC），它将杜比全景声混音 ❷ 在三维空间中位置邻近的所有音频通道（在任何规定的时间）合并成一个组（称为 Element，元素）。因此，每个聚合得到的元素所包含的所有音频通道都共用相同的 XYZ 位置（紫色环 ❸ ）。

算法使用的空间编码元素的数量可以调整，以匹配编码器中的设置。通常，对于 DD+ 流，最小 12 个；对于 Dolby TrueHD，最多 16 个。

基本上，它的任务是通过降低空间分辨率来降低文件大小以供交付，并更提升编码效率。

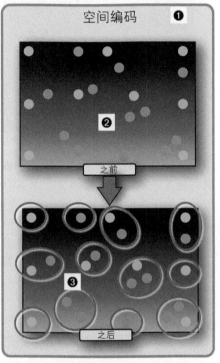

⚪ 交付编码

这包含 3 种不同的编码 ❹，它们可以处理杜比全景声混音，以便通过流媒体或蓝光光盘将其带到你的家中。它们的算法都非常复杂，主要任务是在降低文件大小的同时保持最佳的音频质量。

▸ **Dolby TrueHD–** 无损：标准蓝光光盘的格式。它向下兼容。因此，如果播放系统不支持 / 无法解码杜比全景声，则杜比全景声混音将变为 5.1 播放。编码是在 DVD 母版加工厂完成的。

▸ **Dolby Digital Plus JOC–** 有损：比 Dolby TrueHD 码率更低，适用于流媒体。视频为 H.264，音频为 Dolby Digital Plus（DD+）。编码是在流媒体平台或其他供应商的服务器上完成的。

▸ **AC4-IMS–** 有损（较新的编解码）：被 Tidal 和一些广播公司使用。

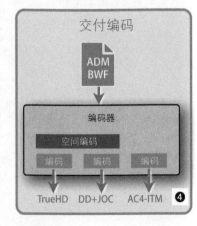

杜比编码引擎（Dolby Encoding Engine，DEE）是一个软件编码应用程序，它支持大量各种输入和输出文件格式，并可以通过生成响度元数据而实现自动测量响度的步骤。

➡️ **交付工作流程**

以下是基于声道和基于声音对象的音乐制作的交付工作流程比较。

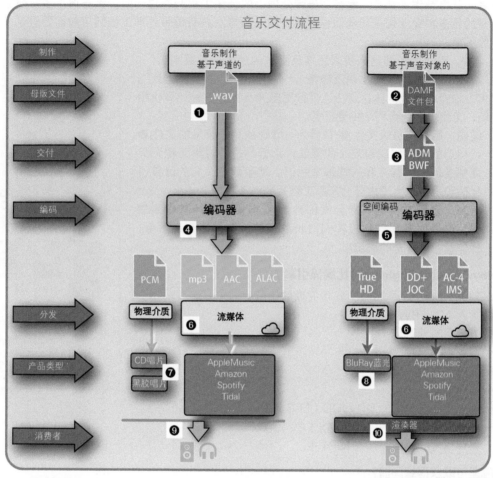

▸ **母版和交付文件**：标准 WAV 文件 ❶ 通常是基于声道的节目所使用的用于交付的母版文件的编码格式。基于对象的节目会生成杜比全景声母版文件 ❷，但还需要额外的步骤，即交付格式 ❸，也称为中间件文件格式（中间件）。

▸ **流媒体编码**：对于流媒体服务，音频文件必须用编解码器进行编码。基于声道的母版 ❹ 使用诸如 MP3、AAC 或 ALAC 这样的编解码器。杜比全景声（Dolby Atmos）使用专门的编解码器 ❺ 例如杜比 TrueHD、DD+JOC 和 AC4–IMS。

▸ **流媒体分发**：各种流媒体服务 ❻ 是按照各自的交付要求，并通过互联网将内容分发到最终用户的设备。

▸ **物理介质**：对于基于声道的制作，"编码"部分的工作更像是一种生产过程 ❼，特别是黑胶唱片。CD 直接包含 WAV 文件的原始 PCM 数据，因此音频本身是不被编码的，只是改变了存储格式，且添加了其他数据（纠错）。将杜比全景声内容传送到家庭的物理介质是蓝光光盘 ❽，它使用了 Dolby TrueHD 编码。

▸ **消费者回放**：基于声道的音乐的播放很容易实现，因为大多数电子设备 ❾ 可以播放取自 CD 或流媒体服务的数字音乐文件。对于像杜比全景声这样的基于对象的内容，总是需要额外的组件，即"渲染器"❿，它将基于对象的信号转化为可通过扬声器或耳机播放的基于声道的信号。

➡ 编码过程

实际的编码和 / 或制作过程是"生产"链路中的一个单独的步骤，是为了将你的混音送给最终消费者。从事制作（录音，混音，母带处理）的音频工程师在这一阶段参与得不多，通常这一阶段所需的技能和专业知识与他们也并不在同一领域。只有母带处理工程师可能需要对这一部分有更多的了解。

在早期，在母版处理这一步之后涉及更多的是生产和复制工厂，这些工厂制作黑胶唱片和 CD（以及磁带），不再属于艺术创作部分了。由于交付方法变成了流媒体，现在这部分更多涉及通过各种计算机相关的技能，工作内容包含两个主要任务。

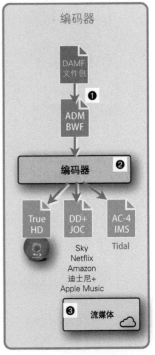

▶ **编码**：用于将母版文件 ❶ 转换为可管理的用于分发的文件 ❷ 所用到的不同编码是复杂的算法，幸运的是，音频工程师只需知道他们的存在和一些基本知识。试图理解底层的计算机代码和规范超出了大部分音频工程师的必备技能。

▶ **分发**：音频文件的实际分发部分 ❸ 变得更加无趣和令人生畏。这是服务器群和极客们擅长的领域，他们运行在后台，操作着各种神奇的魔法。

⚪ Dolby Encoding Engine（杜比编码引擎）

以下列举了部分杜比编码引擎可完成的任务。

- ☑ 导入 ADM BWF 文件；
- ☑ 去除空的静对象；
- ☑ 测量长期响度；
- ☑ 应用空间编码；
- ☑ 质量控制；
- ☑ 嵌入整体响度值的 DD+JOC（EC3）编码；
- ☑ 嵌入整体响度值的 AC4–IMS（AC4）编码；
- ☑ 将编码后的码流封装在 MP4 中。

⚪ 在哪里可以获得编码器？

编码器 ❹ 并不是一个可以从杜比那里下载到的用于你自己的音乐混音的编码软件。以前，有一个价格不菲的软件（Dolby Media Encoder），只有后期制作公司有。现在，有了由 Dolby 提供的称为 Hybrik 的基于云的服务。Hybrik 是一个企业级系统，可根据你的需求经济高效地优化和动态扩展内容转码、处理和 QC 的功能。

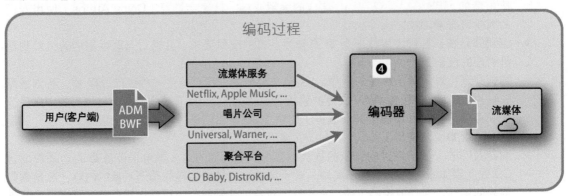

你可以从杜比网站了解有关杜比 Hybrik（媒体文件云处理解决方案）的更多信息。

Dolby TrueHD

以下是有关 Dolby TrueHD 的一些事实。

➡ 常规

- ☑ 蓝光光盘上的 Dolby TrueHD 于 2005 年问世，可提供比 DVD 更高质量的音频和视频。
- ☑ TrueHD 是使用 Meridian Lossless Packing（MLP）技术的无损编码。
- ☑ 对于非杜比全景声混音，音频质量最高可达 96kHz/24bit。杜比全景声的限制为 48kHz。
- ☑ 它使用比杜比数字（AC-3）更高的可变码率（VBR）和更高的整体质量。
- ☑ 它可用于基于声道和基于对象的音频。
- ☑ 在流媒体服务流行之前，第一批杜比全景声音乐作品其实是使用 Dolby TrueHD 在蓝光光盘上发行的。

➡ 杜比全景声技术细节

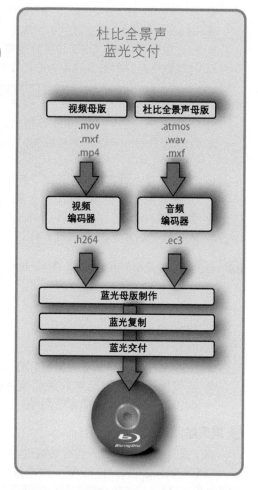

- ☑ Dolby TrueHD 编码专用于在蓝光光盘上提供杜比全景声。
- ☑ 通过蓝光光盘发行的杜比全景声是一种高端格式，通常用于 UHD（超高清）版本的蓝光光盘中。
- ☑ 母版制作期间，空间编码可以设置为 12、14 或 16 个元素。元素越多，文件就越大（涉及码率分配预算）。
- ☑ 除了杜比全景声的 TrueHD 版本外，还包括 7.1、5.1 和立体声版本。5.1 版本采用杜比数字编码（AC3）以确保向前兼容。
- ☑ Object Audio Renderer（OAR）声音对象渲染器可以将经空间编码的元素渲染为 7.1 输出，而蓝光光盘上的 5.1 和立体声码流都可以从 7.1 下混得到。
- ☑ Dolby TrueHD 不支持 96kHz 杜比全景声混音。

◯ 向前兼容性

超高清蓝光光盘上的杜比全景声数据实际上是对 Dolby TrueHD 的扩展，它可以被"折叠"精简为向前兼容的码流。如果播放带有杜比全景声音轨的光盘，杜比全景声扩展数据将由兼容杜比全景声的功放解码。如果你的 AV 功放不兼容杜比全景声，则扩展数据将被忽略，声轨将被解码为常规的 Dolby TrueHD。

Dolby Digital Plus JOC

➡ Dolby Digital（杜比数字）DOLBY. DIGITAL

在进入杜比数字的"+"部分之前，让我们来谈谈不带 + 的杜比数字。

● 杜比数字（Dolby Digital）于 1991 年推出，有时也被称为杜比 AC-3（它的技术术语）。
● 如 MP3 和 AAC 是主流的有损音乐压缩标准，杜比数字成为电影中的有损音频压缩标准。
● 杜比数字被广播、DVD 和更高规格的蓝光光盘用于最多支持 5.1 基于声道的格式。
● 杜比数字允许的最大码率为 640kbit/s。

➡ Dolby Digital Plus（DD+）: DOLBY DIGITAL PLUS

● Dolby Digital Plus 于 2004 年推出，是 Dolby Digital 的继承者。
● "Dolby Digital Plus" 也被称为"DD+"或"EAC-3"（它的技术术语）/"Enhanced AC-3（增强型 AC-3）"
● DD+ 也是一种有损压缩格式，但比 AC-3 的效率更优。
● DD+ 最高支持 6144kbit/s 的更高码率和多达 15 个全带宽音频通道。
● DD+ 被 Netflix、Amazon、Disney+ 和 HBO Max 等大多数视频流媒体服务所使用。
● 大多数机顶盒（如 AppleTV 4K，Amazon Fire TV，Roku Ultra 4K）都支持 DD+。

➡ Dolby Digital Plus JOC（DD+ JOC）

● "DD+JOC" 代表 "Dolby Digital Plus Joint Object Coding（杜比数字 + 联合对象编码）"或"带杜比全景声的 DD+"
● DD+JOC 是 DD+ 的增强版本，通过 DD+ 编码传输杜比全景声。
● DD+JOC 向前兼容杜比数字。
● DD+JOC 可用于基于对象的音频和基于声道的音频。
● 空间编码使用的元素数量由编码器的码率决定。384kbit/s 的码率使用 12 个元素，而 448kbit/s 及以上的码率使用 16 个元素。

◯ 编码器

以下是来自 Dolby 的一些有关编码过程的信息。

在空间编码过程之后，OAR（对象音频渲染器）会把音频渲染为 5.1，或先渲染为 7.1，再将其下混为 5.1。杜比全景声母版中包含的所有音频信息都会被囊括在这个 5.1 混音中。这样做是为了使 Dolby Digital Plus JOC 能够向前兼容基于常规声道的 5.1 Dolby Digital Plus。如果将具有杜比全景声内容的码流送给不支持杜比全景声渲染的消费者播放设备——它将解码 5.1 信号。

除了元素中的 Object Audio Metadata（OAMD）对象音频元数据外，还有一种由联合对象编码（JOC）创建的补充型元数据。它们用于计算空间编码元素之间的差异。

JOC 和 OAMD 元数据封装为扩展元数据格式（Extended Metadata Format，EMF），并插入到 Dolby Digital Plus 码流中音频块之间的"跳帧"中。由于 EMF 占用的是原来的空的空间，因此不支持杜比全景声的设备可以直接忽略它。这保留了向前的兼容性，因为无论是否支持杜比全景声，设备都可以解码码流。

支持杜比全景声的消费者播放设备接收到 DD+JOC 码流时，5.1 将被解码，JOC 解码器还原生成元素，OAR 使用来自每个元素的 OAMD 将音频信号再渲染到设备。

我将这些信息放入了一个简化的图表中，并对各个步骤进行了解释。

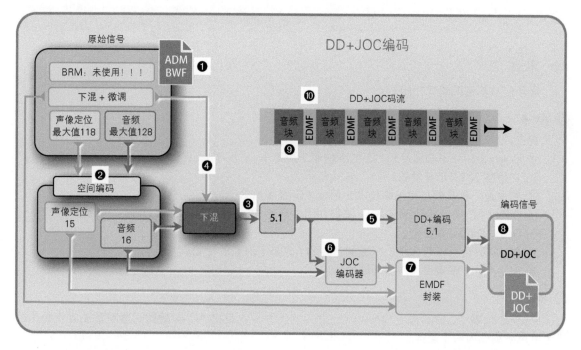

- ▶ **ADM BWF**：杜比全景声母版文件 ADM BWF❶ 是 DD+JOC 编码器的输入信号。
- ▶ **没有双耳音频渲染模式**：在杜比全景声混音过程中为每个音频通道创建的双耳渲染模式，虽然也被存储在母版文件中的元数据中，但并不被用于编码。因此，经 DD+JOC 编码的杜比全景声混音最终可能与你在杜比全景声渲染器中完成的版本听起来可能是有区别的！
- ▶ **空间编码**：最多 128 个来自 AMD BWF 文件的音频信号及其声像定位元数据先经过空间编码 ❷ 算法编成 12、14 或 16 个元素，具体取决于编码器中选定的码率设置（348 ~ 768kbit/s）。请注意，LFE 通道要独占一个元素，它是没有声像定位信息的。
- ▶ **5.1 下混**：例如，使用 ADM BWF 文件中存储的下混和微调元数据 ❹，将这 16 个元素下混 ❸ 为基于声道的 5.1 信号。
- ▶ **DD+ 编码**：5.1 混音使用 DD+ 算法 ❺ 进行编码。
- ▶ **JOC 编码器**：JOC（Joint Object Coding，联合对象编码）组件 ❻ 将 5.1 输出信号与来自空间编码输出的 16 个音频信号进行比较，计算得到描述两个信号的差值（ΔDlta）的元数据流。
- ▶ **EMDF**（Extended Metadata Format，扩展元数据格式）：另一个编码器，即 EMDF（或 EMF）❼，将 JOC 编码器的输出、空间编码组件中的声像定位元数据以及 ADM BWF 文件中的下混和微调元数据，打包到元数据流中。
- ▶ **DD+JOC**：最后一步：DD+JOC❽ 是 DD+ 中编码的 5.1 信号和存储在与 DD+ 编码相同类型的码流中的 EMDF 的元数据的合并。这使其可以向前兼容。DD+ 数据存储在码流的音频块 ❾ 中，EMDF 存储在音频块之间的未使用字段 ❿ 中。
- ▶ **回放杜比全景声内容**：杜比全景声播放设备有内置的 JOC 解码器，会把所有元数据插入码流中所包含的 5.1 下混音频，并根据播放设备来重建原始的杜比全景声混音：独立扬声器，虚拟扬声器，双耳音频。
- ▶ **回放非杜比全景声内容**：对于任何不支持杜比全景声的播放设备，DD+JOC 码流看起来就像一个常规的 DD+ 码流（因为设备看不到它的 EMDF 部分 ❿），它只需要 5.1 混音 ❾ 回放或将其下混音为立体声回放。

AC-4 IMS

➡️ 术语

让我们从解密缩略词开始。

⚪ AC-4

首先，AC-4 是指第 4 代音频编解码器。

- ☑️ Dolby AC-4 是 Dolby AC-3 的继任者（AC3 = Dolby Digital）。
- ☑️ 它是在 2011 年开发的。
- ☑️ 它也是一种有损音频压缩技术，但比 AC-3 更有效。
- ☑️ Dolby AC-4 用 96kbit/s 的码率提供 5.1 环绕声，效率比 Dolby Digital Plus 高两倍，比 Dolby Digital 高四倍。
- ☑️ AC-4 码流可以包含基于声道的音频和 / 或基于对象的音频。
- ☑️ AC-4 是许多电视和广播领域的标准。

⚪ IMS

"IMS" 代表 "Immersive Stereo（沉浸式立体声）"，是指 AC-4 编解码器将沉浸式音频（杜比全景声）编码为两个通道。

⚪ AC4-IMS

合并两个缩略词时，我们指的是特定 AC-4 编码的类型。

- ☑️ AC4-IMS 是用流媒体服务提供杜比全景声的一种编码。
- ☑️ AC4-IMS 用非常低的码率（64kbit/s，112kbit/s，256kbit/s）对杜比全景声混音编码。
- ☑️ Dolby AC-4 便是 Dolby Digital Plus 和 Dolby Digital 的自然继任者。
- ☑️ AC4-IMS 是一个专门开发的编解码器工具，用于将杜比全景声体验有效地传输到移动设备端，并确保设备可以正确渲染还原杜比全景声带来的体验。
- ☑️ AC4-IMS 编码过程不使用空间编码。
- ☑️ AC4-IMS 编码需要杜比编码软件（每年 500 美元）或云编码服务（Hybrik）。
- ☑️ Tidal 于 2019 年开始使用 AC4-IMS 在 54 个国家 / 地区提供杜比全景声音乐。
- ☑️ Android 设备的操作系统内置了 AC4-IMS 解码。
- ☑️ Tidal 上的杜比全景声曲目无法在 iOS 上播放，仅能在 Android 设备上播放，因为 iOS 不支持 AC4-IMS。

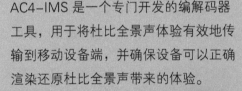

AC4-IMS 是一个专门开发的编解码器工具，用于将杜比全景声体验有效地传输到移动设备端，并确保设备可以正确渲染还原杜比全景声带来的体验。

AC4-IMS 是使用母版文件中的双耳渲染模式元数据编码得到的双声道码流，通过耳机收听时可以提供双耳音频体验（"沉浸式耳机体验"）。码流包含额外的元数据，可更改信号从而优化在手机或平板电脑扬声器上播放歌曲时的效果，从而实现虚拟化的沉浸式杜比全景声体验（扬声器虚拟化技术）。设备会检测是连接了耳机还是直接通过内置扬声器回放的，并自动切换对应的回放解码器。

➡️ **编码**

- ☑ 与 AC-4 和 DD+ 相比，AC4-IMS 的码率要低得多：64kbit/s（良好）-112kbit/s（优秀）-256kbit/s（完美）。
- ☑ 与 AC-4 或 DD+ 相比，AC4-IMS 在回放时需要的计算复杂程度仅是原来的 1/4 ~ 1/3。
- ☑ 在播放端，它的解码过程只需使用两个通道和其相应的附加控制数据，降低了复杂度，从而应用在移动设备（如手机和平板电脑）上通过耳机和立体声扬声器播放创建杜比全景声体验，也可以将两个通道解码为 Lo/Ro 得到非虚拟化的立体声。
- ☑ 在 AC-4 解码器中，单个 IMS 流便可解码为 3 种不同的体验：
  - 虚拟化耳机（双耳音频）；
  - 扬声器虚拟化（通过移动设备本机自带的扬声器播放）；
  - Lo/Ro（非虚拟化立体声）。

➡️ **Tidal**

- ● 2019 年，当 Tidal 最初向他们的订阅用户提供杜比全景声流媒体内容时，只能通过耳机或 Android 设备的内置扬声器收听。
- ● 2020 年，他们扩展了这项服务，从而使其应用中的杜比全景声内容可以通过以下支持流媒体的播放设备，如机顶盒、回音壁以及连接在电视机上的扬声器播放。不过请注意，Tidal 播放时使用的是 DD+JOC 编码，而不是 AC4-IMS！
  - Apple TV 4K
  - Fire TV Stick 4K
  - Fire TV Cube
  - Fire TV（第三代）
  - Nvidia Shield TV 或 Shield TV Pro（仅限 2019 款）
  - 索尼和飞利浦支持杜比全景声的 Android 电视

HLS（）

尽管 AC4-IMS 编码针对手持设备进行了特别的优化，但 iPhone 上的 Tidal 应用程序并不支持杜比全景声。现在，让我们走进苹果这家超级大公司，了解一下原因。

- ☑ 苹果在 2021 年在其自有的音乐流媒体服务中增加了对杜比全景声的支持，并将其称作 *Spatial Audio with support for Dolby Atmos*（支持杜比全景声的空间音频）"。
- ☑ 你仍需要将杜比全景声混音的 ADM BWF 文件上传到 Apple Music 服务。
- ☑ 编码是在苹果的服务器上通过它们的 "转码" 技术完成的。
- ☑ 虽然苹果公司使用了 DD+JOC 编码的杜比全景声内容，但他们使用 HLS（HTTP Live Streaming）❶，这是他们自己的自适应直播流通信协议，用于内容分发环节，他们的 Apple Music 服务所提供的所有流媒体和下载过程，无论是有损（AAC）、无损（ALAC）还是 Dolby Atmos（DD+JOC），均使用这一协议。
- ☑ 正如你在下载的杜比全景声文件的 Get Info 窗口中看到的，它是一个扩展名为 .movpkg❷ 的包文件。

233

➡ 关于流媒体

这是一个来自杜比的关于后台的解释，讲述了内容分发阶段的各种魔法是如何完成的。请记住，这是音频工程师不必担心的令人讨厌的知识。

视频点播（OTT）流媒体内容分发的理论基础是自适应比特率流（ABR）。视频内容对应多个分辨率版本，然后在不同码率下使用不同的分辨率进行编码。音频使用 HE-AAC 和 Dolby Digital Plus 编码为单声道、立体声和 5.1，每个声道宽度的码率各不相同。

编码的媒体被分割成多个不超过 30s 的文件。将创建一个清单，一个描述视频和音频编码的"梯子"。所有媒体和清单都被推送到内容交付网络（CDN，Content Delivery Network），然后被推送到"edge servders（边缘服务器）"，具体取决于内容的受欢迎程度以及请求内容的地点。

客户端播放器请求从 CDN 播放内容，提供有关播放设备功能和当前可用于流传输的带宽信息。目标是提供设备不间断播放最适合的，同时可根据带宽波动进行调整的性能。

如今，有两种主要的流媒体协议：Apple HLS 和 MPEG-Dash。这两种协议，囊括了所有播放设备。每个协议使用不同的文件容器，但从 2016 年开始，两者都可以支持分段 MP4（fMP4）了。fMP4 可用作打包内容源，从而内容不再需要两次编码了。

打包也是加入用于防止盗版的 Digital Rights Management（DRM）的步骤。DRM 有 3 个主要品牌——Apple FairPlay、Google Widevine 和 Microsoft PlayReady。这 3 种 DRM 解决方案涵盖了所有播放设备。

编码为 Dolby Digital Plus JOC 的杜比全景声被封装在所有"audio ladder 音频梯"的顶部，通常是与 4K 视频和杜比视界绑定在一起的完全独立的层。大多数流媒体服务上的 Dolby Digital Plus JOC 杜比全景声内容的码率反映了它高级的状态。它通常编码为 768kbit/s（在空间编码中使用 16 个元素），远远高于 385kbit/s 的最低可行码率。

杜比全景声仅适用于能够对其进行解码和渲染的设备。如果手机或平板电脑有虚拟化的杜比全景声回放能力，设备将请求使用杜比全景声编码的码流。如果支持杜比全景声的设备通过 HDMI 连接到流媒体设备，该设备也可以获得杜比全景声流。HDMI 连接使用扩展显示识别数据（EDID，Extended Display Identification Data）向播放机应用程序传递播放性能信号。如果检测到支持 Dolby Atmos 的 AV 功放或回音壁等设备通过 HDMI 连接到数字媒体设备（DMA，Digital Media Appliance）设备（例如 Apple TV 4K，Roku 4 或 Amazon Firestick/Cube），流媒体服务播放应用程序将自动向边缘服务器请求杜比全景声码流。

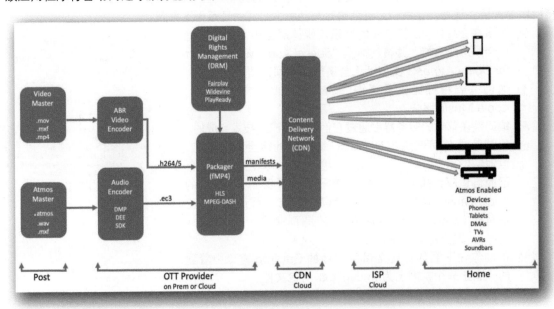

制作－分发－播放

如果你是一名混音师，你是否必须知道如何混杜比全景声？ 这是你的决定，但请记住以下事项。

杜比全景声—电影

我会将电影／电视内容划分为以下类别。

⊙ 电影

几乎每一部进入院线发行的电影都混了杜比全景声，但只有少数音频工程师能够有幸在不多的电影混录棚内参与这些大项目。这些工作对技能要求会高得多，因为这些制作是在多台计算机协同的系统上完成的，使用的也是渲染器的高端版本：电影版渲染器（RMU，Renderer & Mastering Unit）。

⊙ 电视／剧集

每天制作出来的大量影视内容充斥着各种流媒体服务的渠道，这营造了一个不同的局面。他们正在越来越多地采用杜比全景声格式来混音。这些内容大部分在较小的混音棚完成混音（称为"杜比全景声家庭版后期工作室"或"近场混音棚"）。

不用说，这种小工作室的数量正在日益增加（如此增长才能满足不断扩大的需求），而这些工作室需要了解杜比全景声混音的混音师。

⊙ 电视广播

虽然杜比全景声在市场中所占的份额较小，但在电视广播领域，杜比全景声在体育和其他现场活动中已成为不成文的标准，因此在这一领域工作的音频工程师也需要了解杜比全景声和相关的制作工具。

⊙ 游戏

这是一个对于杜比全景声非常有趣的领域。

游戏中的杜比全景声从 2018 年开始便支持了 Xbox One，现在已经有超过 25 款游戏使用杜比全景声混音了。

沉浸式音频一般是游戏中的一个很大的话题，在该领域工作需要大量的专业知识，而不只要具备杜比全景声的知识技能。

➡️ 杜比全景声音乐

正如我们所看到的，杜比全景声音乐是一个相当新的平台，在 2019 年才刚推出，但似乎大家刚刚已经越过了最初的观望阶段。截至 2021 年，已经有足够多的杜比全景声混音的音乐内容了，这一格式的使用已经不只针对精品，而是被大众市场所接受和推崇了。一个巨大的推动力来自苹果公司，他们在 2021 年 6 月宣布推出杜比全景声内容，且让所有 Apple Music 的订阅用户可以免费收听这些杜比全景声内容。

与电影方面的几千部杜比全景声影片不同，我们很快就可以看到音乐领域的几十万部杜比全景声作品了。

这对音乐混音师意味着什么？

⭕ 商业录音棚

对了解如何使用杜比全景声混音的混音师的需求正在迅速增长。业界已经越过了其爆发临界点，这是由以下 3 个领域的竞争驱动的。

- ▸ **唱片公司**：唱片公司看到了使用杜比全景声发布他们的内容所带来的扩大营收的机会。特别是以杜比全景声格式重新发布老内容，因为这可以给现有音乐作品带来再次销售的机会。此外，还可以借着发行杜比全景声格式来炫耀一下自己，因为杜比全景声已经成为行业标准了。
- ▸ **艺人**：那些在光鲜亮丽的 9.1.6 杜比全景声工作室中听到过自己作品，知道这会为自己带来更大的创作空间的艺人们，他们可能再也回不去之前"无聊"的立体声了。
- ▸ **音频工程师**：当唱片公司和艺人的需求不断增长时，对具备杜比全景声混音经验的混音师的需求也将不断增长。

⭕ 家庭工作室

虽然各大唱片公司和艺人已经用杜比全景声制作了大量的音乐内容，并还在不断产出新的杜比全景声内容。其实真正将其大规模应用在制作上的关键是数以千计的家庭工作室，无论是那些车库里的简易制作环境的升级还是富丽堂皇的卧室录音棚改造。

- ▸ **双耳音频**：与通过耳机的双耳音频收听杜比全景声所带来的杜比全景声（或者说整体沉浸声）的巨大成功和大量需求增长相同，双耳音频也是家庭工作室杜比全景声混音成为标准的关键。

  有趣的是，家庭工作室比起商业录音棚总是有很多缺陷的，例如他们没有符合标准的监控和房间声学处理。但对于杜比全景声，他们不必与专业的 7.1.4 系统竞争（这完全超出他们可承受的预算）。相反，他们可以通过使用与

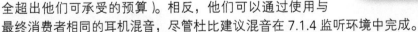

最终消费者相同的耳机混音，尽管杜比建议混音在 7.1.4 监听环境中完成。

- ▸ **"入场费"**：目前，杜比全景声渲染器（Dolby Atmos Renderer）需要 299 美元（教育版只需 99 美元）的投资，不过苹果公司已经在 2021 年 6 月宣布，当年晚些时候，他们将在 Logic Pro 中集成杜比全景声。我们可以看到他们对未来的看好，以及这样做是否会改变大众制作杜比全景声音乐的环境。
- ▸ **技能集**：这可能是一个比较有挑战性的部分，因为许多自称是制作人的人对音频制作的知识其实非常有限（或参差不齐）。杜比全景声确实需要一些学习投入，至少需要对音频路由和环绕声概念有一些了解。

交付你的内容

➡ 分发

你的音乐在 " 老年间 " 的分发方式是相当简单的。只有 3 种物理格式，黑胶唱片，音乐磁带，然后是 CD。他们被运送到唱片店销售，或乐队在他们的演唱会上直接销售。虽然我们最近看到黑胶唱片好像有复兴的迹象，但其实视频和音频内容分发的主要方式是通过流媒体。

顺便说一句，如果你认为以下关于内容交付格式的技术要求很乏味，网上有资料，列出了 Netflix 对交付杜比全景声内容的要求，你可以深入研究一下。

下面是电影和音乐的杜比全景声内容比较。

⦿ 杜比全景声电影

杜比全景声电影内容的交付已经是一套成熟的流程了。院线电影发行的第一站，当然首先是电影院，接着杜比全景声电影可能会变成蓝光光盘来到家庭影院。不过，现在杜比全景声已经是所有电影流媒体平台的交付标准了。这些都是由专业的电影公司、电视网和流媒体服务平台和杜比公司的合作（在技术方面）实现的。

⦿ 杜比全景声音乐

我想在本节重点介绍杜比全景声音乐内容的交付。由于它还是一种相对较新的格式，你可能必须应对以下挑战，才能将杜比全景声音乐带给你的听众。

- ☑ 目前可用的交付选项（和可选的流媒体平台）不多。
- ☑ 现有的交付流程仍在变化。
- ☑ 有新的交付选项出现。

➡ 唱片公司

如果你是一名艺人，并已经和唱片公司签过合同，那么通常发行工作是由唱片公司来处理的。他们负责打理好一切（希望如此），让你的杜比全景声音乐能够登上各大平台。通常，他们可以访问编码服务器，并能够将<u>杜比母版文件</u>编码为各个流媒体服务平台所采用的正确传输格式。

➡ 代理

独立艺人，即便没有签唱片公司，也可以通过<u>代理</u>将他们的音乐上传超过 150 家流媒体服务平台，代理也称为<u>音乐分销商</u>或<u>数字音乐分销服务商</u>。

由于上传和流媒体的在线服务仅对唱片公司开放，艺人们无法自行将歌曲上传到 Apple Music 用于流媒体播放。因此，他们必须找代理签约，该代理就像一个唱片公司的代理，它有权访问所有数字流媒体服务。通过这种方式，任何人都可以将自己的音乐上传到任何数字下载和流媒体服务平台上。

只有少数代理（如 Avid Play，DistroKid，CD Baby）提供上传杜比全景声文件的选项，只有通过它们可以将杜比全景声混音上载到少数提供杜比全景声播放的流媒体服务平台上。但这可能在改变了。

苹果官方网站上有一个页面，至少有七个代理支持杜比全景声内容上传。

⬤ Avid Play

"Avid Play"是 Avid 提供的服务，他们也跻身进入了本已竞争激烈的代理服务业。他们是第一个允许独立艺人上传他们的杜比全景声混音到流媒体服务平台的服务商。DistroKid 混淆视听地声称自己是第一个"主流的代理"（典型为了营销而想出的措辞）。

⬤ DistroKid

DistroKid（于 2013 年推出）于 2021 年 7 月开始支持上传杜比全景声。

截至 2021 年 7 月，DistroKid 依然不允许杜比全景声混音和单独的立体声混音命名相同。如果用户在不支持杜比全景声的系统上收听一首歌，他们似乎只能收听杜比全景声混音所下混的立体声版本。

⬤ CD Baby

CD Baby（成立于 1989 年）是首批协助独立艺人实现数字发行的公司之一。他们也声称（部分）支持杜比全景声上传。但他们其实不能支持，因为其上传格式被限制为 44.1kHz/16 bit。看起来他们还处于摸索阶段。

⬤ YouTube

是的，怎么能落下 YouTube 呢？你可以绕过所有的唱片公司和代理，将一对由杜比全景声混音渲染得到的立体声双耳音频输出，上传到你的 YouTube 频道。只需在屏幕上添加一个标签"请戴上耳机收听我的杜比全景声混音"即可。

➡ 杜比全景声混音：算是同一首歌曲还是另一首歌曲？

代理和流媒体服务平台已经意识到他们陷入了混乱。他们可能没有针对同一首歌曲的两个版本 / 混音所需的机制。

- 代理是应该允许杜比全景声混音作为同一首歌的另一个版本，另一个混音，还是作为一首新的歌曲来注册？
- 流媒体服务平台是否会存储两个文件，并根据用户端的请求决定发送同一首歌的某一个文件？至少这是 Apple Music 采取的方式，在杜比全景声文件以外下发（下载）一个独立的立体声文件，并根据设置或设备硬件进行切换。
- 另一个潜在的令人头痛的点是如何支付版税，不过在本书里我们就不涉及了。

➡ 放眼未来

⬤ 艺人的混音

艺人们要为一首歌曲制作两个混音版本，一个标准立体声混音和一个杜比全景声混音。

⬤ 混音的交付

立体声混音 ❶（以 WAV 文件呈现）和杜比全景声混音 ❷（以 ADM BWF 文件呈现）都被提交给唱片公司或代理。

注意

使用代理最先遇到的问题便是：他们要么不接受杜比全景声混音，要么不接受为同一首歌准备两种不同的混音。即使一首音乐只有常规的立体声混音，它也依然涉及很多无损音频格式。流媒体服务提供了这些选项，但许多代理却还没有为此类交付机制做好准备。

⬤ 编码 ❸

这两种混音都必须根据各种流媒体服务的要求进行编码。

- **立体声**：立体声混音通常以 MP3 或 AAC 编码，而较新的系统支持无损格式，如 ALAC。
- **杜比全景声**：混音编码使用 DD+ JOC（Apple Music 和 Amazon Music HD）或 AC–4 IMS（Tidal）。

⬤ 流媒体服务 ❹

流媒体服务平台会进一步编码文件，将其处理为通过互联网分发内容的自适应流。

注意

你的杜比全景声混音可能还会经过其他处理，例如苹果的 Spatial Audio（他们自己的渲染器），这会不同于混音师在混音过程中用杜比全景声渲染器收听到的效果！

⬤ 最终用户的播放设备 ❺

当文件最终"到达"终端用户，他们使用播放设备收听时，还有很多其他变量（每只扬声器的位置和布局，扬声器虚拟化，双耳音频，音频下混选项，等等），这些变量可能都会影响杜比全景声的回放效果。祝你好运。❀

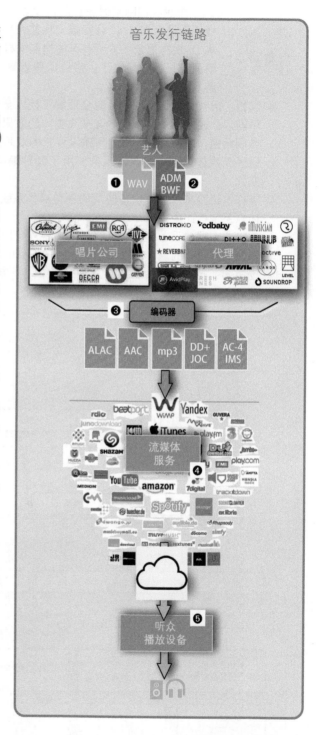

消费者终于开始播放了……挑战

想想我们刚刚讨论过的这个新的杜比全景声世界的所有困难，制作端（创建杜比全景声混音），分发端（从艺人那里上传）和流媒体端（要列出和推流哪个版本）。现在想象一下所有可能遇到的杜比全景声播放设备和场景是不是我们在本书前面都已经介绍过了。最终消费者真正在听的是什么？这简直就是新版的"电话游戏"。

- **混音**：混音工程师是否已经完全理解了杜比全景声？除了在三维空间的哪些位置放置哪些乐器以及在周围需要多少"飞来飞去"的效果外，工程师是否了解（并检查）各种下混和微调设置，以及是否为每个声道设置它的双耳渲染模式？
- **音乐流媒体服务**：流媒体服务使用了哪种编码，以及经过空间编码算法后的声音有多大变化。
- **操作系统要求**：播放设备使用的各种操作系统是如何通过互联网接收/下载混音的？是立体声还是杜比全景声？
- **渲染器**：播放设备中的渲染器是严格遵守杜比定制的规范要求还是夹杂了自己的"私货"，即使用了自己的渲染算法（如 Apple 的 Spatial Audio）？
- **扬声器**：扬声器设置在还原真实的三维声场方面的性能如何？或者如果用户戴耳机听时，他/她是否获听到了"真正的"双耳音频？

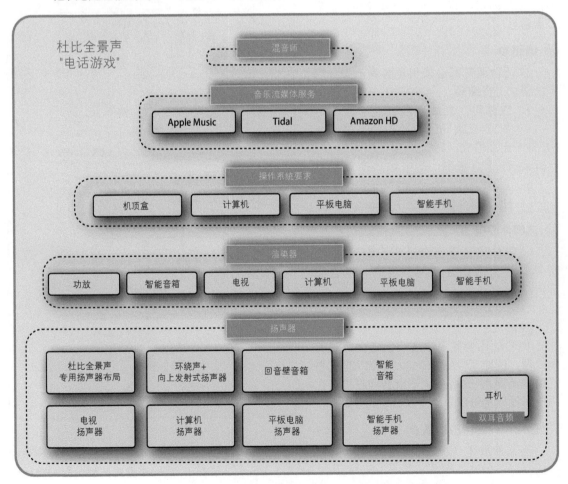

第 8 章　首选项（Preferences）和主菜单（Main Menu）

Preferences（首选项）

我在本书中已经介绍了"Preferences 首选项"窗口中的大多数设置，但我还是想在本章中列出这些设置作为快速参考。

当然，你可以通过两种标准的方式打开"首选项"窗口：

- 菜单命令 **Dolby Atmos Renderer（杜比全景声渲染器）> Preferences...（首选项 ...）**;
- 键盘命令 `cmd` `,`。

窗口弹出后，你可以使用键盘命令 `cmd` ⬆️ ⬇️ 浏览 7 个页面。

驱动

始终作为默认打开的驱动页的内容与大多数其他软件的"首选项"页的设置相同。与其他页面上的大多数设置（主要是监控设置）不同，Driver（驱动）页面上的设置对于你配置杜比全景声渲染器混音至关重要。设置有不对的时候可能会弹出"警告"对话框。

⚪ 音频驱动程序 ❶

音频驱动选择器会打开一个含有两个设置 ❷ 的菜单，用于选择杜比全景声渲染器用于发送和接收音频信号的驱动。

- ▶ **Core Audio**：Core Audio 是一种技术，它处理与 macOS 中音频相关的方方面面。使用任何音频设备，都需要选择此选项，你才能够使用 macOS 应用程序或连接的音频硬件发送和接收音频。

- ▶ **Send/Return（发送 / 返回）插件 ❸**：这是最早时 Pro Tools 与杜比全景声渲染器通信的方式。得把各种用到的音轨路由到辅助输入音轨，并在这些辅助轨上加载特殊的 Send/Return Dolby Atmos Plugin（发送 / 返回杜比全景声插件），才能将音频路由到杜比全景声渲染器或从杜比全景声渲染器返回。它在使用送给数字音频工作站的再渲染（下混）方面比较好用，但路由配置相当复杂，并且不支持 Plugin Delay Compensation（插件延迟补偿，PDC）。

注意：选择发送 / 返回插件 ❸ 后，页面上的以下参数将被禁用：Audio input device（音频输入设备），Audio output device（音频输出设备）和 Headphone only（仅耳机模式）。External sync source（外同步源）选择器只有一个固定的设置 Send/Return（发送 / 返回）同步 ❹。

🔘 音频输入设备

仅当 Audio driver（音频驱动程序）设置为 Core Audio（核心音频）时，Audio input device（音频输入设备）❶ 选择器才可用。它将打开一个菜单 ❷，列出你在计算机上安装的所有音频输入驱动程序。

要从数字音频工作站（与杜比全景声渲染器运行在同一台计算机上的）接收全部 128 个音频通道，你必须选择在安装杜比全景声渲染器时自动安装的杜比虚拟音频桥。在数字音频工作站上，你同样选择杜比虚拟音频桥作为输出设备（或 Playback Engine，回放引擎）。

如果你的数字音频工作站运行在独立于杜比全景声渲染器（如 Dolby Atmos Mastering Suite）的计算机上，则必须为接收数字音频工作站音频信号的音频接口选择驱动程序。

即使使用 Dolby Atmos Production Suite，你也可以使用 Dante Virtual Sound 虚拟声卡，并通过网络将音频传送到不同的计算机，而无需昂贵的高通道数音频接口。

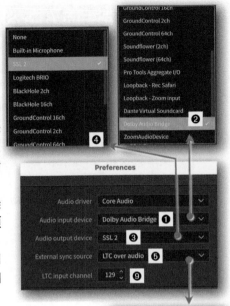

🔘 音频输出设备

仅当 Audio driver（音频驱动程序）设置为 Core Audio（核心音频）时，Audio output device（音频输出设备）❸ 选择器才可用。它将打开一个菜单 ❹，列出你在系统上安装的所有音频输出驱动程序。你可以在这里选择连接扬声器的音频接口的驱动程序。

在笔记本计算机上，如果你使用双耳耳机渲染器来完成你的杜比全景声混音，则选择连接耳机的 Internal Speaker（内置扬声器）。

🔘 External sync source（外部同步源）

外部同步源 ❺ 选择器将打开一个菜单 ❻，其中包含两个选项，用于确定从数字音频工作站发送到杜比全景声渲染器的时间码类型。

- **MTC**（从 3.7 版之后被删除的选项）：MTC 表示 MIDI 时间码，通过它可以使用来自内嵌在 MIDI 信息中的时间码信息。选择此选项后，下面的参数将变为 MTC MIDI device❼，这是一个选择器，用于打开菜单 ❽，其中包含你在 Audio MIDI Setup 实用程序中可用（创建）的所有 MIDI 设备。
- **LTC**：LTC 代表纵向（或线性 Linear）时间码 Timecode，它是 SMPTE 时间码，编码为音频信号，可以像其他任何音频信号一样发送和录制。选择此选项后，下方的参数显示用于将 LTC 从数字音频工作站发送给渲染器的 LTC 输入通道 ❾。

🔘 LTC 输入通道 ❾

你可以在其中选择将时间码从数字音频工作站发送到杜比全景声渲染器时所用到的 Dolby Audio Bridge 的音频通道。由于 Dolby Audio Bridge 的 128 个音频通道会被用于音频信号传输，因此 LTC 通道默认设置为通道 129。当然，你也可以使用通道 130 或任何其他通道，具体取决于你的配置。

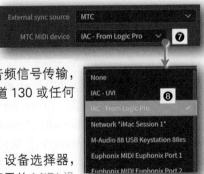

🔘 MTC MIDI 设备 ❼（已被从 3.7 版之后删除的选项）

如果选择 MTC 作为外部同步源 ❺，则会显示 MTC MIDI 设备选择器，而不是 LTC 输入通道。它会打开一个菜单，列出计算机所有可用的 MIDI 设备。你将使用任何 IAC（Inter-application Communication，应用程序间通信）驱动程序，其功能类似于虚拟 MIDI 线缆，通过它们你可以在内部将 MIDI 信号从数字音频工作站路由到杜比全景声渲染器。

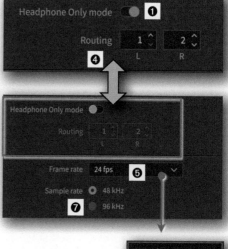

● Headphone Only mode（仅耳机模式）

启用"仅耳机模式" ❶ 开关会带来多个"后果"。

☑ 下面的 Routing（路由）设置将变为激活状态，此时你可以将 Headphone Renderer（耳机渲染器）的输出路由到音频接口的输出通道，而不是 Room Setup（房间设置）窗口的 Routing（路由）页面中选择的通道（ cmd M ）。

☑ 耳机首选项中的渲染模式设置决定耳机渲染器创建的是立体声还是双耳信号。

☑ 扬声器首选项上的扬声器处理开关将被关闭。

☑ 主页上的 Speaker Output Meter（扬声器输出表）将消失。

☑ Monitoring（监听）部分将设置为 Physical（物理）❷ 并变暗。

☑ 如果在耳机的首选项中为渲染模式选择了双耳渲染，则 Processing（处理）首选项页面上的 Spatial Coding Processing（空间编码处理）开关将关闭。

☑ 你不能打开 Room Setup（房间设置）窗口（ cmd M ）。如果你依旧尝试，将收到一个警告对话框 ❸。

● 路由

此路由 ❹ 参数仅在启用"仅耳机模式"时才被激活。这是 L-R 耳机信号被路由到的两个输出通道。选择耳机在音频接口上连接的两个输出通道。

● 帧速率

Frame Rate（帧速率）❺ 选择器将打开一个菜单 ❻，其中包含 6 种不同的帧速率供选择。它们必须与数字音频工作站中设置的帧速率匹配，而这个帧速率必须与数字音频工作站中使用的任何视频文件的帧速率匹配。

对于音乐作品（非视频），建议的帧速率为 24fps。

● 采样率

你可以在两种不同的采样率 ❼（48kHz 和 96kHz）中进行选择。以下是在选择其中一个或另一个之前的一些注意事项。

• 杜比全景声渲染器中的采样率必须与数字音频工作站的采样率匹配。
• 不能将 96kHz 杜比全景声母版文件集导出为 ADM BWF 或 IMF IAB 文件。它们只支持 48kHz。
• 你仍然可以以 96kHz 的较高采样率制作以供存档或供将来使用。
• 杜比全景声格式转换工具提供 96kHz 的杜比全景声母版文件集到 48kHz 的 ADM BWF 和 IMF IAB 交付文件的采样率转换。

Processing（处理）

Processing❶ 页面控制两个进程，空间编码和输出限制器，这两个进程都不会影响你在母版文件上记录的内容。但是，限制器设置将影响再渲染（下混）的录制。

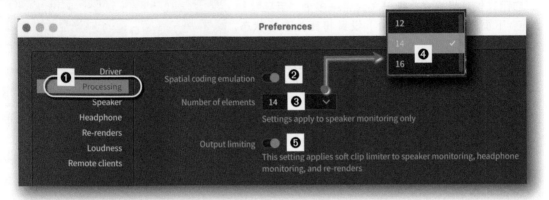

⊙ 空间编码仿真

如果通过流媒体服务或蓝光光盘分发，空间编码仿真 ❷ 开关将启用在杜比全景声混音编码过程中应用的相同空间编码算法。启用此模式后，你可以听到它对你的混音产生的影响，因为它会降低空间分辨率。

空间编码不会被应用于双耳音频渲染输出上。它应用于除 BIN、9.1.6 和 AmbiX 之外的再渲染（下混）。

⊙ 元素的数量 ❸

编码算法有 3 个设置，用于确定混音中的空间成分会被减少为多少个元素。你可以从菜单中选择 ❹12、14 或 16。

要使用哪一种元素的设置取决于想要模拟的编码格式。

▶ **Dolby TrueHD**：蓝光光盘使用 Dolby TrueHD 编码，可以根据可用的数据大小（可用带宽）选择 12、14 或 16 个元素。

▶ **DD+JOC**：DD+JOC 传输编解码器（杜比全景声的主要传输格式）对 384kbit/s 的码率设置使用 12 个元素，对 448kbit/s 的码率设置使用 16 个元素。

▶ **AC4-IMS**：AC4-IMS 交付编码不使用空间编码。

⊙ 输出限制器

这一开关 ❺ 在以下组件的基于声道的输出启用软削波限制器（空间编码 ❻ 处理有自己的限制器，该限制器始终启用）：

☑ **扬声器渲染器 ❼**：限制器的 Gain Reduction Meter（增益衰减表）将显示在主窗口的 Speaker Metering Section（扬声器表区域）。

☑ **立体声耳机渲染器 ❽**：仅耳机渲染器的立体声输出受到影响，它其实是一种 2.0 下混。双耳耳机输出始终加载着限制器，不受此开关的影响

☑ **再渲染（下混）**：此开关可在任何再渲染（下混）中加入限制器。即使此开关已关闭，BIN（双耳）和 Loudness（响度）再渲染（下混）也会始终加载着限制器。

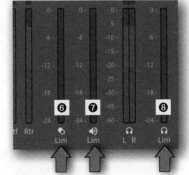

扬声器

Speaker（扬声器）❶ 页面只有一个开关和一个选择器。

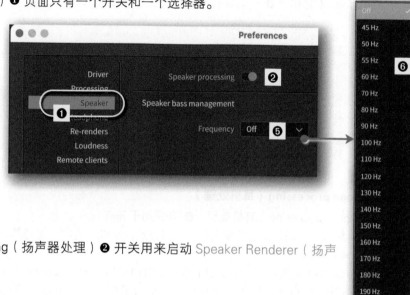

◯ 扬声器处理

Speaker processing（扬声器处理）❷ 开关用来启动 Speaker Renderer（扬声器渲染器）。

注意

- 如果你只使用耳机收听耳机渲染器的输出，则可以直接禁用 Speaker Processing（扬声器处理）。
- 禁用 Speaker Processing（扬声器处理）后，扬声器输出的所有表都将从主窗口中消失。
- 当你在首选项的 Driver（驱动）页中启用 Headphone Only mode（仅限耳机模式）后，该开关被禁用并显示为灰色 ❸。附加文本灰阶显示的开关下方会出现一段提示性的文字 ❹ "Speaker processing is disabled because Headphone Only mode is active（扬声器处理因为仅限耳机模式的开启而关闭）"，提醒你注意这一点。

◯ 扬声器低音管理

Frequency(频率)❺ 选择器可让你切换此低音管理功能。如果你从菜单 ❻ 中选择 Off(关闭)，则将禁用 Bass Management（低音管理）。选择其他 18 个选项中的任何一个，将启用低音管理，并使用该频率作为分频截止频率（45 ~ 200Hz）。请记住，低音管理仅用于监听，不会影响母版文件的录制或再渲染（下混）。它对双耳渲染也不起作用。

低音管理应用在扬声器的输出通道，和传统低音管理系统中是一样的。请记住，声音对象不能通过声像定位 / 路由到 LFE 通道，但使用低音管理时，如果渲染到扬声器输出的对象的低频信号频率低于分频截止频率，则会将其发送到 LFE 通道。

▶ **Object（声音对象）**：杜比全景声渲染器 v3.5 有额外的针对 "Object"（声音对象）的低音管理选项，不过这部分在 v3.7 中被删除了。此模式下，低频信号会直接从每个声音对象中被提取（在信号到达扬声器渲染器之前），这可以减少低音的累积，特别是当声音对象（通过 Size 大小参数）被发送到多个扬声器时。
从 v3.5 导入系统设置时将使用相同的频率选项，将所有声音对象的低音管理更改为扬声器的低音管理。

Headphone（耳机）

Headphone（耳机）❶ 页面只有两个设置，但也有不少需要注意。

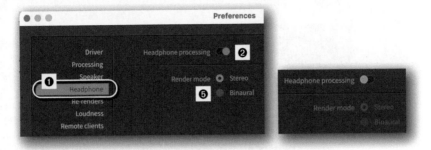

Headphone processing（耳机处理）

Headphone processing（耳机处理）❷ 开关用于开启 Headphone Renderer（耳机渲染器）。只有在你要使用耳机收听耳机渲染器的输出时，才应开启此功能。否则，请将其关闭以节约 CPU 资源。

注意

在 Preference（首选项）的 Driver（驱动）页面中启用 Headphone Only mode（仅限耳机模式）❸ 开关时，该开关将自动启用并变为灰色（这是为了不让你关闭它）。开关下方会显示一条提示性信息 ❹ "Active because Headphone Only mode is enabled"（启用了"仅限耳机"模式后，此处处于激活状态）。

Render mode（渲染模式）

渲染模式 ❺ 设置有两个单选按钮。

▶ **Stereo（立体声）**：耳机渲染器正在使用 2.0 作为送给耳机的信号输出。请注意，此时会应用 Trim and downmix controls（微调和下混控件）窗口（ cmd T ）中的 Downmix and Trim Settings（下混和微调设置）设置。

▶ **Binaural（双耳音频）**：耳机渲染器创建双耳音频混音，并送至耳机输出。

注意

渲染模式会影响其他一些事项，你可能需要注意以下几项。

▶ **响度表**：Real-time Loudness Meter（实时响度表）有两个选项卡。左侧选项卡是 Dolby Atmos 测量的是被下混为 5.1 的结果。右侧选项卡是耳机输出，标签显示 Stereo（立体声）❻ 或 Binaural（双耳渲染）❼，具体取决于 Render Mode（渲染模式）❺ 的设置。

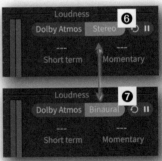

▶ **Limiter（限制器）**：双耳渲染始终对其输出加载限制器，选择此渲染模式时，它始终在主窗口上显示 Limiter Gain Reduction Meter（限制器增益衰减表）❽。设置为 Stereo（立体声）时，仅当在首选项的 Processing（处理）页面中开启了 Output limiting（输出限制）开关时，才会出现限制器增益衰减表。

▶ **仅耳机模式**：即便在 Preferences（首选项）的 Driver（驱动）中启用了 Headphone Only mode（仅限耳机模式），依然可以在立体声或双耳渲染中选择渲染模式。

Re-renders 再渲染（下混）

再渲染（下混）❶ 页面只有一个开关。

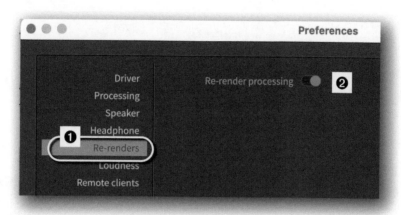

⬤ 再渲染（下混）处理

再渲染（下混）处理开关 ❷ 用于打开送给数字音频工作站录制的再渲染（下混）（称为实时再渲染（下混））。它们允许你根据 Re-renders 再渲染（下混）窗口（ cmd R ）中的配置将再渲染（下混）输出通道路由到音频接口的输出通道，以便在数字音频工作站端进行实时录制。

只有在真的要用数字音频工作站录制实时再渲染（下混）时才应启用此开关，平时应关闭以节省运算能力。

Loudness（响度）

Loudness（响度）❸ 页面只有一个开关。

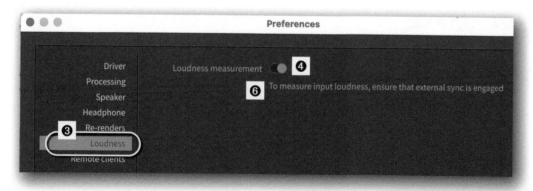

⬤ Loudness measurement（响度测量）

Loudness measurement（响度测量）开关 ❹ 用于在主窗口上打开或关闭实时响度表区域 ❺

开关下方有一行字 ❻，"To measure input loudness, ensure that external sync is engaged"（要测量输入信号的响度，请确保已接好外部同步时钟）。这其实并非完全正确，因为你只需要按下播放按钮 ⬤ ，让杜比全景声渲染器开始从本地回放，便可以让响度表开始测量了。

Remote Clients（远程遥控客户端软件）

Remote Clients（远程遥控客户端软件）❶ 页面没有设置，仅显示 IP 地址。

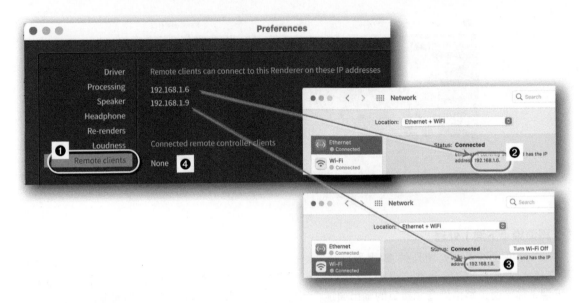

⚫ 渲染器的 IP 地址

在此屏幕截图中，第一部分显示运行着杜比全景声渲染器的计算机的 IP 地址。你看到有两个数字列出，那是因为我的 iMac 上的有线以太网 ❷ 和无线 Wi-Fi❸，他们被认为是两个独立的 NIC（Network Interface Controllers，网络接口控制器），有各自的 IP 地址。

⚫ 远程客户端的 IP 地址

我的网络上没有连接到的任何其他控制器，所以这部分显示的是 None（没有）❹。

主菜单

杜比全景声渲染器中只有几个主菜单，只需几个菜单命令即可。

Application（应用程序）菜单

名为 Dolby Atmos Renderer❶ 的标准 Application Menu（应用程序菜单），内容与常见的 macOS 菜单项相同。

About（关于）页面不仅显示当前版本号❷，还显示你所安装的程序到底是 Dolby Atmos Production Suite（杜比全景声制作套件）❸ 还是 Dolby Atmos Mastering Suite（杜比全景声母版套件）。

顺便说一句，你永远不应该用鼠标打开 Preferences...（首选项...）应该使用通用快捷键 cmd ，，几乎所有 Mac 上运行的应用程序都通用这个快捷键，除了一些特例（没错，我说的就是 Pro Tools 😡）。

File（文件）菜单

File（文件）菜单 ❹ 包含 3 个部分。

▸ **Master Files（母版文件）**❺：这 4 个命令与母版文件相关。New Master File（新建母版文件）是指在本地新建杜比全景声母版文件集，Open Master File（打开母版文件）可以打开多种格式的母版文件，如 ADM BWF、IMF IAB 或院线版电影母版文件。

▸ **Export Audio（导出音频）**❻：这个命令会显示一个子菜单，在这里可以把当前加载的母版文件导出为 4 种音频文件格式中的任何一种。

▸ **ConfigurationFile（配置文件）**❼：这两个命令允许你导入或导出 Configuration File（配置文件），该文件扩展名为 .atmosIR。

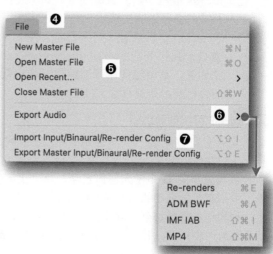

窗口（Window）菜单

Window（窗口）❶ 菜单包含用于打开杜比全景声渲染器的 9 个窗口的 9 个命令。在这里你可以配置杜比全景声渲染器中的大部分设置。

- Renderer（渲染器）窗口会打开杜比全景声渲染器默认打开的主窗口。
- 其他 8 个窗口主要用于配置你的混录棚设置和你当前正在制作的混音。
- 快捷键命令非常容易记，因此请尝试使用它们来加快工作流程。
- 注意窗口的类型。有些是常规窗口，可以保持打开状态，有些则是需要在开新窗口之前关闭的对话框。
- 另一个小细节是某些窗口［如 Input Configuration（输入配置）窗口或 Re-renders［再渲染（下混）］窗口的大小调整。

系统（System）菜单

System（系统）❷ 菜单中的 3 个命令仅与系统设置有关。这些文件与配置文件类似，但它们的文件扩展名为 .atmoscfg 且包括杜比全景声渲染器的所有设置。

你可以导出所有当前设置或导入之前导出的设置。Reset to Factory Default（重置为出厂默认值）会把杜比全景声渲染器重置为出厂默认设置。

帮助（Help）菜单

Help（帮助）❸ 菜单包含 3 个命令。

▶ **Dolby Atmos Renderer Guide（杜比全景声渲染器说明文档）**：这将在网页浏览器中打开网页版本的杜比全景声渲染器说明文档。

▶ **Open Documentation Folder（打开文档所在的文件夹）**：这将切换到 Finder 窗口，并打开 ❹**/Applications/Dolby/Dolby Atmos Renderer/Documentation/** 文件夹，其中包含 pdf 格式的各种说明文档。

▶ **Open Log Folder（打开日志文件夹）**：这将切换到 Finder 窗口，并打开 **/Library/Logs/Dolby/Dolby Atmos Renderer/** 文件夹，其中包含你可以使用文本编辑器或 Console 应用程序打开的所有日志文件。

⚪ **macOS 可视帮助功能**

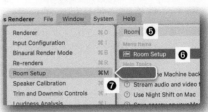

似乎有些 Mac 用户还不会用 macOS 中的这种搜索功能，所以我想指出这一点。

在搜索字段 ❺ 中键入任何名字，将列出菜单（及子菜单）中所有带该名字的所有菜单项（以及子菜单）。不仅如此，如果你将鼠标移到列表中的该名称 ❻ 上，主菜单（包括子菜单）将打开，并出现一个大的蓝色箭头 ❼ 指向该菜单命令。

第 9 章　让我们开始吧

杜比全景声工作流程

　　2012 年就有杜比全景声电影了，电影混音工程师现在已经搞明白如何使用它了，不仅在技术上，更是在美学上。例如，你在顶环扬声器中该放置什么声源，哪些声源的位置应保持静止不动，哪些声源可以在空间中移动位置等。除此之外，大多数的声源定位是由画面中的视觉位置决定的。

　　杜比全景声音乐是在 2019 年"才"问世的，但随着大唱片公司和流媒体服务的推广，它正在迎头赶上。然而，除了新的技术竞技场，制作杜比全景声音乐的工程师和艺术家们也展开了对这片新兴领域的摸索，也就是在制作杜比全景声音乐时你可以做什么，你不应该做什么。

　　在本章中，我想谈谈在杜比全景声音乐混音中的一些注意事项和配置。

混音之前

➡ 是新的混音还是不一样的混音？

　　当你创建或计划创建杜比全景声混音时，在启动设备之前有一些注意事项。

⬤ 你要做的是真正的杜比全景声混音吗？

　　为了撼动市场，杜比、唱片公司和流媒体服务商必须生产出大量的杜比全景声作品，以说服听音乐的消费者使用这种新产品获得令人惊叹的体验。然而，有几个让你对一些早期杜比全景声混音作品的"质量"产生怀疑的点。

- ☑ 少数知名度很高的作品是真正用杜比全景声"从头"混的。
- ☑ 许多曲库中的老歌都只能找到分层素材了，这限制了最后的混音。
- ☑ 许多古典音乐录音已经混成了环绕声格式，因此只要有少量的"修饰"，它们就可以被重新命名为杜比全景声混音。
- ☑ 有多少曲库中的老歌是通过杜比全景声上混插件完成的？你来听听，然后自己做判断吧。
- ☑ 虽然一些工程师具备环绕声混音的经验或在电影混音方面有杜比全景声的相关经验，但大多数（音乐）混音师都"在工作中学习"，在迎接各种技术挑战的同时试图找出杜比全景声音乐混音的最佳做法。

⬤ 伴随存在的杜比全景声混音

　　目前，大多数杜比全景声混音只是"立体混音的 3D 版本"。甚至在交付规格上都要求杜比全景声混音必须与立体声混音的时长完全相同。由于目前混音的时间和预算都有限，杜比全景声可能只是为了满足一种锦上添花的交付要求。也许在未来的某个时候，杜比全景声混音将被作为主要的混音，而立体声版本则是助理工程师在正式混音完成后所做的额外的"传统格式"，甚至可以完全信赖杜比全景声混音的立体声下混。

⊙ 其他挑战

杜比全景声还有一些与混音无关的问题，也带来了一些麻烦。

▸ **交付**：杜比全景声混音是否被认为只是同一作品的另一个版本？各种音乐代理商（CD Baby，DistroKid等）的基础设施是否准备好支持额外的文件上传？是否会额外收费？猜一猜。

▸ **流媒体**：流媒体服务对于同时有立体声和杜比全景声版本的歌曲或专辑如何渲染？同样，他们是否对杜比全景声额外收费？

▸ **版权**：另一个有争议的问题是，杜比全景声混音是否该被认为是一首新曲（是否有新的ISRC代码？）。这可能会对艺术家和唱片公司间的版权分配产生影响，我相信娱乐行业的律师已经在研究了。

⊙ 杜比全景声版"Remix"

目前，杜比全景声混音是在立体声混音完成后进行的，而杜比全景声混音通常是用原始曲目的分层完成的，这其实使混音受到了限制。这可能是因为做杜比全景声版的混音师与立体声版的混音师不是同一个人，而这位立体声版的混音师只给杜比全景声混音师提供分层素材。即便是由同一位混音师来完成立体声和杜比全景声版本，他或她也可能会为了简化工作而不必重新创建特定的声音和效果而生成分层，从而限制了自己的创作空间。

该工作流程被用于大多数杜比全景声混音中。与立体声版本相比，它们很可能能有更多的空间信息（这通常被认为是"不是那么有冲击力"或"不那么突出"），但除此之外，混音的方法是相同的。一旦杜比全景声混音被认为是"remixes"，事情就变得有些奇妙了。与其他remixes一样，混音师就可以从头开始，使用杜比全景声"思维"创建混音，而不再受立体声技术和惯例的限制。

⊙ 用杜比全景声的思维录制

一种声音混音美学方面新的进步则是艺术家和录音师在录制新专辑时便已经考虑到了杜比全景声。艺术家们在编曲时就可以构想出他们在什么样的空间内摆放他们的乐器。录音师则可以用完全不同的方法完成录音，因为他们已经考虑好应该如何摆放话筒能将拾取的声音变为对象。也许用支持双耳或Ambisonics的人头拾取房间特性，从而在创建杜比全景声混音时可以添加"房间味道"。

⊙ 假货

那么，我们该如何识别那些假的杜比全景声呢？他们将自己的立体声混音简单过一下杜比全景声上混插件就交作业了。听众会注意到这一点吗？它是否会对杜比全景声震撼效果的声誉产生负面影响？

⊙ "CD 宿醉"

当然，最大的问题是谁在为杜比全景声混音所产生的额外时间买单？这是艺人想要的还是唱片公司要的？现在的情况似乎是唱片公司正在力推它（虽然费用通常被计入艺人的账上，像往常一样）。唱片公司正处于"CD宿醉"时期（正如一位工程师所说的那样），他们在20世纪80年代和90年代通过在CD上重新发行所有老作品来躺着印钱。他们非常喜闻乐见另一种通过以杜比全景声格式重新发布他们的已有老作品来继续印钞的方式出现。当然，对于音频制作业务，这也是一件好事，这可以为很多（配备杜比全景声系统的）工作室和（掌握杜比全景声技术的）工程师带来很多工作机会。同时，很多律师也会忙于确保这些潜在收入会主要流向唱片公司的口袋，而不是艺人们的养老金账户。

➡️ 通用的混音方法 – 新的思维模式

那么我们该如何利用这一三维空间呢？简短的回答是："怎样都可以"。因为最终这还是由创作意图来决定的，艺术家会决定在哪里放置乐器或声源。然而，一定要特别注意：这是"要想好后果的！"

这意味着你必须了解关于新格式的各种规则，以及一些关于声学和心理声学的规则，并随着时间积累经验，知道哪些做法是有意义的。

要想好后果！

⚪ 聆听别人的混音作品

一个好的开始是多听现有的杜比全景声混音作品，了解其他录音师都是怎么做的，或他们犯了什么错误，这样你就可以避免重蹈覆辙。

⚪ 不同特定音乐类型的注意事项

杜比全景声的混音方法对于不同的音乐类型来说可能会有很大的区别。

- **古典音乐**：大多数古典音乐可能仅使用顶环扬声器来增加房间声场效果，但总体来说，声音可能与现有立体声录音没有太大不同，尤其是与环绕声录音相比。古典音乐的录音实际上早已经使用了沉浸式声音格式，例如 Ambisonics，它可以很容易地转为杜比全景声。较小的乐团录音可以尝试很多方式，将听众放在相对乐队的不同位置。当代音乐可以进一步突破界限。现在，终于有了杜比全景声，为这些录音提供了交付格式。

- **爵士乐**：大多数声学爵士乐录音都更接近古典音乐录音，因为它们或多或少是表演者在特定房间或音乐厅中与听众面对面完成的现场表演。但是通过增加双耳渲染的模式，使耳机聆听爵士乐录音变得更愉悦，这使乐器演奏听起来终于像是在一个房间里，而不再是一些乐器在你的头颅内部演奏或有时只有一只耳朵有声音了，这样是完全不自然的。在你通过耳机收听某些作品，并在立体声和杜比全景声之间切换后，你可能会注意到耳机中的立体声（特别是当乐器声像被定为在极左或极右时）听起来非常令人恼火和不适。

- **摇滚 / 乡村**：当然，混音方式取决于音乐风格。然而，你已经可以听到录音师和艺术家正在使用一种更自然的房间声场来还原表演，这是如此接近乐队现场演奏时的真实体验。歌曲"不插电"的味道越重，你就越能感受到在你面前或身后的乐器真的是在"一起演奏"。以前常见的混音技巧，如将乐器的声像定位到极左或极右，然后在二者间加一个短暂的延迟，以扩大立体声宽度的做法有点过时了（而且这样做的结果听上去本来就差强人意），因为你不需要通过这些"造假"的方法来创造空间了。就连在立体声场上为合成器或 Hammond 电子琴做声像定位，也需要用真实房间的投射方式进行重新思考了。

- **流行音乐**：这是一块很大的"赛区"，因为大多数流行歌曲的立体声录音并不是在试图模仿某个房间的声学特性。这为实验留下了"空间"，当你听杜比全景声混音时，你已经可以听到混音师或艺术家是如何"大胆"地把玩这个媒介并尝试新事物的。一个可喜的副作用是，混音不再因为要追求超级大的响度而牺牲音质和动态了。

- **嘻哈**：一些对杜比全景声格式存疑的人认为它没有立体声混音的冲击力。如果你听一些新的杜比全景声混音，可能会觉得这已经不是一个问题了。虽然房间布局可能不是嘻哈混音的主要关注点，只要 808 音效能低到 2Hz 就可以。所有"贴脸"的内容都可以把双耳渲染模式设置为 Off（关闭）的情况下留在音床上。这几乎可以让你像在立体声混音时那样创建一个完整的基础，但你在此基础上"装饰房间"时不用再为宝贵的 2dB 余量做各种奋斗来了。

- **电音**：相同的方法也适用于电子音乐和其他各类舞曲。不过，如上面提到的，所有合成器，各种其他有趣的声音都可以放置在空间内了。

➡ 有多少个扬声器？

那么，在杜比全景声音乐混音中需要用到多少只扬声器呢？以下是一些注意事项。

- ☑ **7.1.4**：杜比建议你制作杜比全景声音乐的混音棚至少为 7.1.4 的扬声器布局。
- ☑ **9.1.4 或 9.1.6**：与前面说到的很多情况相似，扬声器数量越多越好。9 只与人耳齐平的扬声器和 6 只顶环扬声器的扬声器布局能够带来更好的空间分辨率，以填补声音的"空白"。
- ☑ **没有扬声器**：是的，即便在没有扬声器、只用耳机的情况下也可以通过双耳渲染聆听你创建的三维声场的方式来完成杜比全景声混音。

⭘ 仅限双耳

虽然只用双耳音频也不是不能完成混音，但杜比还是建议至少在发行前通过合适的杜比全景声扬声器系统检查你的杜比全景声混音。

- ▸ **杜比全景声母版套件（Dolby Atmos Mastering Suite）**：如果你没有可用的杜比全景声混音棚或相应的预算，你可能会决定仅使用耳机与双耳音频输出来完成混音，而把歌曲交到杜比全景声母带工作室完成母版处理（有关该主题的更多信息将在本章后面介绍）。这类似于在卧室或其他糟糕的声学环境中完成混音后将作品拿去做母带处理来检查是否存在"缺陷"。

➡ 用到哪些软件／硬件？

基本上有 3 种配置可供选择，主要取决于你的个人偏好、要求和预算。

- ⦿ **数字音频工作站 + 杜比全景声渲染器运行在各自单独的计算机上 ❶**：使用 Dolby Atmos Mastering Suite，你可以在单独的计算机上运行杜比全景声渲染器应用程序。尽管名为"Mastering Suite（母版套件）"，但它实际上是为了更好地实现制作，尤其是在混音过程中，有时你仍然会使用偶尔录音／重叠录音的工作流程。这是一种多台数字音频工作站计算机和一台渲染器"协同"完成电影混录时使用的更大规模的工作流程，其实这种配置对于音乐制作来说有点大材小用。

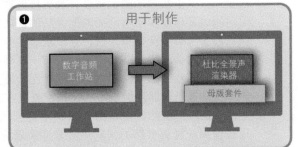

用于制作

- ⦿ **数字音频工作站 + 杜比全景声渲染器运行在同一台计算机上 ❷**：使用 Dolby Atmos Production Suite，你可以在同一台计算机上运行数字音频工作站和杜比全景声渲染器。尽管名为"Production Suite（制作套件）"，但其实母带工作室也可以使用此方案。当然，它对于各种前期准备工作（Pre-production）、质检（QC）和预算有限的杜比全景声混音也是一个不错的解决方案。

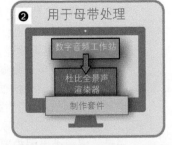

❷ 用于母带处理

- ⦿ **集成了渲染器的数字音频工作站 ❸**：使用此解决方案，你只能用数字音频工作站来做所有关于杜比全景声内容的事，包括使用内置在应用程序中的渲染引擎。Nuendo、Pyramix 和 DaVinci Resolve 已经将杜比全景声渲染器集成到他们的应用中，苹果公司也宣布将其集成到于 2021 年底发布的下一个 Logic Pro 更新中。

集成了渲染器的数字音频工作站

技术考虑事项

以下是杜比全景声混音中有关的各种设置和其他技术注意事项。

➡️ 时钟

时钟是一个很容易被忽略但可能会对混音音频质量产生负面影响的重要因素。

通常，在使用数字音频工作站时，你的输入和输出使用的是同一台音频接口设备。但是，同时使用两个应用程序（数字音频工作站 ❶ 和杜比全景声渲染器 ❷）进

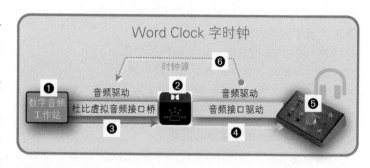

行杜比全景声混音时，你在设置中可以使用两个音频设备。第一个是 Dolby Audio Bridge（杜比虚拟音频接口桥）❸，第二个是用于监听输出的音频接口 ❹，连接到扬声器／耳机 ❺。你必须确保 macOS 的 Core Audio（核心音频）中的这两个音频设备使用同一时钟源同步 ❻。

Dolby Audio Bridge v2 会将时钟自动锁在输出硬件上。如果你使用的还是老版本或遇到问题，我将在本书的同步设置一节中提供有关聚合设备的一些配置建议。

配有外部 Word Clock（字时钟）同步源或具有多台计算机的协同系统设置更复杂，但仍需要一个共同的主时钟。

➡️ 采样率 [48] [96]

有关录音的采样率 ❼，有几个注意事项。

- ☑️ 杜比全景声渲染仅支持 48kHz 和 96kHz 采样率。因此，在你开始录制歌曲时最好选择其中一种采样率，以避免日后的采样率转换（Sample Rate Conversion，SRC）。

- ☑️ 杜比全景声混音的交付物料（ADM BWF 和 IMF IAB）传输链仅支持 48kHz。
- ☑️ 你仍然可以用 96kHz 的较高采样率进行制作用于以后的扩展应用存档。Dolby Atmos Conversion Tool（杜比全景声格式转换工具）可以将 96kHz 采样率的 DAMF 文件转换为 48kHz 采样率的 ADM BWF 文件。
- ☑️ 如果要将之前用 44.1kHz 或以其他采样率录制的作品制作成杜比全景声格式，则必须先完成采样率转换，否则如果出现采样率不匹配，杜比全景声渲染器将提示初始化错误 ❽。

➡️ 帧速率

对于用于视频制作的杜比全景声混音，帧速率由视频的帧速率决定。对于没有视频的杜比全景声音乐，你可以使用任何帧速率，但杜比建议使用 24frame/s ❾。

如果使用不同的帧速率创建了杜比全景声混音，则可以用杜比全景声格式转换工具轻松地将其更改为 24frame/s。

➡ 设置

◉ 处理开 / 关

特别是当你在同一台计算机上运行数字音频工作站和杜比全景声渲染器时，你要注意节省 CPU 处理资源，不要将其浪费在不需要的处理进程上。经常看一下 Preferences（首选项）窗口，确保关闭不需要的进程。

- ☑ Speaker Processing（扬声器处理）
- ☑ Headphone Processing（耳机处理）
- ☑ Re-render Processing［再渲染（下混）处理］
- ☑ Real-time Loudness Metering（实时响度表）

◉ CPU 占用情况和硬盘吞吐量表

请留意杜比全景声渲染器右下角的 CPU meter（CPU 占用表），该指示还会显示硬盘吞吐量。

➡ 监听

◉ Trim & Downmix（微调和下混）

微调和下混控制窗口（ cmd T ）的设置会嵌入母版文件中，并由其决定杜比全景声混音在消费端的下混方式。这可能会显著影响混音的声音和平衡，因此请确保在杜比全景声渲染器中监听这些下混结果，并在必要时调整设置。

下面是一个例子。古典音乐的杜比全景声混音可能会故意调低下层环绕和顶环绕里的内容（这些包含了房间信息），这里为了避免在下混到 5.0 和 2.0 时造成信号过湿。然而，对于流行音乐制作，你需要的可能恰恰相反，任何信号无论是来自什么哪一组环绕，在最后合并到立体声时都保留原有电平大小不变。

◉ 空间编码

请考虑在 Spatial Coding Emulation（空间编码仿真）打开的情况下监听你的混音。这是一种在用户端收听杜比全景声时启用的算法，但请注意应该何时启用何时关闭。设置选 12、14、16 中的哪一个是未知的，因为这是在编码阶段由流媒体服务商或在交付链上的决策人决定的。

- 用在 DD+JOC 编码中（Apple Music，Amazon Music HD，蓝光光盘，运行在某些设备上的 Tidal）；
- 不用在 AC4-IMS 编码中（Android 上的 Tidal）；
- 不用在双耳音频渲染回放中。

➡️ 表头

表头比立体声混音中更重要，因为有多种"特别的"表。

⚪ Input（输入表）

杜比全景声渲染器将所有 128 个音频通道的输入电平用颜色代码统一的 LED❶ 显示，这些声道接收来自数字音频工作站（或从加载的母版文件回放）音频信号。这个显示很有用，使你一眼便可看到是否有信号在进入输入时削波了。

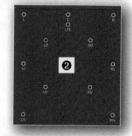

⚪ Outputs（输出）-扬声器

扬声器输出显示在两块显示屏上，一个是房间扬声器表❷ 上的圆圈，另一个是标准的柱状表❸。建议保守些，让峰值工作在黄色范围内。请记住，在扬声器数量少于混音棚的系统上回放渲染时，或下混到立体声时，音量可能会增加。此外，这里始终显示的是过限制器❹（如果已启用）之前的电平。

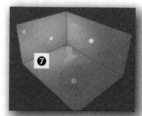

⚪ Output（输出）-耳机

杜比全景声渲染器为耳机❺ 提供了独立的电平表。

▸ **立体声耳机表**：立体声耳机代表 2.0 下混。

▸ **双耳渲染表**：双耳渲染耳机表的输出始终启用限制器❻，确保不要超过 3dB 增益衰减。

⚪ 限制器

请记住，支持杜比全景声的消费类终端设备中内置了软削波限制器，这可以防止任何时刻当信号汇总在一起时带来的单个扬声器通道的削波。但是，你会想要确保该限制器不会启动并影响到你的声音。

▸ 在首选项中启用 Output limiting（输出限制）的选项可以根据测量的扬声器电平之和控制限制器启动。如果看到 Gain Reduction Meter（增益衰减表）启动了，则可能是时候该调整电平了。请再次注意，扬声器表位于限制器之前。

⚪ 三维声音对象视图

三维声音对象视图❼ 提供了你的混音在三维声场呈现出的可视化效果。请记住，这一视图上不显示音床的信号，仅显示指示着各自输入电平的声音对象！

⚪ 响度

杜比全景声音乐混音有响度和真峰值（TruePeak）的规格要求。除了流媒体服务的应用（如带有"Sound Check"的 Apple Music），它们在整个交付链中都会被强制要求。

▸ **真峰值（TruePeak）**：真峰值通常不应超过 –1dBTP，但每家流媒体服务商可能有自己的要求。

▸ **响度目标**：–18LUFS±2LU。目标响度值可能会更低，特别是对于爵士乐或古典音乐等高动态内容。

▸ **响度目标-双耳/立体声**：通常在 –15LUFS 左右。

▸ **LFE**：请记住，LFE 通道不被用于"Dolby Atmos"的 5.1 响度测量❽。它其实从未被纳入立体声混音中，但在双耳渲染输出中会被加入。

混音与创作注意事项

在本节中，我将介绍一些窍门和建议：该做什么，该如何做到与众不同，以及在杜比全景声混音中有哪些忌讳。

➡ 路由分配和声像定位技术

在杜比全景声中混音时，最重要（也可能是最新）的一件事是如何路由分配（音床或声音对象），以及如何在三维空间中对它们做声像定位。

⬤ 音床与对象

在决定是将信号路由到音床还是声音对象时有几个考虑因素。

▷ 移动：你可以自由地在三维空间中移动声音对象，同时借助 Dolby Atmos Music Panner（杜比全景声音乐插件），你可以使用内置音序器让这些移动与歌曲的节奏同步。

▷ **精确定位信号位置**：只有通过声音对象可以将信号定位在精准的 *XYZ* 空间位置中，并将这一定位信息带到最终听众那里（虽然有一些空间编码限制）。

▷ **LFE**：声音对象不可以被发送到 LFE 通道。

▷ **总线压缩**：如果你想使用总线压缩，最好将多个音轨路由（和定位）到一个总线，然后加总线压缩或其他处理，并将该音轨路由到音床。

▷ **Binaural Render Modes（双耳音频渲染模式）**：如果你使用多组音床，虽然每组音床的单个通道位置（L，C，R，Ls 等）可以单独设置，但它们在所有音床之间其实是共享的。例如，如果 C 设置为 off（关），则所有音床的 C 通道都设置为 off（关）。如果你需要为信号设置不同双耳渲染模式，则最好将其映射到对象。

▷ **混响**：用作效果返回的混响应送到音床上输出。

▷ **前期音轨**：前期音轨或环绕声混音的分层可以用于音床。

▷ **音床双耳化**：发送到音床的信号通过各自的声像定位来进行定位。最好将音床的双耳渲染模式设置为关闭，以避免任何不必要的双耳化，尤其是混响。但请记住，对一组音床的渲染模式设置会被用于混音中所有的音床。

▷ **将对象与音床位置做匹配**：音床声道所在的空间位置根据其声道布局是固定的。如果你将声音对象精确定位到其中的某一个位置，且大小设置为零，则该对象将在声音上与音床通道听起来是相同的。

⬤ 一组或多组音床

你可以使用一组音床将你要放置在一组音床上的所有音轨分配到该音床，也可以在输入配置窗口中配置多组音床，这有一些优点。

☑ 你可以将特定层映射到其自己的分组。对于影视后期制作，这些通常包括对白、效果、音乐；对于音乐制作，这可以是鼓、人声、混响等。

☑ 你可以对各层分配各自的组名称，以便更容易创建某分组的再渲染（下混）。

☑ 对不同分层的音床进行分组为母带工程师接下来导入 ADM BWF 文件时提供了更好的控制。

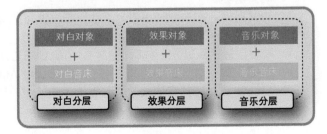

◉ 将有层次的声音分为多个声音对象来处理

要使听众完全沉浸在真正的声音体验中，可以将层次丰富的声音拆分为多个对象并为每个做单独的声像定位。

◉ 房间的中央

如果你想要一个信号在混音中"居中"，你可能会认为把它的声像定位在房间中央是一个好主意，但这其实是一个你应该避免的位置。

- ▶ **不自然**：中间位置其实等于所有扬声器发出"超级单声道"的复制信号。这种声音在自然界中是不存在的，大脑在处理这种声音时会出现问题。
- ▶ **Super Mono（超级单声道）**：所有扬声器发出的相同信号在下混时会为系统造成巨大的堆积，进而破坏混音中的平衡。
- ▶ **无法双耳化**：双耳渲染模式对该位置不起作用，因此将无法对此双耳化。
- ▶ **解决方案**：因此，要获得纯在正面中心的声音定位效果，应将声源放在前方中心位置（或左前右前的虚中位置），并将双耳渲染模式设置为 Off 关闭（或 Near 近）。这会创建出一种更为"入耳的体验"，就像在标准立体声耳机混音中听到的效果一样。

◉ 亲密感

除了可以将信号放在中或左 / 右外，你还可以通过将双耳渲染模式设置为 Near（近）来将其稍微向中心拉动，并以此营造亲密感。

◉ 定位感

如果声音源包含高频内容，特别是在 2 ~ 8kHz 范围内的声音，可以使人耳更好地（在垂直方向上）定位音源。如果你想将对象送给顶环扬声器发声，请确保送入的信号里包含高频内容。

◉ 更强的定位感

当声源偏离中心时，左右或上下移动声源会产生更明显的效果。

◉ 顶环扬声器中的虚声源

音床最高的通道布局为 7.1.2。在 x.y.4 系统上回放时，放置在顶环扬声器中的信号将创建虚声源。在 x.z.6 系统上，这些顶环的内容将再次作为点声源从中间一对顶环扬声器中发出。

◉ 上变换

使用多种不同插件（如 Halo upmix 或 Penteo），都可以将立体声或 5.1 混音或分层混音上变换到 7.1.2 音床中。这对于某个单独的声音元素来说是个不错的做法，但不应用作将立体声混音整体上变换至杜比全景声的投机取巧的做法。

Halo Upmix from Nugen Audio ($499)

Penteo.16Pro ($499)

O3A Upmixers (£299)

➡️ 混音技巧

立体声混音的大多数技巧和原理也适用于杜比全景声，主要是在混音阶段处理单个音轨（均衡，压缩，调制等）时使用。然而，也有不少其他技巧需要适当地"调整"，或者需要研究新的技巧和最佳做法。

⦿ 单声道是你的朋友

与立体声音轨相比，使用单声道信号可在混音时带来更准确和更容易的声像定位。这使你可以更好地控制声音对象的位置。这意味着，所有这些来自合成器的预处理的立体声信号，以及我们习惯的吉他的声源信号在杜比全景声中可能不再是那么有用了。

⦿ 对象的尺寸大小（Object Size）参数 - 大尺寸单声道

请小心使用 Object Size 参数。它会产生更多的扩散，并通过向相邻扬声器溢出来使信号感觉变大。这会产生那种不自然的大单声道效果。

⦿ 低频

将具有低频内容的音频信号放入环绕扬声器或顶环扬声器时，请牢记以下事项。

- ▸ 频率越低，人耳就越难定位这些声源。
- ▸ 回放系统（尤其是回音壁音箱）通常内置了低音管理功能，会将低频信号从单个扬声器滤出并送给低音炮发出。
- ▸ 与电影中杜比全景声的混音不同，在音乐混音中，会有更多的全频信号被路由到环绕扬声器和顶环扬声器中。这就是为什么杜比全景声要求环绕扬声器和顶环扬声器与前置主扬声器使用一样的全频扬声器型号的原因。
- ▸ 环绕扬声器和顶环扬声器中的低频内容过多时可能会导致在下混至立体声时出现过多的低频内容。

⦿ LFE 低音效果通道

在决定把什么放入，什么不放入 LFE 通道时，总是很棘手。

- ▸ LFE 通道仅作为音床的一部分存在。
- ▸ 声音对象只能围绕 *XYZ* 做空间声像定位，因而不能定位至 LFE 通道。
- ▸ 要将映射为对象的音轨的低频发送到 LFE，需要在数字音频工作站中的该轨上添加一个辅助发送（Aux Send），来专门发送到音床的 LFE 通道。
- ▸ 仅将内容放入 LFE 也可能会出现问题，因为 LFE 通道在立体声混音中会被丢弃。
- ▸ LFE 通道在混音到双耳音频输出时，如果双耳渲染模式设置为 off（关闭），它将提升 5.5dB 后并入左声道和右声道中。
- ▸ 考虑通过调整均衡或电平来增强低音，而不是使用 LFE。
- ▸ 由于 LFE 通道不参与立体声下混，你可以考虑将低频内容路由分配到左右声道，而不是 LFE。

⊙ 总线压缩

总线处理只能对音床起作用，因为它是基于声道的，并通过数字音频工作站上的 MixBus 或 Master Fader Track。所有基于声音对象的音轨都被直接路由（映射）到杜比全景声渲染器，并且只能对单个音轨做处理，除非你将多个音轨路由到一个音频子分组，再将这一轨映射到一个声音对象。但是，这样做会使所有属于该组的音轨的声像定位被统一控制了。

⊙ 并联压缩

并联压缩遵循相同的原理。复制音轨或音轨组，然后应用压缩并将其路由到同一音床或随后映射到指定对象的组。

⊙ VCA

如果你看到杜比全景声渲染器的输入端有削波或扬声器输出端的限制器正在起作用时，使用 VCA 是混音过程中的一个常见工作流程，它在杜比全景声混音中也绝对有其优势，可以同时快速调整多个音轨的电平。

⊙ 实中还是虚中扬声器

虽然出现在中间位置的信号（如人声，贝斯或底鼓）可以被摆放在中声道，但延续以前的做法将其放在左右，并利用其形成的虚中作为中心可能具有优势。

⊙ 记录顶环通道

我之前已经提到过，如果知道一个作品日后将混成杜比全景声，可能会影响我们录制该作品的方式。例如，所有借助房间声学完成录音的乐器 / 信号（鼓，合唱团，木吉他）都可能受益于给顶环或后环绕声道预留的房间话筒。

⊙ Ambisonics

em64 Eigenmic

Ambisonics 不能直接导入杜比全景声渲染器，必须先将其转换为基于声道的格式。如果要在杜比全景声混音中使用任何 Ambisonics 录制的源，请将 Ambisonics 输出（B 格式）送给音床，而不是发送给各个对象，以保留空间解析。此外，如果可能，应将双耳渲染模式设置为关闭。

⊙ 自动生成顶环声道的自动化

Pro Tools 有一个很好的功能，允许环绕声声像定位器为 5.1 或 7.1 混音自动创建顶环扬声器的 Z 轴坐标，而无需重写所有的自动化。

➡ 做标记

给音轨做标签其实更多算是文件整理类工作。然而，杜比全景声混音被录制在杜比全景声渲染器中并从那里导出。这意味着，你必须在杜比全景声渲染器中为音轨命名，因为它们不会从数字音频工作站传到杜比全景声渲染器。

在 Input configuration（输入配置）窗口（ cmd I ）中，你可以命名每个声音对象和音床（在称为 Descriptions 描述的字段中），并创建你分配给音床和声音对象的组名称。重要的部分是，这些描述和分组名称分配会与母版文件和 ADM BWF 文件一起存储为元数据，以便日后在杜比全景渲染或数字音频工作站中打开母版文件（例如发送给母带工程师时）。所有这些曲目都被正确标记，而不会变成一堆名为 Audio 1、Audio 2、Audio 3 等的音轨列表。

➡️ 杜比全景声插件

　　已经有相当多的插件可以支持杜比全景声了。不过，这些插件主要是支持多声道输出的效果插件，通常这些插件会被路由到用于接收效果返回信号的音床。

　　Stratus 3D by Exponential Audio（混响）$499

　　Symphony 3D by Exponential Audio（混响）$599

　　Cinematic Rooms by Liquid Sonics（混响）$199–$399

　　Paragon by Nugen Audio（卷积混响）$599

　　Pro L2 by Fabfilter（限制器）$199

　　Pro Q3 by Fabfilter（均衡）$179

　　Equalizer 4 by Toneboosters $39

　　Dual VCF by Toneboosters（滤波器）$19

　　Slapper by Cargo Cult（延时器）$399

　　Spat Revolution by Flux（声音设计）$399

　　Sound Particles by Sound Particles（声音设计）$17/month

　　Energy Panner by Sound Particles（动态深度声像定位器）$49

　　Halo Upmix by Nugen Audio（上变换）$499

　　更多多声道插件可在 Avid 网站查询。

➡ 混音和收听的环境

所有混音最大的不确定性其实来自棚内的混音环境与最终消费者收听歌曲时所处的环境之间的差异。

⭕ 立体声与杜比全景声

▶ 立体声：对于立体声混音，这主要取决于最终用户收听所用扬声器的品质。即便混音棚里用的是巨大且超级昂贵的扬声器系统，录音师知道，其他人几乎没有能力用如此豪华的扬声器来收听他们的混音作品。这就是为什么过去有近场，NS10 和 Auratone 扬声器的原因。还会出去到车里用汽车音响检查混音效果。唯一的兼容性担心是这一立体声混音在单声道下（尤其是单声道蓝牙扬声器）回放的效果如何。

▶ 杜比全景声：虽然混音棚和家庭听音环境间的差异仍然是一样的，但现在这一差异带来的结果要大得多。对于杜比全景声混音来说，混音师不仅要担心最终用户收听时所用的扬声器品质，更要担心他们收听时用了多少只扬声器。

即使混音师已经用豪华的 9.1.6 扬声器系统完成混音工作，他们也清楚地知道只有其他同样拥有 9.1.6 扬声器系统的混音师在他们同样豪华的混音棚里才能用 9.1.6 的扬声器配置来听到他的作品。这就带来了比按下单声道按钮复杂得多的监听检查过程。

⭕ 监听检查

不幸的是，杜比全景声渲染器提供的回放和监听控制功能在模拟消费者收听环境时是有差距的。

▶ 杜比全景声渲染器
  ☑ **双耳耳机输出**：一定要记得用渲染器的双耳输出来听你的作品。记住，大约 80% 的音乐是通过耳机收听的。
  ☑ **扬声器布局**：要使用多种扬声器布局（5.1，2.0）进行检查，以了解使用这些配置收听时的效果如何，同时不要忘记在需要时调整下混和微调设置。
  ☑ **空间编码和限制器**：启用这些应用在消费端的选项。

▶ 其他监听

在消费设备上检查杜比全景声混音的唯一办法是用杜比全景声渲染器上的 MP4 导出功能创建一个包含 DD+JOC 编码的 MP4 文件，你可以在消费类设备上播放该文件。
  ☑ **iOS**：你可以在 macOS 或 iOS 设备上播放 MP4 文件，来了解 Apple 的 Spatial Audio 对你的杜比全景声混音所做的处理效果操作。
  ☑ **AV 功放 / 回音壁音箱**：将 MP4 文件保存在 exFAT 格式的 USB 存储上，以便在有 USB 播放功能的系统（回音壁音箱，蓝光播放器，AV 功放）上播放该文件。
  ☑ **重新路由回棚内的监听系统**：有一些办法可以将 MP4 文件播放的输出重新路由回混音棚的扬声器系统，但所用设备相当昂贵（如 JBL Synthesis SDP55）

在你的车里检查杜比全景声混音作品？

对于立体声混音，用 Bounce 导出一个混音后拿到车内立体声系统收听的老办法仍然可行。这种做法对于拥有车载杜比全景声系统的人来说也许还是可行的。但这还不是很常见，虽然也许"很快就"有车支持这一功能了。不过，可能你的 Mustang 敞篷车安装顶环扬声器不是件易事。好的，这可能正在进行。

所有这些关于怎样才算是合适的杜比全景声听音环境的关注都指向了应该如何做杜比全景声混音后的母带处理这一重要话题。

母带处理注意事项

如何做杜比全景声混音后的母带处理？是不是你一想到这个问题就头疼？

● 有什么区别？

▶ **立体声**：最终完成的立体声混音被送到母带工程师那里，由他或她在自己习惯的数字音频工作站上打开，并作出他认为必要的调整。他动动这儿，动动那儿，完成后发给流媒体服务商。

▶ **杜比全景声**：对于杜比全景声来说，最后混音的文件格式是杜比全景声母版文件集（Dolby Atmos Master File Set），它包含一个容纳了你整个混音的所有 128 个独立音轨，存储为交错 CAF 的文件。母带处理并不是针对像 5.1 或 7.1.2 这样的基于声道的格式来做的。基于声道的转换是在播放（渲染）过程中实时完成的，具体取决于各个播放系统。这是什么意思呢？

➡ 杜比全景声母带处理—一个全新的工作流程

对杜比全景声混音的母带处理仍然是存在且必要的。但母带工程师们仍在实践中摸索这一工作流程，因此该领域仍在不断发展中。

● 杜比全景声母带工作室

能够做杜比全景声的母带处理意味着你的房间必须具有 7.1.4 或更高规格的（如 9.1.6）的扬声器配置。只有少数几个大师级的工作室有如此奢侈的配置。可以看到母带工作室是一个新的机遇，有可以成为你入局的门票，帮你保有竞争力。如果杜比全景声能按业界的期望方向发展得很好的话，你绝对有希望在全球搅动的杜比全景声淘金热中收回升级投资。

● 更好的监听监看

Dolby Atmos Production Suite（杜比全景声制作套件）的价格相对便宜，自己创作杜比全景声混音的门槛也相对较低。且随着越来越多的数字音频工作站将杜比全景声渲染器直接完全原生集成到其软件内，使得在杜比全景声中混音变得越发容易。

有可能完全只用耳机的双耳音频完成混音，这使得杜比全景声作品甚至能够很容易触及家庭制作人。在这种情况下，为你的歌曲制作母带变得更加重要，要在合适的杜比全景声扬声器系统听过，而不只是在你客厅的回音壁音箱里听过，然后才有把握向世界发布歌曲。

● 新的物料交付格式—ADM BWF

ADM BWF 文件是目前母带工作室接收文件的格式。工程师在数字音频工作站和 / 或杜比全景声渲染器中打开并对它进行处理。你可以将其视为多达 119 个分层的交付文件。

另外，如果有基于声道的 7.1 或立体声混音或分层提供作为参考也是很有用的。

⬤ 母带处理清单

杜比全景声的工作流程虽然仍在不断发展，但以下是作为一名母带工程师可能需要处理的几项工作。

- ☑ **组合成专辑**：在杜比全景声音乐出现之初，杜比全景声混音是作为一份额外的混音曲目提交和使用的。而现在，整张专辑都做杜比全景声并发行已经司空见惯成为既定标准了。这意味着专辑的排列也成为与立体声混音类似功能的重要组成部分，特别是如果每首歌是不同混音棚混的。

- ☑ **截断**：所有的头、尾板，FFOA 或正片开头和结尾之外的留白，所有这些需要在母带制作过程中清理的内容。

- ☑ **下混调整**：Trim（微调）和 Downmix（下混）控制窗口对于终端用户正常的播放内容至关重要。母带工程师可以仔细检查这些设置，并在必要时进行调整。

- ☑ **双耳渲染模式调整**：当打开 ADM BWF 文件时，双耳渲染模式是以可独立使用的元数据的形式存在。易于在对比扬声器与耳机播放时作调整。

> **最终质检流程：**
>
> - ☑ 24位/48kHz/24fps
> - ☑ 真峰值−1dBTP
> - ☑ −18LUFS ±2LU
> - ☑ 禁用FFOA
> - ☑ 双耳渲染输出限制器对增益的衰减不超过3dB
> - ☑ 没有专辑响度要求，但每张专辑都必须单独测量响度
> - ☑ 杜比全景声版本必须与立体声版本同步
> - ☑ ADM BWF必须符合杜比全景声ADM母版的文件要求

- ☑ **128 个音频通道**：在 128 个音频通道上调整音量，声像定位和其他声音处理实际上是超过了把歌曲重混为杜比全景格式的定义，但即便某些声音对象存在问题，在母带处理期间仍然可以完成这些操作的。

- ☑ **音床 = 分层**：根据杜比全景声混音的结构，那几层不会飞来飞去的乐器构成的音床（鼓，吉他，人声等）可以被视为分层，可以被这样等同处理（即在总线上加压缩和均衡器）。

- ☑ **限制器**：Dolby Atmos 播放设备有内置的限制器，但混音最好不触发这些限制器，以避免声音受到影响变差。这是母带工程师按照流程所要完成的质检步骤之一。

- ☑ **与立体声同步**：杜比全景声版本的混音必须与立体声版本的混音同步（起始一致，终点一致，长度一致）。这是 Apple Music 要求的，这是因为用户在收听时可以在两个版本之间无缝切换。

- ☑ **交付检验**：正如我们在上一章中所看到的，在交付过程中，所有这些不同的阶段都有很多需要注意的，直到歌曲最终抵达消费者手中播放。母带工程师的知识和专业对于做出正确的决策 / 调整非常重要。

杜比全景声对音频行业来说是一个全新的领域，一个经验丰富的杜比全景声母带工程师可以为他们的客户提供反馈，这些反馈让他们在做下一个杜比全景声混音时能获益。

➡ 未来

对杜比全景声母带和混音的工作流程及最佳实践的探索仍在不断进行中。可能随时都会有新的发现。

- ▶ **杜比全景声的黑胶唱片**：好的，谁想尝鲜？在黑胶唱片上发布两声道的双耳渲染混音，这是不是个好主意？想象一下，你的杜比全景声混音一定能听起来更加温暖和有模拟的味道😊。

- ▶ **LANDR 上的杜比全景声**：AI，AI，无处不在。LANDR 上的杜比全景声？

➡️ 母带处理工作流

以下是如何完成杜比全景声母带处理流程的三种选项。

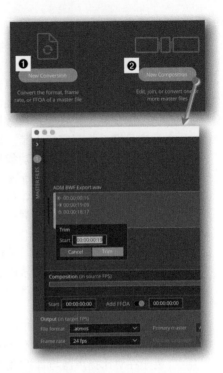

⭕ 选项 1—ADM >>>Dolby Atmos Conversion Tool（杜比全景声格式转换工具）

我在本书的早期就已经提到 Dolby Atmos Conversion Tool（杜比全景声格式转换工具）。它有两个组件：Conversion（转换）和 Composition（拼接合成），这两个组件对母带工程师都很有用。

▶ **转换 ❶**：你可以执行以下任务。
- 🔘 更改 Frame Rate（帧速率）；
- 🔘 更改 FFOA；
- 🔘 将格式转换为 DAMF、IMF IAB；
- 🔘 将采样率 96kHz（DAMF）转换为 48kHz（ADM BWF）。

▶ **组合成 ❷**：你可以完成以下任务。
- 🔘 截断音轨；
- 🔘 将多段音轨组合在一起。

Dolby Atmos Conversion Tool（杜比全景声格式转换工具）

⭕ 选项 #2—ADM/DAMF >>> 杜比全景声渲染器

通过将 ADM BWF 加载在杜比全景声渲染器中，你可以播放该文件，并使用不同的扬声器布局进行监听和质检。但是，你不能在杜比全景声渲染器中编辑 ADM BWF 文件，只能读取和播放该文件。

工程师有两个办法。向混音师索取 Dolby Atmos Master File Set（杜比全景声母版文件集）（DAMF）或使用杜比全景声格式转换工具将 ADM BWF 文件转换为杜比全景声母版文件集。

在杜比全景声渲染器中打开 DAMF 并解锁后🔓，你可以执行以下任务。
- 🔘 在双耳渲染模式窗口（cmd B）中编辑所有 128 个音频通道的双耳渲染模式；
- 🔘 在 Downmix（下混）和 Trim（微调）控制窗口（cmd T）编辑设置；
- 🔘 在不同的扬声器布局中切换监听，来检查渲染模式及 Trim & Downmix（微调和下混）设置；
- 🔘 编辑分组名称和指配；
- 🔘 编辑 FFOA；
- 🔘 导出为 MP4 文件以进行质检和内审核。

完成后，你可以将母版导出为新的 ADM BWF 母版文件（或 IMF IAB）以供最终交付。

⭕ 选项 #3—ADM/DAMF >>> 杜比全景声格式转换工具 + 数字音频工作站

在数字音频工作站（如 Pro Tools）中打开 ADM BWF 可让你最大限度"访问"杜比全景声混音，但这种设置也是相对最复杂的。

▶ **仅数字音频工作站**：如果你的数字音频工作站集成了杜比全景声渲染器（如 Nuendo，

DaVinci Resolve，Pyramix），你便可以在数字音频工作站中打开 ADM BWF，而无需再使用杜比全景声渲染器应用程序，但导出为新的 ADM BWF 文件时，可能会丢失某些功能和元数据。

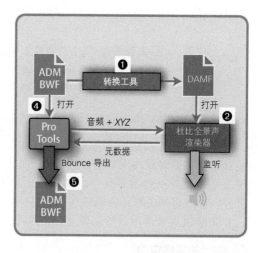

▶ **Pro Tools- 杜比全景声渲染器**：这是目前最佳的母带处理工作流程，但你必须确保按照正确的步骤进行设置。

☑ 首先使用杜比全景声格式转换工具将 ❶ADM BWF 文件转换为 DAMF 设置。

☑ 在杜比全景声渲染器 ❷ 中打开 .atmos 文件。

☑ 创建一个新的、空的、24bit/48kHz 的 Pro Tools 工程，并选择杜比虚拟音频桥为播放引擎。

☑ 打开 I/O Setup（I/O 设置）对话框并删除 Input（输入）、Output（输出）和 Bus（总线）页面中的所有路径。然后，在 Bus（总线）页面上，在选择器的 Default（默认）按钮单击旁边选择 Use Dolby Atmos Renderer（Mono）[使用杜比全景声渲染器（单声道）] ❸。然后单击默认按钮。这将使用从杜比全景声渲染器中提取的包含正确命名的配置，填充所有 Bus（总线）和 Output（输出）页面，单击 Ok 按钮。

☑ 现在使用 Import Session Data（导入工程数据）命令（⇧ shift ⌥ opt Ⅰ），并在导入对话框中选择转换 / 加载到杜比全景声渲染器中的相同的 ADM BWF 文件。

I/O Setup (I/O设置)对话框 ➤ Bus Page (总线页面)

☑ Import Session Data（导入工程数据）对话框可以让你在以下选项中选取。

- 在音轨区域选中所有音轨。
- 选中 Bed/Object Output Assignment（音床 / 声音对象输出分配）复选框。由于你已从渲染器里导入了映射，音轨将自动映射到现有路径。不再需要手动设置。
- 选中 Object Pan Data（声音对象声像定位数据）复选框。
- 选中 Track Name（音轨名称）。结果取决于 ADM BWF 创建的位置和设置的方式。你可能需要试一下才能获得所有正确的音轨名称，这样你就不必做那些烦琐的重命名工作。
- 点击 OK 按钮之后，所有工程中的音频通道应该带着正确的命名和路由打开 ❹。

☑ 将杜比全景声渲染器设置为 Input（输入），以便你可以通过杜比全景声渲染器收听来自 Pro Tools 工程的信号。所有质检用到的监听控制都可以使用（扬声器布局，电平表，限制器，响度表）。

☑ 由于加载了 DAMF 文件，因此可以在双耳渲染模式窗口（⌘ cmd Ｂ）与 Downmix（下混）和 Trim（微调）控制窗口（⌘ cmd Ｔ）中进行更改。

☑ 在 Pro Tools 中，你可以访问所有音轨进行各种更改（电平，声像定位，处理等）。

☑ 完成后，你可以使用 Bounce Mix 窗口直接从 Pro Tools 中 Bounce 导出 ❺ 一个新的 ADM BWF，还可以从杜比全景声渲染器提取 ❻ 节目级元数据，以嵌入最终的 ADM BWF 文件。

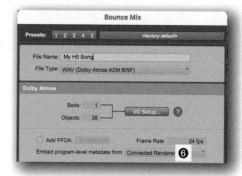

最终用户聆听注意事项

一旦你设法完成了项目，也做了杜比全景声母带，使它满足音乐流媒体服务的各种上线要求，接下来的问题便是，"它听起来效果如何？"。

不过这种问题通常只能得到一个无用的答案，那便是：这取决于很多因素。

➡ 你的作品在最终消费者那里听起来声音如何？

当你在一个很棒的录音棚混音歌曲时，你的首要目标（愿望）一定是，最终用户能在聆听歌曲时获得同样的效果。但是，你必须明白，在绝大多数情况下，你的作品都会在不理想的播放条件下，并以经过数据压缩（如 MP3 或 AAC）的格式被收听。当然，你或母带工程师会模拟这些条件因素，以尽可能多地考虑这些变量。

对于杜比全景声混音来说这几乎是不可能的。你遇到了以下障碍。

!?

◯ 交付的不确定性

☑ 对于不同的交付平台，母版文件将使用不同的编码（Dolby TrueHD，DD+JOC，AC4-IMS）进行编码，然后传输到设备端。

☑ 每种编码以不同的方式"解释"混音，这意味着，混音的部分组件将被忽略（双耳渲染模式，下混控件）或丢弃（空间编码）。

☑ 不同的流媒体服务可能在不同的情况下使用不同的编码（来聊聊可预测性）。

☑ 技术的某些部分可能会在不通知的情况下发生变化（希望是改进）。

◯ 播放的不确定因素

☑ 你最终所听到的基于声道的混音是由最终用户播放系统中的渲染器实时创建的。

☑ 绝大部分一般的音乐听众是不会有条件在 7.1.4 或更高规格的扬声器布局中欣赏你的混音的。

☑ 许多听众可能会在各种房间或扬声器布局中借助各种扬声器虚拟化算法来收听你的混音。

☑ 绝大多数听众（约 80%）将通过耳机的双耳渲染来收听你歌曲的混音。

◯ 质量监控

所有这些变量使得任何质量控制几乎都是不可能实现的。你只有几个选项。

☑ **7.1.4**：在你的混音棚里使用 7.1.4 的配置收听仅适用于少数客户，而他们可能大部分是有杜比全景声混音棚的音频工程师。

☑ **MP4**：导出 MP4 是最接近模拟 DD+JOC 编码仿真监听的方式，可以通过苹果的空间音频（Spatial Audio）或你的家庭娱乐系统或一个智能音箱或回音壁音箱收听。

☑ **AC4-IMS**：没有可以模拟在 Tidal 流媒体服务上所使用的这种编码来收听你的混音的方法。

苹果空间音频

这是另一个杜比全景声在最终用户端播放的不确定性，这是苹果在2021 年 5 月的公告中提出的。

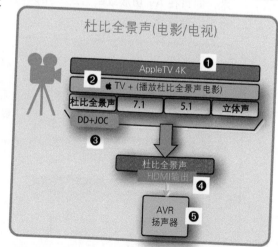

"苹果今天宣布苹果音乐为用户带来了业界领先的音质和附加的支持杜比全景声的空间音频"。

支持是什么意思？为什么苹果没有直接说"我们在苹果音乐中带来了杜比全景声音乐？所谓"支持"隐藏的含义是什么？

到底是不是杜比全景声，空间音频是怎么回事？简短的回答是，苹果在设备上播放杜比全景声内容时不使用杜比全景声渲染器（不过有一个例外）！这意味着在你的杜比全景声渲染器应用中收听你的混音作品音质可能与消费者通过其所订阅的 Apple Music 回放你的杜比全景声混音作品时音质会有不同。那么这个不同到底有多大？问得好。

为了更好地理解这种有点令人迷茫的混乱，我在这里把它分为 3 步来解读。

▶ #1– 在 AppleTV 上的杜比全景声电影 / 电视节目；

▶ #2– 在 iPhone/iPad（空间音频）上的杜比全景声电影 / 电视节目；

▶ #3– 在任何设备（空间音频）上的杜比全景声音乐。

➡ #1—在 Apple TV 上的杜比全景声电影 / 电视节目

这是苹果进入杜比全景声领域的第一步。

▶ **AppleTV 4K**：2017 年，Apple 推出了 AppleTV 4K❶，除了更高的画面分辨率外，还支持杜比全景声格式的电影和电视节目的回放。

▶ **tvOS12**：随着 tvOS12 在 2018 年的发布，AppleTV 4K 有了选择杜比全景声作为声音输出的播放选项。

▶ **仅限电影**：所有流媒体平台可以点播的，并混成杜比全景声格式的电影或电视节目 ❷（当时主要是大制作电影）可通过 AppleTV 以杜比全景声格式播放。

▶ **DD+JOC**：用于杜比全景声混音的编码是新的 DD+JOC❸，它嵌入了杜比全景声混音，并向前兼容 Dolby Digital Plus（DD+），用于不支持杜比全景声的播放设备。

▶ **HDMI 输出**：来自 AppleTV 的 DD+JOC 码流通过 HDMI❹ 输出端口发送，该端口连接到支持杜比全景声的 AV 功放 ❺，将杜比全景声混音渲染为指定的扬声器布局，即连接到 AV 功放的独立扬声器系统。

▶ **与"空间音频"无关**：这些是与苹果公司的"空间音频"技术无关的。AppleTV只是将杜比全景声码流传递给 AV 功放，该功放完成杜比全景声回放的渲染。

➡️ #2—在 iPhone/iPad（空间音频）上的杜比全景声电影 / 电视节目

然后苹果的空间音频便出现了。苹果的主要目标是解决以下问题。

要体验杜比全景声或任何环绕声格式，如 5.1 或 7.1，你都需要一个昂贵的系统，包括 AV 功放和许多的独立的扬声器。然而，随着流媒体服务的日益普及，越来越多的人会在他们的 iPad 甚至 iPhone 上观看电影和电视节目（虽然这让所有导演或摄影师们感到沮丧）。通常，这些设备上的声音播放仅限于对立体声混音的支持。而 Apple 的空间音频技术在尝试为这些设备提供类似的沉浸式体验。

- ▸ **iOS14**：苹果在 2020 年推出了支持"空间音频"技术的 iOS14。
- ▸ **专有技术**：虽然这是一个通用术语，但苹果公司使用了 "Spatial Audio（空间音频）"作为其专有技术的名称，为使用苹果设备的用户带来身临其境的音频体验。
- ▸ **仅限电影 / 电视节目**：空间音频最初仅用于播放电影和电视节目❶。
- ▸ **输入格式**：苹果空间音频中的处理算法可以使用不同的声音格式作为输入❷，例如沉浸式声音（杜比全景声）、环绕立体声（7.1 或 5.1）或纯立体声，然后在各种苹果设备上回放时为其输出创建沉浸式声音体验。
- ▸ **输出设备**：根据你的收听方式，空间音频使用了两种处理过程。
  - • <u>Binauralized Headphone（耳机双耳渲染）</u>❸：如果你使用耳机收听，空间音频将创建一个双耳音频信号，使你能够听到以三维空间呈现的声音。它采用原始的环绕声或杜比全景声混音，并使用其所包含的内容（无论是基于声道或声音对象的），将其转换为双耳信号。
  - • <u>Speak Virtulization（扬声器虚拟化）</u>❹：即使在手持设备或一些 Mac 计算机上收听，空间音频也会生成虚拟的扬声器，而获得声源定位在实际发声设备和内置扬声器的外部的声音体验。
- ▸ **Head Tracking（头部追踪）**：空间音频还内置了头部追踪技术。它是自动启用的，可以在使用 AirPods Pro 和 AirPods Max❸ 观看电影时体验。
- ▸ **硬件的限制**：除了需要运行最新操作系统的软件要求外，还有很多硬件要求❺。如果你使用的不是最新的苹果设备，那么你必须查一下你的设备是否支持空间音频技术。
- ▸ **HDMI 输出**：除了所有这些关于空间音频的新知识，你仍然可以将你的电影或电视节目的杜比全景声信号通过你的 AppleTV 4K❼ 的 HDMI❻ 输出，无需通过苹果的空间音频技术，即可在 AV 功放或回音壁上用其内置的杜比全景声渲染器体验原始的环绕声或杜比全景声混音效果。

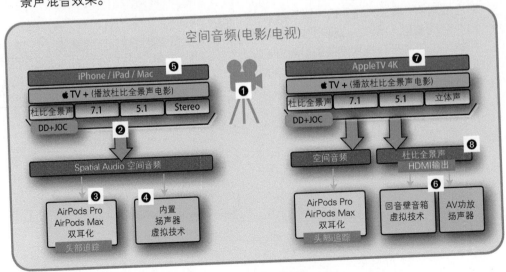

◯ 实现

空间音频的实现很简单，但令人困惑（iOS 14.6）。

▸ **AirPods Pro 或 AirPods Max**：首
  先，你必须将 AirPods Pro 或 AirPods
  Max 连接到你的设备，才能开启空间
  音频。

▸ **所选的硬件**：就算是 AirPods，你也
  得用特定的 AirPods，也就是要适当
  的硬件才能启动空间音频。

▸ **Preferences（首选项）**：如果你满
  足上述所有要求，你可以进入 iOS 设
  备上的 Settings（设置）应用程序，
  tap Bluetooth（蓝牙）会显示已连接
  的 AirPods 耳机。在 i 按钮 tap 进入下
  一页，会打开 AirPods 的各种设置。
  在底部，你应该会看到开启 Spatial
  Audio（空间音频）❶ 的开关。下面是
  一个按钮，该按钮可打开另一个页面，
  其中包含两个按钮：Stereo Audio（立
  体声音频）❷ 和 Spatial Audio（空间
  音频）❸，当你 tap 该按钮切换比较声音体验时，系统会播放一个简短的示例。

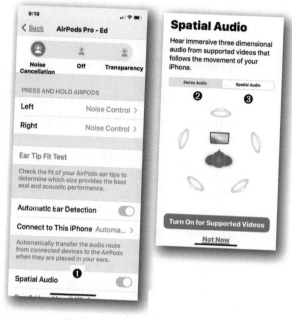

▸ **Control Center（控制中心）**：你还可以从 iPhone 或 iPad 的 Control Center（控制中心）
  ❹ 开关空间音频的开关。垂直音量滑块 ❺ 显示一个如 AirPods Pro 的图标，用于指示当
  前已连接到了 AirPods Pro。tap-hold 该滑块，可以切换到显示一个
  较大的音量滑块 ❻ 的页面。在底部，你还可以看到 Spatial Audio
  （空间音频）❼ 按钮，用于打开或关闭空间音频。

◯ 杜比全景声渲染器 ➤ MP4

如果使用杜比全景声渲染器中的 MP4
Export（导出 MP4）❽ 功能，它将创建一个包含
DD+JOC 编码的 MP4 文件。在 iPhone 上启用
空间音频后，你可以在 iOS 设备上（上传到"文
件"应用程序后）播放该 MP4 文件，以便使用
空间音频渲染器（而不是杜比全景声渲染器）收
听该文件，模拟收听者在 Apple Music 上播放时
听到该混音作品时的效果。

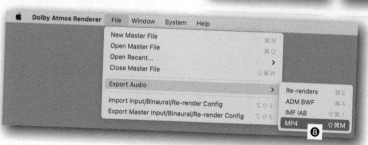

➡ #3—在任何设备（空间音频）上的杜比全景声音乐

在第 3 步中，Apple 还将其空间音频技术用于 Apple Music 平台，从而为音乐 ❶，而不仅是电影和电视节目提供身临其境的声音体验。

▸ **iOS14.6**：2021 年 6 月，Apple 为 Apple Music 流媒体服务推出了一项新功能："Spatial Audio with support for Dolby Atmos（支持杜比全景声的空间音频）"（该功能向所有 Apple Music 用户免费提供）。

▸ **现在音乐也支持了**：首先，这是苹果对于杜比全景声支持的逻辑演变。自 2017 年以来，他们支持电影和电视的沉浸式声音格式（从无到有，再到空间音频），现在也可以在 Apple 的音乐应用程序中播放杜比全景声混音的音乐了。

▸ **收听原生效果的杜比全景声**：如果你在 AppleTV 4K ❷ 上收听 Apple Music，则可以使用 HDMI 输出将杜比全景声码流传送到 AV 功放或回音壁音箱。这样就不使用空间音频，而是 AV 功放或回音壁音箱使用其内置的杜比全景声渲染器在相关的扬声器上播放混音，或在回音壁音箱上借助扬声器虚拟化技术播放混音。

▸ **使用空间音频收听**：如果你在任何苹果设备上播放杜比全景声混音的歌曲 ❹（包括 Android 上的 Apple Music），那么杜比全景声混音将使用苹果的空间音频引擎 ❺ 进行渲染。

▸ **双耳音频**：在苹果设备或计算机上使用耳机播放杜比全景声混音作品时，空间音频引擎将生成渲染过的杜比全景声混音的双声道音频信号。与视频内容的空间音频不同，通过杜比全景声音乐，你可以使用任何耳机 ❻ 来获得双耳音频的体验。

▸ **扬声器虚拟化技术**：当通过苹果手持内置的扬声器甚至是较新的 Mac 回放杜比全景声混音时，空间音频将使用扬声器虚拟化技术还原杜比全景声混音 ❼。

▸ **头部追踪**：头部追踪对于音乐来说并不是那么重要，但苹果仍然宣布将在 2021 年底的 Apple Music 中提供。最有可能的是，这一功能将仅限于 AirPods Pro 和 AirPods Max，因为他们内置了陀螺仪和加速度计。

⦿ 空间音频与杜比全景声

在用户端的实现令人困惑。

▸ **Spatial Audio（空间音频）**：虽然杜比全景声音乐是使用空间音频回放的，但无需在 iOS 上启用（或支持）空间音频功能。有意义吗？🤨

▸ **杜比全景声**：但是，要开启杜比全景声音乐播放，你必须在"音乐"应用程序 ❽ 的 **Setting（设置）> Music（音乐）> Dolby Atmos（杜比全景声）** 或 Mac 上 Apple Music 应用程序的 **Preferences（首选项）> Playback（播放）** 中启用。

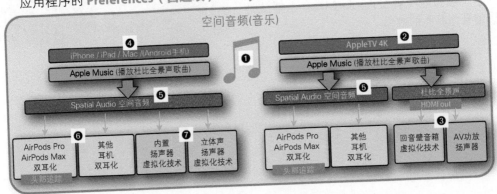

272